高等教育自学考试能源管理专业
能源管理师职业能力水平证书考试　指定教材

U0686868

# 节能评估方法(一)(二)

JIENENG PINGGU FANGFA

樊文舫　白磊　朱翠芬　尹梁⊙编著

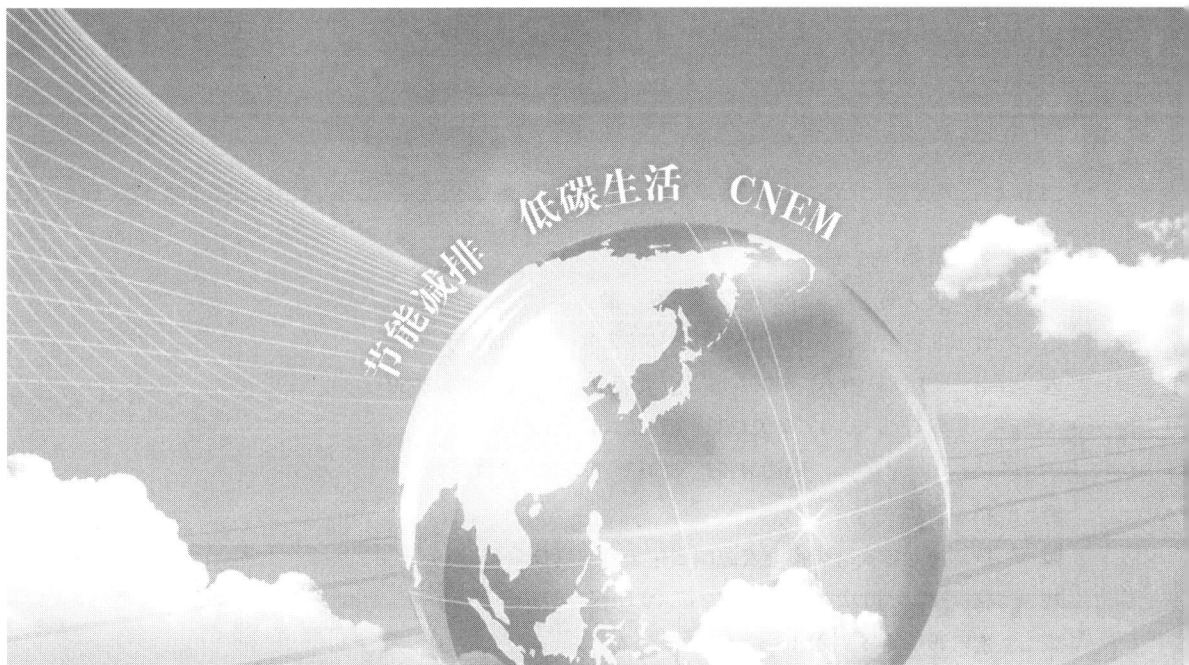

节能减排　低碳生活　CNEM

中国市场出版社
China Market Press

**图书在版编目（CIP）数据**

节能评估方法（一）（二）／樊文舫等编著 . —北京：中国市场出版社，2012.9

ISBN 978 - 7 - 5092 - 0942 - 4

I. ①节… II. ①樊… III. ①节能—评估方法 IV. ①TK01

中国版本图书馆 CIP 数据核字（2012）第 222107 号

| | | |
|---|---|---|
| 书　　名 | 节能评估方法（一）（二） | |
| 编　　者 | 樊文舫　白　磊　朱翠芬　尹　梁 | |
| 地　　址 | 北京市西城区月坛北小街 2 号院 3 号楼（100837） | |
| 电　　话 | 编辑部（010）68012468　读者服务部（010）68022950 | |
| | 发行部（010）68021338　68020340　68053489 | |
| | 　　　　　　68024335　68033577　68033539 | |
| 经　　销 | 新华书店 | |
| 印　　刷 | 河北省高碑店市鑫宏源印刷包装有限责任公司 | |
| 规　　格 | 787×1092 毫米　1/16　17.00 印张　375 千字 | |
| 版　　次 | 2012 年 9 月第 1 版 | |
| 印　　次 | 2012 年 9 月第 1 次印刷 | |
| 书　　号 | ISBN 978 - 7 - 5092 - 0942 - 4 | |
| 定　　价 | 46.00 元 | |

# 高等教育自学考试能源管理专业
# 能源管理师职业能力水平证书考试
# 指导委员会

**名誉主任**

徐锭明　国务院参事　国家能源专家咨询委员会主任

**主　　任**

王德荣　中国交通运输协会常务副会长

**主任委员**

丁志敏　国家能源局政策法规司副司长
汪春慧　人力资源和社会保障部教育培训中心副主任
周凤起　国家发展和改革委员会能源所原所长　研究员
孟昭利　清华大学教授
李金轩　中国人民大学教授　全国考委经济管理类专业委员会原秘书长
杨宏伟　国家发展和改革委员会能源所能效中心主任　研究员

# 高等教育自学考试能源管理专业
# 能源管理师职业能力水平证书考试
# 系列教材编委会

**编委会名誉主任**

王德荣　中国交通运输协会常务副会长

**编委会主任**

孟昭利　清华大学教授

**编委会副主任**

李金轩　中国人民大学教授　全国考委经济管理类专业委员会原秘书长

高　军　中国交通运输协会职业教育考试服务中心副主任　高级政工师

**编委会委员**

杨宏伟　国家发展和改革委员会能源所能效中心主任　研究员

滕四波　国家发展和改革委员会培训中心培训处处长

黄克玲　浙江大学能源评估中心副主任　研究员

白　磊　河南省南阳市节能监察中心总工程师

樊文舫　高级工程师

何　云　浙江大学能源评估中心工程师

柳哲武　浙江大学能源评估中心工程师

陈　倩　浙江大学能源评估中心工程师

赖恒剑　浙江大学能源评估中心工程师

赵中友　河南省发展和改革委员会资源处副处长　高级工程师

李保才　河南省南阳市国资委高级工程师

王慧丽　中国节能协会节电委员会工程师

# 序 言

《中华人民共和国节约能源法》指出："节约资源是我国的基本国策。"国家高度重视节能减排工作，未来我国面临两大任务：一是 2020 年我国非化石能源占一次能源消费总量比重达到 15%；二是 2020 年我国单位国内生产总值二氧化碳排放比 2005 年下降 40%～45%。

能源是保证国民经济平稳增长的基础，既是生产资料也是生活资料，在国民经济中占有极其重要的地位。从当前和长远的发展要求看，我国不仅应成为能源大国，也应成为能源科技水平先进的能源强国。通过多年努力，我国能源无论在数量上还是质量上都已跻身于世界先进行列。但是，要真正成为科技能源强国任重道远，还需要全社会长期的艰苦努力才能实现。加强能源管理，实施节能减排，是实现上述目标的重要途径。《"十二五"节能减排综合性工作方案》（国发〔2011〕26 号）指出："坚持降低能源消耗强度、减少主要污染物排放总量、合理控制能源消费总量相结合，形成加快转变经济发展方式的倒逼机制。""进一步形成政府为主导、企业为主体、市场有效驱动、全社会共同参与的推进节能减排工作格局，确保实现'十二五'节能减排约束性目标，加快建设资源节约型、环境友好型社会。"

落实资源节约基本国策，实现国家节能减排规划目标，关键在于要培养一大批能源管理方面的专业人才。中国交通运输协会组建了一支由多年从事能源管理方法研究，又具有节能减排工程技术实践经验的专家团队，在深入研究日本、欧美等国家和地区能源管理培训体系的基础上，结合中国国情设计了一套全面系统的培训体系，其特点是从国家能源政策法规、能源管理基础、能源工程技术、节能技术、节能评估、能源审计、能源与环境等七大方面涵盖了能源管理的核心要素。该系列教材注重从用能单位的实际出发，认真总结多年来企业在能源管理方面的经验和教训，提出了适合现代企业能源管理的新方法，而且在企业实际应用中证明是行之有效的。该系列教材既适合专业人士应用，也适合在校学生学习。

多途径、多渠道培养能源管理人才，符合《中华人民共和国节约能源法》关于动员全社会参与节能减排的要求，也是贯彻落实《"十二五"节能减排综合性工作方案》提出的"加强节能减排宣传教育，把节能减排纳入社会主义核心价值观宣传教育体系以及基础教育、高等教育、职业教育体系"的具体措施。

节能减排是一项长期的战略任务，关系到国计民生，关系到我国经济能否持续、稳定、健康的发展。我衷心祝愿高等教育自学考试能源管理专业和能源管理师职业能力水平证书考试项目取得圆满成功，并希望全社会各行各业共同努力，以节能减排实际行动践行科学发展观，为我国经济社会的可持续发展作出积极的贡献。

国务院参事　国家能源专家咨询委员会主任

徐锭明

2012 年 1 月于北京

# 前　言

为解决我国能源管理人才严重短缺的矛盾，多渠道、多层次加快复合型、实用型人才的培养，中国交通运输协会组织我国能源管理方面的理论、实践、培训的专家及有关人员，经过近三年的艰苦努力和大量深入细致的实际工作，经与北京教育考试院协商，并报全国高等教育自学考试指导委员会办公室批准（考委办函〔2011〕42号），决定在北京合作开考高等教育自学考试能源管理专业（专科、独立本科段）和能源管理师职业能力水平证书（简称CNEM）项目。

为确保高等教育自学考试能源管理专业和能源管理师职业能力水平证书项目学历和培训教材的质量，我们组织了由国家发展和改革委员会能源所和培训中心、清华大学、浙江大学、河南省南阳市节能监察中心以及节能评估一线工程技术人员构成的多领域的理论、培训、实践等方面的专家组成了教材编写组，根据全国高等教育自学考试指导委员会办公室批文的要求，统一规划课程考试大纲和教材章节目编写提纲，教材力求做到：一是立足点高，从我国经济发展水平和能源利用具体情况出发，体现能源管理的通用性，不突出地方色彩，同时合理吸收发达国家在能源管理方面的成功经验和方法。二是实用性突出，尽量压缩教材篇幅，突出应知、应会与学用结合的学习、培训内容。三是实践性强，编写组把节能评估和能源审计这两项被发达国家能源管理实践证明，同时也被国家发展和改革委员会培训中心的培训实践证明行之有效并深受我国能源管理相关人员欢迎的管理手段，单独列为两本独立教材，并在教材内容中配有多领域相关案例。本高等教育自学考试能源管理专业和能源管理师职业能力水平证书项目开设《能源法律法规》、《能源管理概论》、《能源工程技术概论》、《节能技术》、《节能评估方法》、《能源审计方法》、《能源与环境概论》七门课程，涵盖了能源管理的核心要素，是我国目前唯一比较系统、全面、实践性强的学习培训系列教材，既适用于高等教育自学考试能源管理专业人员学习，也适用于能源管理师职业能力水平证书项目的学习和培训。同时，也可供各级政府部门能源管理人员、企业能源管理人员、节能服务机构相关人员，以及大专院校相关专业师生和社会各领域人员学习使用。

《能源法律法规》系统介绍中国能源法律法规体系，着重解读《中华人民共和国节约能源法》，分类精选能源管理相关法律、法规、规章、政策和重点节能领域节能标准目录。

《能源管理概论》着重介绍能源管理的基本概念和基础知识，包括能源形势与节能减排任务、能源统计方法、企业能量平衡（企业能量平衡表、能源网络图与能流图）、节能减排量计算方法、节能技术经济评价方法，同时对能源审计和节能评估等管理方法，作了简要介绍。

《能源工程技术概论》以一次能源的加工转换和利用为主线，全面系统地介绍煤炭、石油、天然气、水能、核能、电能以及太阳能、风能、生物质能和地热能等各类能源利用技术的基本理论、基础知识、通用技能和应用方法。

《节能技术》全面系统介绍节能基础知识、用热系统及设备的节能技术、余热利用技术、用电系统及设备的节能技术、过程能量优化技术、建筑节能技术、交通节能技术及民用节能技术等。

《节能评估方法》着重介绍固定资产投资项目节能评估报告编写的程序、内容和方法，阐述了能源管理者应掌握的节能评估基础知识，包括国家相关政策、能效标准、燃料与燃烧、电能及用电系统、工艺设备能耗分析等。同时附有我国重点领域固定资产投资项目节能评估报告典型案例介绍。

《能源审计方法》着重介绍企业能源审计程序、内容、方法和能源审计报告的编写，阐述了能源管理者应掌握的能源计量管理、能源统计管理、节能监测、企业通用节能技术及节约能源与环境保护等方面的能源管理知识和方法。同时附有我国重点领域能源审计报告典型案例。

《能源与环境概论》系统介绍与能源相关的主要环境问题，包括能源与大气污染物排放问题，$SO_2$、$NO_x$、$PM$ 排放量估算方法，节能减排政策进展；能源与全球气候变化问题，化石燃料燃烧的 $CO_2$、$CH_4$ 和 $N_2O$ 排放量估算方法，气候变化的国际谈判进程及其对能源发展的影响。

为便于学员学习，本教材将专科与独立本科段自学内容合并成一册，以（一）和（二）区分专科和独立本科段学历层次，用"＊"标出部分作为独立本科段增加的自学内容，其余部分作为专科和独立本科段共同自学的内容。

由于时间紧迫，这套系列教材难免存在疏漏之处，恳请读者批评指正。

高等教育自学考试能源管理专业
能源管理师职业能力水平证书考试　系列教材编委会
2012 年 1 月

# 《节能评估方法》编写说明

　　《节能评估方法》一书是高等教育自学考试能源管理专业和能源管理师职业能力水平证书考试的指定教材。这是一门为能源管理专业专科生与本科生开设的专业课，也是必修课程。本书分为四部分：第一部分为第1、2章，主要系统介绍我国节能评估产生的背景、发展状况及节能评估所涉及的基本概念和基础知识；第二部分为第3章，主要介绍节能评估中项目（工程）评估的方法，评估的具体内容及深度要求；第三部分为第4、5章，主要介绍节能评估文件编写方法，节能评审的程序、要求；第四部分为附录，主要介绍了节能评估报告编写的案例及考试大纲。

　　本书依据《节能评估方法课程考试大纲》编写，其特点是：

　　1. 本书在编写过程中，以考试大纲为依据，注重基本概念的讲解及基本技能的培训，尽可能通过深入浅出的讲解，引导学生形成比较系统的知识体系，且学以致用，为今后更深入地学习和掌握后续课程中的相关知识、投身到节能评估工作的实践作好充分的准备与铺垫。

　　2. 全书依据指定教材的结构，以章为单位。根据考试大纲对各知识点不同难易程度的要求，把知识点和知识点以下的细目进行详细的解读分析，以方便学员掌握应考核的知识重点。

　　3. 本书每章的"学习目标"部分给出了对学习内容的掌握程度要求和应该达到的目标；"自学时数"部分是依据章节内容给出学员们自学所用时间的参考时数；"教师导学"是作者从教师的角度，指出本章节内容在本课程中占据的地位与作用，并指出了本章学习的重点、难点，应采用的学习方法及应注意的问题；"复习思考题"综合了考试大纲和教材对应试者的要求，可用于检验应试学员的学习效果。

　　4. 本书涵盖全部考核内容，并恰当地突出重点章节，加大了重点内容的覆盖密度，供参加能源管理专业自考（专科、本科段）和能源管理师职业能力水平证书考试的相关人员集体学习或个人自学使用，亦可供相关专业的人士作为能源管理工作的工具书或参考资料。

　　本书由节能评估专家高级工程师樊文舫、白磊、朱翠芬、尹梁等编著。

　　本书由清华大学教授孟昭利主审，中国人民大学教授李金轩、国家发展改革委能源研究所研究员杨宏伟等副审，最后由编委会审定。本书在编写过程中，参考和引用了书中所列参考文献中的部分内容。此外，苏曙、樊炜、李锐、霍飞龙、高喜珍等参与了本书编写。由于水平所限，加之时间仓促，难免有疏漏或欠妥之处，敬请读者给予指正。

**编 者**

2012 年 7 月于北京

# 目 录

第1章 节能评估概述 ……………………………………………………… 1

1.1 节能评估背景 ……………………………………………………… 1

1.2 节能评估开展的现状 ……………………………………………… 3

1.3 节能评估意义 ……………………………………………………… 5

1.4 节能评估和审查工作存在的问题及应对措施 …………………… 6

    1.4.1 存在的问题 …………………………………………………… 6

    1.4.2 应对措施 ……………………………………………………… 7

复习思考题 ………………………………………………………………… 8

第2章 节能评估基础知识 ………………………………………………… 9

2.1 能源术语及单位换算 ……………………………………………… 10

    2.1.1 能源术语 ……………………………………………………… 10

    2.1.2 单位换算 ……………………………………………………… 13

2.2 能源计量与统计 …………………………………………………… 14

    2.2.1 能源计量管理 ………………………………………………… 14

    2.2.2 能源统计管理 ………………………………………………… 16

2.3 节能技术简介 ……………………………………………………… 18

    2.3.1 工业锅炉（窑炉）节能改造技术 …………………………… 18

    2.3.2 区域热电联产工程 …………………………………………… 21

    2.3.3 余热余压利用工程 …………………………………………… 21

    2.3.4 节约和替代石油工程 ………………………………………… 22

    2.3.5 电机系统节能工程 …………………………………………… 23

    2.3.6 能量系统优化工程 …………………………………………… 24

    2.3.7 建筑节能工程 ………………………………………………… 25

    2.3.8 绿色照明工程 ………………………………………………… 26

    2.3.9 政府机构节能工程 …………………………………………… 27

    2.3.10 节能监测和技术服务体系建设工程 ……………………… 28

2.4 项目节能量计算 …………………………………………………………… 29

   2.4.1 节能量确定原则 ……………………………………………………… 29

   2.4.2 节能量确定方法 ……………………………………………………… 29

   2.4.3 计算节能量的方法 …………………………………………………… 30

2.5 项目减排量计算 …………………………………………………………… 30

   2.5.1 化学需氧量的减排计算方法 ………………………………………… 31

   2.5.2 二氧化硫的减排量计算方法 ………………………………………… 31

   复习思考题 …………………………………………………………………… 32


第3章 项目合理用能分析评估方法 …………………………………………… **34**

3.1 节能评估方法概述 ………………………………………………………… 34

   3.1.1 政策导向判断法 ……………………………………………………… 35

   3.1.2 专家判断法 …………………………………………………………… 35

   3.1.3 类比分析法 …………………………………………………………… 35

   3.1.4 能量平衡分析法 ……………………………………………………… 35

   3.1.5 单位面积指标法 ……………………………………………………… 36

3.2 节能评估原则 ……………………………………………………………… 36

3.3 节能评估内容 ……………………………………………………………… 37

   3.3.1 能源供应情况评估 …………………………………………………… 37

   3.3.2 项目建设方案节能评估 ……………………………………………… 38

   3.3.3 项目能源消耗和能效水平评估 ……………………………………… 38

   3.3.4 节能措施评估 ………………………………………………………… 39

   3.3.5 存在问题及建议 ……………………………………………………… 39

   3.3.6 评估结论及建议 ……………………………………………………… 39

3.4 节能评估的方法 …………………………………………………………… 39

   3.4.1 节能评估的方法概述 ………………………………………………… 39

   3.4.2 能源供应及消费总体评估方法 ……………………………………… 40

   3.4.3 项目建设方案评估方法 ……………………………………………… 42

   3.4.5 项目能源消费和能效水平评估方法 ………………………………… 47

   3.4.6 项目主要节能措施评估方法 ………………………………………… 51

3.5 节能评估工作的程序 ……………………………………………………… 52

   3.5.1 评估准备阶段 ………………………………………………………… 53

   3.5.2 评估分析阶段 ………………………………………………………… 54

   3.5.3 编写评估文件阶段 …………………………………………………… 55

   3.5.4 评审评估文件阶段 …………………………………………………… 56

3.6 节能评估所需资料 ⋯⋯⋯⋯⋯⋯⋯⋯⋯⋯⋯⋯⋯⋯⋯⋯⋯ 56

复习思考题 ⋯⋯⋯⋯⋯⋯⋯⋯⋯⋯⋯⋯⋯⋯⋯⋯⋯⋯⋯⋯⋯ 56

**第4章 节能评估文件编写** ⋯⋯⋯⋯⋯⋯⋯⋯⋯⋯⋯⋯⋯⋯⋯⋯ **58**

4.1 节能评估工作 ⋯⋯⋯⋯⋯⋯⋯⋯⋯⋯⋯⋯⋯⋯⋯⋯⋯⋯⋯ 58

4.1.1 节能评估相关概念 ⋯⋯⋯⋯⋯⋯⋯⋯⋯⋯⋯⋯⋯⋯⋯ 59

4.1.2 节能评估实施 ⋯⋯⋯⋯⋯⋯⋯⋯⋯⋯⋯⋯⋯⋯⋯⋯⋯ 59

4.1.3 节能评估文件分类 ⋯⋯⋯⋯⋯⋯⋯⋯⋯⋯⋯⋯⋯⋯⋯ 59

4.1.4 节能评估原则 ⋯⋯⋯⋯⋯⋯⋯⋯⋯⋯⋯⋯⋯⋯⋯⋯⋯ 60

4.1.5 节能评估的方法 ⋯⋯⋯⋯⋯⋯⋯⋯⋯⋯⋯⋯⋯⋯⋯⋯ 61

4.1.6 节能评估工作步骤 ⋯⋯⋯⋯⋯⋯⋯⋯⋯⋯⋯⋯⋯⋯⋯ 61

4.1.7 评估程序及要点 ⋯⋯⋯⋯⋯⋯⋯⋯⋯⋯⋯⋯⋯⋯⋯⋯ 62

4.2 节能评估报告编制 ⋯⋯⋯⋯⋯⋯⋯⋯⋯⋯⋯⋯⋯⋯⋯⋯⋯ 66

4.2.1 节能评估报告编写内容 ⋯⋯⋯⋯⋯⋯⋯⋯⋯⋯⋯⋯⋯ 66

4.2.2 节能评估报告格式、体例（样式）要求 ⋯⋯⋯⋯⋯⋯⋯ 69

4.3 节能评估表编制 ⋯⋯⋯⋯⋯⋯⋯⋯⋯⋯⋯⋯⋯⋯⋯⋯⋯⋯ 74

复习思考题 ⋯⋯⋯⋯⋯⋯⋯⋯⋯⋯⋯⋯⋯⋯⋯⋯⋯⋯⋯⋯⋯ 78

**第5章 节能评估文件评审** ⋯⋯⋯⋯⋯⋯⋯⋯⋯⋯⋯⋯⋯⋯⋯⋯ **79**

5.1 节能评审工作 ⋯⋯⋯⋯⋯⋯⋯⋯⋯⋯⋯⋯⋯⋯⋯⋯⋯⋯⋯ 79

5.2 评审原则 ⋯⋯⋯⋯⋯⋯⋯⋯⋯⋯⋯⋯⋯⋯⋯⋯⋯⋯⋯⋯⋯ 80

5.3 评审程序 ⋯⋯⋯⋯⋯⋯⋯⋯⋯⋯⋯⋯⋯⋯⋯⋯⋯⋯⋯⋯⋯ 80

5.4 节能评估文件符合性审查 ⋯⋯⋯⋯⋯⋯⋯⋯⋯⋯⋯⋯⋯⋯⋯ 81

5.5 开展节能评审 ⋯⋯⋯⋯⋯⋯⋯⋯⋯⋯⋯⋯⋯⋯⋯⋯⋯⋯⋯ 82

5.5.1 组建专家组 ⋯⋯⋯⋯⋯⋯⋯⋯⋯⋯⋯⋯⋯⋯⋯⋯⋯⋯ 82

5.5.2 确定评审依据 ⋯⋯⋯⋯⋯⋯⋯⋯⋯⋯⋯⋯⋯⋯⋯⋯⋯ 82

5.5.3 节能评审主要内容及要点 ⋯⋯⋯⋯⋯⋯⋯⋯⋯⋯⋯⋯ 83

5.6 专家评审意见要点 ⋯⋯⋯⋯⋯⋯⋯⋯⋯⋯⋯⋯⋯⋯⋯⋯⋯ 85

5.7 评审机构评审要点 ⋯⋯⋯⋯⋯⋯⋯⋯⋯⋯⋯⋯⋯⋯⋯⋯⋯ 86

5.8 项目资料及总结分析 ⋯⋯⋯⋯⋯⋯⋯⋯⋯⋯⋯⋯⋯⋯⋯⋯ 86

复习思考题 ⋯⋯⋯⋯⋯⋯⋯⋯⋯⋯⋯⋯⋯⋯⋯⋯⋯⋯⋯⋯⋯ 87

**附录一** ⋯⋯⋯⋯⋯⋯⋯⋯⋯⋯⋯⋯⋯⋯⋯⋯⋯⋯⋯⋯⋯⋯⋯ **88**

固定资产投资项目节能评估和审查暂行办法 ⋯⋯⋯⋯⋯⋯⋯⋯⋯ 88

600MW 超临界火电机组节能评估报告范本 ⋯⋯⋯⋯⋯⋯⋯⋯⋯ 96

××××××有限公司 10 万吨/年蜜胺联产 60 万吨/年硝基复合肥资源
综合利用项目节能评估报告 ………………………………………… 188
各种能源折标准煤参考系数 ………………………………………… 239
常用单位换算表 …………………………………………………… 241
耗能工质能源等价值 ……………………………………………… 244

附录二　《节能评估方法》考试大纲 ……………………………… 245
参考文献 …………………………………………………………… 254
后　记 ……………………………………………………………… 255

# 第1章  节能评估概述

▶ **学习目标**

1. 应知道、识记、理解的内容
- 我国节能评估发展概况
- 我国节能评估发展现状
- 我国节能评估工作存在的问题
- 我国节能评估工作发展趋势
2. 应领会、掌握、应用的内容
- 节能评估发展的历史阶段

▶ **自学时数**

3~5 学时

▶ **教师导学**

学习《节能评估方法》一书，首先要了解我国节能评估的发展背景，包括节能评估发展历程、发展现状、存在的问题及应对措施等内容。

本章重点为：节能评估发展的背景、现状；节能评估存在的问题及应对措施。

## 1.1  节能评估背景

我国是一个人口众多，但资源又相对贫乏的国家。能源一直是制约国家经济和社会可持续健康发展的重要因素之一。随着我国经济快速发展，节约能源越来越受到政府高度重视，从 20 世纪 80 年代初以来，国家有关部门积极组织企业学习国外先进能源管理经验，卓有成效地开展了企业能源审计培训和实践活动，收到了很好效果。这为我国节能评估工作的开展奠定了坚实的基础，同时也起到了积极的推动作用。节能评估的产生和发展大体经历了以下三个阶段：

第一阶段为 90 年代初期、中期。

90 年代初期：1992 年，为加强基建和技改项目的节能审查，保证工程项目合理利用和节约能源，国家计委等三部委联合印发了《关于基本建设和技术改革工程项目可行性研究报告增列节能篇（章）的暂行规定》（〔1992〕1959 号）（以下简称《暂行规定》）。《暂行规定》共计九条，对基本建设和技术改造工程项目可行性研究报告增列节能篇（章）提出了具体要求。并在附件中针对可研报告节能篇（章）的具体内容作了详细规定，即：第一节能耗指标及分析；第二节节能措施综述；第三节单项节能工程。该规定自1993 年 1 月 1 日起施行。这是节能评估产生的渊源即开始阶段。

90 年代中期：《中华人民共和国节约能源法》（以下简称《节约能源法》）于 1997 年11 月 1 日经八届全国人大常委会第二十八次会议通过，《节约能源法》的颁布和实施，标志着我国节约能源工作开始步入法治阶段。2007 年我国对《节约能源法》作了修订。修订前的《节约能源法》第十二条明确规定"固定资产投资项目的可行性研究报告，应当包括合理用能的专题论证。固定资产投资项目的设计和建设，应当遵守合理用能标准和节能设计规范。达不到合理用能标准和节能设计规范要求的项目，依法审批的机关不得批准建设；项目建成后，达不到合理用能标准和节能设计规范要求的，不予验收"。

根据《节约能源法》的要求和节能减排形势发展的需要，国家计委等三部委又制定了新的《关于固定资产投资工程项目可行性研究报告"节能篇（章）"编制及评估的规定》（以下简称《规定》），第十条关于对固定资产投资项目进行节能审查的规定比过去要求更加严格，在附件一可行性研究报告节能篇（章）的主要内容中，增加了第四节建筑节能等新内容；同时在附件二中提供了需执行的有关节能设计标准及技术规定目录。

《暂行规定》和《规定》的实施，为"保证固定资产投资工程项目做到合理利用能源和节约能源"起到了一定的作用，但始终没有得到真正的贯彻执行。其主要原因是没有建立起独立的、强制性的节能评估和审查制度。

第二阶段为 21 世纪前十年中期前后。

为了加强国家对节能工作的领导，2006 年 8 月 6 日《国务院关于加强节能工作的决定》（以下简称《决定》）下发，要求"发展改革委要会同有关部门制定固定资产投资项目节能评估和审查的具体办法"。为贯彻落实《决定》精神，当年国家发展改革委下发了《关于印发固定资产投资项目节能评估和审查指南（2006）的通知》（以下简称《通知》），《通知》要求做好固定资产投资项目（含规划、新、改、扩建工程）的节能评估和审查工作，并提供了开展固定资产投资项目节能评估和审查现有可依据的相关法律法规、产业和技术政策、标准和设计规范及固定资产投资项目节能评估和审查指南（2006）。

在 2007 年 10 月 28 日十届全国人大常委会第三十次会议修订并于 2008 年 4 月 1 日起实施的《中华人民共和国节约能源法》第十五条中，我国第一次从法律层面上规定"国家实行固定资产投资项目节能评估和审查制度，对不符合强制性节能标准的项目，依法负责项目审批或者核准的机关不得批准或者核准建设；建设单位不得开工建设；已开工建设的，不得投入生产、使用。具体办法由国务院管理节能工作的部门会同国务院有关部门制定"。这是节能评估发展的一个重要阶段，相比第一阶段有了较大的进步和发展，对推动全国固定资产投资项目节能评估和审查工作起到了积极的作用。但在开展节能评估和审查工作的实践过程中，仍感到存在一定的问题，主要是《通知》实际操作性不强，缺少具体操作办法。

第三阶段为 2010 年至今。

为加强固定资产投资项目节能管理，促进科学合理利用能源，从源头上杜绝能源浪费，提高能源利用效率，在总结全国开展节能评估工作经验的基础上，国家发展改革委又以 2010 年第 6 号令的形式颁布了《固定资产投资项目节能评估和审查暂行办法》（以下简称《暂行办法》）。《暂行办法》含总则、节能评估、节能审查、监管和处罚、附则共计 5 章 25 条及《固定资产投资节能评估报告书内容深度要求》等三个附件，系统地提出了国家实施固定资产投资节能评估和审查的具体操作办法。使企业开展节能评估工作既有《节约能源法》可依，同时又有具体《暂行办法》可遵循。为促进在全国范围内有效地开展节能评估工作，国家发展改革委培训中心从 2006 年以来，特别是《暂行办法》颁布后，在全国 30 多个省份积极开展节能评估专题培训活动，培训政府有关部门、节能服务公司、大专院校科研单位、重点耗能企业、环评及安评公司等有关单位 1 万多人，对推动我国企业开展节能评估工作起到了十分重要的作用。

## 1.2 节能评估开展的现状

我国节能评估工作自 1992 年至 2012 年经历了 20 年的发展历程，从全国的情况看，自国家发展改革委 2006 年下发《关于印发固定资产投资项目节能评估和审查指南（2006）的通知》，特别是 2010 年又以"6 号令"颁布了《暂行办法》后，各省份节能评估工作才在一定意义上真正陆续开展起来。节能评估对我国开展节能减排工作起到了积极的推动作用，取得了良好的效果，但也存在一定的问题，需要进一步研究和解决。我国节能评估工作开展现状大体可归纳为以下七个方面：

（1）根据《节约能源法》、《国务院关于加强节能工作的决定》（国发〔2006〕28 号）和国家发展改革委《关于加强固定资产投资项目节能评估和审查工作的通知》（发改投资〔2006〕2787 号），许多省份结合实际情况下发了《固定资产投资项目节能评估和审查暂行办法》。如：2008 年上半年内蒙古自治区人民政府、广东省人民政府分别印发了《内蒙古自治区固定资产投资项目节能评估和审查管理办法》、《广东省固定资产投资项目节能评估和审查暂行办法》；2011 年山西省人民政府办公厅也下发了《山西省固定资产投资项目节能评估和审查办法》。

（2）有的省份根据实际情况，出台了节能评估机构备案管理办法。如：2010年浙江省政府下发了《浙江省工业固定资产投资项目节能评估机构备案管理办法（试行）》，河南省、湖北省等也都陆续出台了节能评估机构备案管理办法。这对加强固定资产投资项目节能管理、确保节能评估文件质量、规范节能评估机构管理起到了积极的推动作用。

（3）省级政府高度重视节能评估工作，不少地方政府将其列为"十二五"期间节能减排发展规划的重要内容之一。如：北京市在2011年8月出台的《"十二五"时期节能降耗及应对气候变化规划》中，要求"健全用能单位能源管理体系，规范节能评估和审查制度。进一步修订固定资产投资项目节能评估和审查管理办法，完善配套制度，开发建设节能评估和审查信息平台系统。在新上项目投资审批过程中严格执行固定资产投资项目节能评估与审查，从源头实现节能增效"。湖北省政府办公厅下发的《湖北省节能"十二五"规划》也提出"要重点开展对高耗能企业、公共设施用能状况以及固定资产投资项目节能评估审查"。《内蒙古自治区"十二五"节能减排综合性工作方案》在明确目标责任、加强监督考核要求中，也明确提出要"将固定资产投资项目节能评估审查，作为控制各盟市能源消费增量和总量的重要措施"。

（4）节能评估有力地推动了各省份工业节能减排。如内蒙古自治区是我国重要的能源生产地，同时也是能源消耗重点地区，产业结构中能源、原材料产业比重较大。近年来，通过大力开展节能评估审查，有效控制了能源消耗，工业节能减排取得显著进展。自治区共评估审查了数百个固定资产投资项目，涉及钢铁、有色、化工、建材、矿山采选、机械制造、煤炭、轻工、电力等行业。通过严把项目能耗准入关，全区有效地从源头上控制了能耗总量过快增长。目前，内蒙古自治区有关部门已建立了一个有数百名专家的节能评审专家库，专业涉及多个产业行业，经认定的具有节能评估资质的中介机构近百家。

（5）有利于控制经济发达地区向经济欠发达地区转移高污染、高耗能产业。一些经济欠发达地区发展改革委等有关能源管理部门公务员参加节能评估培训，一是了解国家有关法律、法规和相关政策；二是全面学习节能评估；三是严格控制高污染、高耗能产业从经济发达地区流入他们管辖的区域。

（6）节能评估促进了国家能源管理体系建设。目前我国已形成两大能源管理手段，即节能评估审查和能源审计。节能评估审查作为项目的审批、核准以及开工建设的前置条件，要求新上项目必须落实有关节能法规、标准，不断提高能源利用效率，从源头上遏制能耗的不合理增长。企业能源审计是对已投入生产的固定资产投资项目通过能源审计，使企业清晰、系统地认识到自身的用能现状，通过对主要能耗指标与国际、国内行业先进水平、平均水平的比较，使企业找到差距，分析节能潜力，明确节能方向，落实节能技改项目，实现节能目标。两大能源管理手段相辅相成、相得益彰。特别是节能评估的产生和发展，使我国能源管理体系更趋于科学性、实践性，同时也得到不断完善。

（7）从全国来看，节能评估工作发展还不够平衡。有的地方比较重视，管理部门职责分工明确，开展节能评估的中介机构技术力量比较强，工作开展得有声有色；有的地方重视程度还不够，管理部门职责分工不清晰，中介机构技术力量比较弱，工作成效不很明显。另外节能评估工作本身也存在一些问题，需要进一步研究、探讨和完善。

## 1.3 节能评估意义

能源是制约我国经济社会可持续、健康发展的重要因素。解决能源问题的根本出路是坚持开发与节约并举、把节约放在首位的战略方针，大力推进节能降耗，提高能源利用效率。固定资产投资项目在国民经济和社会发展中具有重要的地位和作用，固定资产投资项目节能评估和审查工作作为一项行之有效的节能管理制度，对深入贯彻落实节约资源基本国策，严把能耗增长源头关，全面推进资源节约型、环境友好型社会建设具有重要的现实意义和深远的历史意义。

（1）节能评估是保证国家能源安全、经济可持续发展的重要手段。目前我国正处在工业化和城镇化加快发展的历史阶段，能源消耗高且能源消费规模不断扩大，能源问题已经成为影响经济社会发展的瓶颈。从战略和全局的高度看，充分认识做好节能评估和审查工作，是保证国家经济安全、能源安全，实现国民经济和社会可持续发展的重要前提。我国不是能源富有的国家，要缓解能源紧缺的矛盾，其根本出路是坚持开发与节约并重、节约优先的方针，大力推进节能降耗，提高能源利用率。节能评估无疑是一种重要的手段。

（2）节能评估是实现固定资产投资项目从源头控制能耗增长、科学用能的重要手段。依据国家和地方相关节能强制性标准、规范及能源发展政策，在固定资产投资项目审批、核准阶段进行用能科学性、合理性分析与评估，提出节能降耗措施，出具审查意见，可以直接从源头上避免用能不合理项目的开工建设，为项目决策提供科学依据。

（3）节能评估是确保节能降耗目标的实现，贯彻落实《节约能源法》相关法律、法规、政策的重要保证。开展固定资产投资项目节能评估和审查工作、建立相关制度和办法是贯彻《"十二五"节能减排综合性工作方案》提出的节能目标，落实《节约能源法》、《国务院关于加强节能工作的决定》等重要战略部署及法规政策中相关规定的重要保证。

（4）节能评估是贯彻国务院投资体制改革精神、改进政府宏观调控方式的具体体现。《国务院关于投资体制改革的决定》中，要求对固定资产投资项目从维护经济安全、合理开发利用资源、保护生态环境等方面重点进行核准把关，固定资产投资项目节能评估和审查制度是贯彻落实国务院投资体制改革精神、转变和改进政府宏观监督管理职能的具体体现。

（5）节能评估是提高固定资产投资效益、促进经济增长方式转变的必要措施。开展固定资产投资项目节能评估和审查，严把项目能源准入关，是提高固定资产投资项目能源利用效率、促进产业结构调整、能源结构优化的重要举措。

（6）节能评估是落实《万家企业节能低碳行动实施方案》要求的有效措施。2011 年国家发展改革委等12家有关部门制订了《万家企业节能低碳行动实施方案》（以下简称《方案》）。万家企业是指年综合能源消费量1万吨标准煤以上以及有关部门指定的年综合能源消费量5000吨标准煤以上的重点用能单位，《方案》对万家企业节能量目标提出了具体要求，"十二五"期间，万家企业要实现节约能源2.5亿吨标准煤。节能评估对万家企业落实节能目标具有重要的作用和意义。

（7）节能评估是推动企业采用节能新技术、实现节能减排、提高经济效益的重要途径。节能评估的重要意义在于：固定资产投资项目在上马之前，项目单位既把节能减排作为一个重要问题来对待和研究，会在节能评估中尽可能采用节能新技术、新设备、新工艺，把节能和减排有机地结合起来；同时，也会大大提高企业经济效益和市场的竞争能力。

## 1.4 节能评估和审查工作存在的问题及应对措施

### 1.4.1 存在的问题

节能评估工作的不断深入开展，对建设资源节约型、环境友好型社会起到了积极的推动作用，我国节能减排工作也收到了较好的效果。但从全国来看，在实施过程中也还存在着一些问题。

（1）能源管理法律、法规、政策、规定等有待进一步完善。近些年，面对日趋强化的资源环境约束，政府危机意识不断增强，虽然国家在节能减排方面出台了不少法律、法规、政策、标准等相关文件，但作为统领国家能源工作全局的《能源法》还没有出台。同时一些相关法律、法规、政策、标准等也存在着一定缺失。如有关节能评估和审查管理方面的文件和规定，对评估和审查规定得非常详细，但对审批后项目如何落实节能技改措施显得力度不够；部分行业缺少行业准入政策，包括能耗限额等各类标准；作为节能评估依据的一些标准、规范制定的时间比较长，个别条例、规定和标准等已过时或不再适用。

（2）对节能评估和审查工作的认识有待进一步提高。节能评估从产生到目前已经历了20年的发展历程，真正引起政府主管部门和固定资产投资项目单位重视是从国家发展改革委2010年6号令出台后，节能评估和审查已成为固定资产投资项目获得批准的一项必须履行的重要程序。但在对开展节能评估工作的意义认识上，在一定程度上还存在着实用主义的倾向。部分项目单位为作节能评估而作节能评估，作节能评估的目的只是为获得项目的批准，只要节能评估报告能通过，能敷衍皆敷衍，需落实的节能技改措施并未想认真执行。

（3）节能评估和审查实施属性定位不明确。目前，国家对节能评估和审查实施属性的定位不明确，有的省份将开展节能评估视为政府行为，所需费用列入政府财政支出；而大多省份将其视为市场化行为，节能评估费用由固定资产项目单位支付。

（4）节能评估机构及审查部门有待进一步健全和完善。从目前情况看，不少地方政府出台了"固定资产投资项目节能评估机构备案管理办法"。由于主客观原因，这些备案管理办法多是粗线条、框架式、原则性的规定，执行起来难度比较大，存在以下主要问题：一是如何处理节能评估机构与固定资产投资项目单位的工作关系和利益关系；二是对节能评估涉及的行业与节能评估机构的工作业务范围如何划分和确定；三是针对节能评估所涉及的行业节能评估机构如何配备相关专业的技术人员；四是如何保证节能评估机构出具的节能评估文件能够体现"公正性、专业性、真实性、完整性、实操性"；五是各地的备案管理办法大多对准入有比较具体的规定，但对退出机制没有具体详细的规定；六是我国现有的节能评估机构普遍缺少能源管理专业方面的人才，既懂能源管理又具备不同专业技能的复合型人才就更加短缺；七是作为节能评估审查的全国各级政府相关部门极度缺乏懂能源管理和相关专业技术知识的公务人员，难以适应节能评估和审查工作的需要。

## 1.4.2 应对措施

（1）针对能源管理法律法规建设中存在的问题，各级政府和相关部门应进一步加快法律、法规、政策、标准规范的建设、更新、制定和完善。在制定节能评估和审查管理的相关文件和规定时，要增加对项目节能评估和审查的后评价程序，并作出具体要求和规定，加强监督管理，以确保节能技改措施贯彻落实。同时，政府主管部门要做好各项服务工作，如建立节能评估和审查工作急需的各行业相关基础性统计资料、参照资料、重点行业标准等相关资料数据库等等，以利于全国各地节能评估和审查工作顺利进行。

（2）为提高各相关部门对节能评估和审查工作的认识，各级政府要进一步加强对节能评估工作重要性的宣传和教育，使企业在宏观和微观上对节能减排高度重视，把节能评估作为企业实施节能减排的一项行之有效的自觉行动。

（3）国家应明确节能评估和审查实施属性的定位，要有统一规定。实施固定资产投资项目节能评估和审查的意义不仅涉及项目单位本身，实质上同完成全国节能减排目标是密切相关的。国家应将开展节能评估所需费用列入各级政府财政支出。这个问题的解决，令节能评估机构与固定资产投资项目单位在工作关系和利益关系上产生的各种矛盾迎刃而解，从而才能从根本上保证节能评估机构出具的节能评估文件具备公正性、专业性、真实性、完整性、实操性，以避免各种不利因素的干扰和影响。

（4）为促使节能评估机构履行其职责，确保节能评估文件的质量，省级政府在制定的备案管理办法中应对节能评估机构完成工作任务的质量进行科学考核，并建立退出机制，对长期达不到节能评估工作要求的节能评估机构取消其开展节能评估工作的资质。

（5）针对我国各级政府相关部门缺少熟悉能源管理、了解相关专业技术知识的公务人员，节能评估机构缺少既懂能源管理又具备不同行业专业技能的复合型性人才的现状，有关部门要号召节能评估机构和政府相关人员积极学习能源管理专业方面的理论和基础知识。同时，还要积极组织各类针对性强的能源管理方面的专题培训活动。为解决我国能源管理人才严重短缺的矛盾，多渠道、多层次加快复合型、实用型人才的培养，隶属于国家发展改革委的中国交通运输协会组织我国能源管理方面的理论、实践、培训专家及有关人员，经过近 3 年的艰苦努力和大量深入细致的实际工作，开创了我国高等教育自学考试能源管理专业（专科、独立本科段）和能源管理师职业能力水平证书（简称 CNEM）项目，受到了节能评估机构、政府相关管理部门人员的欢迎，参加学习的人员非常踊跃。

# 复习思考题

**一、单项选择题**（在备选答案中选择 1 个最佳答案，并把它的标号写在括号内）

1. 随着我国经济快速的发展，节约能源越来越受到政府的高度重视，从 20 世纪 80 年代初以来，节能评估的产生和发展大体经历了(　　)个阶段。

A. 2　　　　　　　B. 3　　　　　　　C. 4　　　　　　　D. 5

2. 2011 年国家发改委等有关部门制订了《万家企业节能低碳行动实施方案》。方案对万家企业节能量目标提出了具体要求，"十二五"期间，万家企业要实现节约能源(　　)。

A. 2 亿吨标准煤　　B. 2.5 亿吨标准煤　　C. 3.5 亿吨标准煤　　D. 5 亿吨标准煤

**二、多项选择题**（在备选答案中有 2~5 个是正确的，将其全部选出并将它们的标号写在括号内，选错、漏选和不选均不得分）

为加强固定资产投资项目节能管理，促进科学合理利用能源，从源头上杜绝能源浪费，提高能源利用效率，国家发展改革委以 2010 年第 6 号令的形式颁布了(　　)。

A.《中华人民共和国节约能源法》

B.《固定资产投资项目节能评估工作指南》

C.《固定资产投资项目节能评估和审查暂行办法》

D.《固定资产投资项目节能审评工作指南》

E.《国务院关于印发"十二五"节能减排综合性工作方案的通知》

**三、简答题**

节能评估工作的发展经历了几个发展阶段？

**四、论述题**

简述节能评估和审查工作存在的问题及应对措施。

# 第 2 章　节能评估基础知识

## ▶ 学习目标

1. 应知道、识记、理解的内容
- 能源方面有关术语
- 能源计量管理的基础知识
- 能源统计的基础知识
- 与节能评估相关的节能技术
2. 应领会、掌握、应用的内容
- 有关能源方面名词解释
- 能源所涉及的单位换算
- 能源计量管理的制度及配置要求
- 能源统计管理的制度及指标体系
- 与节能评估相关的节能技术
- 节能量、减排量的计算

## ▶ 自学时数

10～15 学时

## ▶ 教师导学

节能评估基础知识是开展节能评估工作必须掌握的基础知识。本章涵盖了有关从事能源管理方面的诸多基础知识，包括名词解释、单位换算计量器具的配置、统计管理的指标体系及节能量、减排量的计算和与之相关的节能技术等内容。

本章重点应掌握：单位的换算；能源计量管理制度及计量器具的配置要求；能源统计管理及指标体系；与节能评估相关的节能技术；节能量、减排量的计算。

## 2.1 能源术语及单位换算

### 2.1.1 能源术语

#### 1. 一次能源和二次能源

一次能源是指自然界中以现成形式存在，不经任何改变或转换的天然能源资源，即从自然界直接取得并不改变其形态和品位的能源。如原煤、原油、油页岩、天然气、核燃料、植物燃料、水能、风能、太阳能、地热能、海洋能、潮汐能等。

二次能源是指为了满足生产工艺和生活的特定需要以及合理利用能源，将一次能源直接或间接加工转换产生的其他种类和形式的人工能源。如由原煤加工产出的洗煤，由煤炭加工转换产出的焦炭、煤气，由原油加工产出的汽油、煤油、柴油、燃料油、液化石油气、炼厂干气等，由煤炭、石油、天然气转换产出的电力。

#### 2. 余热

余热是指工业企业生产过程中释放出来的可被利用的热能。可能回收的余热种类有高温废气余热、高温产品及高温热渣液的物理热、冷却介质余热、废气废水余热、化学反应余热。

#### 3. 耗能工质

在生产经营活动中，需要消耗某些工作物质而生产这些工作物质需要消耗一定数量的能源，利用这些工作物质就等于间接地消耗能源。另外，这些工作物质的使用能够替代或减少其他能源的消耗，而这些工作物质不属于通常所指的能源之列。例如工业用水、压缩空气、电石、乙炔、氧气等等，这些工作物质被称为耗能工质。需要注意的是，不同的行业对耗能工质有不同的规定范围。

#### 4. 能源计量

能源计量是指在能源流程中，对各环节的数量、质量、性能参数、相关的特征参数等进行检测、度量和计算。能源计量是能源统计的技术基础。能源统计建立在能源计量记录的基础之上，没有能源计量就没有能源统计，只有作好能源计量，才能做好能源原始记录、统计台账，进行统计汇总和统计分析。

#### 5. 热量单位（焦耳、卡）

焦耳是热、功、能的国际制单位。我国规定热、功、能的单位为焦耳。焦耳的定义为：1 牛顿的力（1 牛顿 = 1 千克·米/秒）作用于质点，使其沿力的方向移动 1 米距离所作的功称为 1 焦耳。在电学上，1 安培电流在 1 欧姆电阻上，在 1 秒种内所消耗的电能称为 1 焦耳。

卡是应淘汰的热单位。卡的定义是：1 克纯水在标准气压下把温度升高 1 摄氏度所需要的热量称为 1 卡。热量的常用单位为 20℃ 卡，简称卡；某些西欧国家采用 15℃ 卡；我国采用的是 20℃ 卡。在我国的现行热量单位中，卡暂时可以和焦耳并用。

6. 燃料及发热值

燃料是一种可燃烧的物质，通过化学或物理反应（或核反应）释放出能量，燃烧时产生热量和动力。燃料热值也叫燃料发热量，是指单位质量（指固体或液体）或单位体积（指气体）的燃料完全燃烧，燃烧产物冷却到燃烧前的温度（一般为环境温度）对所释放出来的热量。

燃料热值有高位热值与低位热值两种。高位热值是指燃料在完全燃烧时释放出来的全部热量，即在燃烧生成物中的水蒸气凝结成水时的发热量，也称毛热。低位热值是指燃料完全燃烧，其燃烧产物中的水蒸气以气态存在时的发热量，也称净热。我国是按低位热值换算的。

固体或液体发热量的单位是千卡/千克或千焦耳/千克。气体燃料的发热量单位是千卡/标准立方米或千焦耳/标准立方米。

7. 标准燃料和标准煤

标准燃料是计算能源总量的一种模拟的综合计算单位。在能源使用中主要利用它的热能，因此，习惯上都采用热量来作为能源的共同换算标准。由于煤、油、气等各种燃料质量不同，所含热值不同，为了便于对各种能源进行计算、对比和分析，必须统一折合成标准燃料。标准燃料可分为标准煤、标准油、标准气等。我国以煤为主，采用标准煤为计算基准，即将各种能源按其发热量折算为标准煤。

标准煤亦称煤当量，具有统一的热值标准。我国规定每千克标准煤的热值为 7000 千卡。将不同品种、不同含量的能源按各自不同的热值换算成每千克热值为 7000 千卡的标准煤。

能源折标准煤系数 = 某种能源实际热值/标准煤热值

8. 当量热值和等价热值

当量热值又称理论热值（或实际发热值），是指某种能源一个度量单位本身所含的热量。当量热值是能源统计中经常使用的一种热值概念。

等价热值也是能源统计经常使用的一种热值概念，是指加工转换产出的某种二次能源与相应投入的一次能源的当量，即获得一个度量单位的某种二次能源所消耗的以热值表示的一次能源量，也就是消耗一个度量单位的某种二次能源，就等价于消耗了以热值表示的一次能源量。因此，等价热值是个变动值。

某能源介质的等价热值 = 生产该介质投入的能源/该介质的产量
= 该介质的当量热值/转换效率

9. 工业总产值

工业总产值指工业企业在报告期内生产的以货币形式表现的工业最终产品和提供工业劳务活动的总价值量。它包括本期生产成品价值、对外加工费收入和自制半成品、在制品期末期初差额价值，不包括非本企业生产的工业产品价值、本企业非工业活动单位的非工业产品价值和收入以及本企业工业生产过程中产生的废料（其出售的价值也不包括在产值内）。

## 10. 工业增加值

工业增加值是企业生产产品或提供服务过程中新增加的价值，是总产出与中间投入之间的差额，指工业企业在报告期内以货币表现的工业生产活动的最终成果。它的计算方法有生产法和收入法（分配法）两种。

## 11. 增加值

增加值是国内（地区）生产总值（GDP）反映在各次产业、行业的分项数量指标，比如第一产业增加值、第二产业增加值、第三产业增加值。

## 12. 生产系统

生产系统是指生产产品所确定的生产工艺过程、装置和设备组成的完整体系。

## 13. 辅助生产系统和附属生产系统

辅助生产系统和附属生产系统也称辅助生产系统，是指为生产系统服务的过程、设施和设备，其中包括供电、机修、供水、供气、供热、制冷、仪修、照明、库房和原料场地以及安全、环保等装置及设施。

## 14. 单位产品综合能耗

单位产品综合能耗即产品单位产量综合能耗，是指统计报告期内，用能单位生产某种产品或提供某种服务的综合能耗与同期该合格产品产量（工作量、服务量）的比值。

## 15. 单位产值综合能耗

单位产值综合能耗是指统计报告期内，综合能耗与期内用能总产值或工业增加值的比值。工业或交通项目可采用工业增加值。

## 16. 单位产值能耗

单位产值能耗，一般是工业计算能源消费强度、反映能源利用效率的综合指标，计算方法为综合能源消费量（等价值）与工业总产值（可比价）的比值。

## 17. 单位产品可比能耗

单位产品可比能耗即产品单位产量可比综合能耗，是指为在同行业中实现相同最终产品能耗可比，对影响产品能耗的各种因素加以修正所计算出来的产品单位产量综合能耗。

## 18. 工序能耗

工序能耗是指统计报告期内，某一生产环节（工序）的综合能耗或单位产品综合能耗。

## 19. 能量平衡

能量平衡是指以固定资产投资项目为对象，分析输入的全部能量与输出的全部能量在数量上的平衡关系，包括对项目能源在购入存储、加工转换、输送分配、终端使用各环节与回收利用和外供各能源流的数量关系，定量分析项目用能情况。

20. 能源利用效率

能源利用效率是指项目能源利用过程中有效利用的部分与输入能源量的比值。

21. 综合能源消费量

综合能源消费量，一般情况下指行业、企业范围内所消费的各种能源的总量，又称作综合能源消费量或能源消费量。

22. 综合能源消耗量

综合能源消耗量，指用能单位在统计报告期内实际消耗的各种能源实物量，按规定的计算方法和单位分别折算后的总和。

需要说明的是：产品能源消耗量统计符合能源消费的统计原则；与能源生产消费的统计范围相同。产品能源消耗与产品生产要相对应一致，即所消耗的能源应该是该产品生产实际消耗的能源。在原油化工、乙烯等行业，作为原料用途的能源不计入用能单位综合能源消耗量，但要计入用能单位综合能源消费量。

23. 单位增加值能耗

单位增加值能耗，即生产（创造）一个计量单位的增加值所消耗的能源，计算方法为综合能源消耗量（等价值）与增加值（可比价）的比值。

24. 单项节能工程

凡不能纳入建设项目主导工艺流程（如热电联产）和拟分期建设（如高炉炉顶压差发电）的节能项目，应单列节能工程。

## 2.1.2 单位换算

（1）tce 吨标准煤（煤当量）是按煤的热当量值计算各种能源的计量单位。

1 公斤标准煤（1kgce）＝7000 千卡＝29307 千焦

（2）Mtce 百万吨标准煤 toe 吨油当量。

1 公斤油当量（kgoe）＝10000 千卡＝41816 千焦＝4500 千瓦时发电量

（3）GJ 吉焦，$10^9$ 焦耳。

1 吉焦＝$2.389 \times 10^6$ 千卡＝277.77 千瓦时

（4）MBtu 百万英热单位。

1 英热单位＝0.252 千卡＝1055 焦耳＝$36.02 \times 10^{-9}$ 吨标准煤＝2.8 立方米天然气

（5）Mt-C 百万吨碳。

（6）MW 兆瓦，千千瓦。

（7）GW 吉瓦，百万千瓦。

（8）TW 太瓦，10 亿千瓦。

（9）bbl，b 桶。

1 桶原油（世界平均比重）＝0.136 吨＝0.159 千升＝42 美制加仑

（10）b/d 桶/日。

1 桶/日×50＝1 吨/年（比重 0.85）

（11）LPG（t）。

1 吨液化石油气＝1.844 千升＝1250 立方米天然气＝1.11 吨原油

（12）LNG（t）。

1 吨液化天然气＝1380 立方米天然气＝1.23 吨油当量

## 2.2 能源计量与统计

### 2.2.1 能源计量管理

能源计量是节能减排量化数据的体现，起着举足轻重的作用。同时，作为一种管理工具和手段，利用能源计量数据的采集、诊断、分析，可以实施有效管理，而科学准确的计量数据也能够指导能源的利用，由此达到节能降耗的目的。此外，能源计量还是一种工艺手段和一项测量技术，能帮助节能单位建立科学合理的节能流程，为今后的节能提供科学准确的基础条件。

1. 能源计量器具配备的范围

（1）进出企业的一次能源（煤、石油、天然气等）。

（2）二次能源（电、煤气、蒸汽、石油气、瓦斯气、焦炭、成品油等）。

（3）耗能工质（水、压缩空气、氧、氮、氢等各种气体）。

（4）企业自产的二次能源和耗能工质。

（5）企业管理部门和其他生产辅助部门消耗的能源和耗能工质被利用的余热余压（能）。

2. 能源计量器具配备原则

（1）对于能源的输送分配与消耗，企业必须实行生产和非生产、附属和辅助生产分别计量。

（2）应能满足企业内部对能耗进行分级考核的要求。

3. 三级计量

能源计量器具包括衡器（轨道衡、地中衡、皮带秤、天平）、油罐、油流量表、电能表、蒸汽流量表、水表、气体燃料流量表等。

一级计量：以厂为核算单位进行管理计量。

二级计量：以车间为核算单位进行管理计量。

三级计量：以班组为核算单位进行管理计量。

4. 配备率

$$P_{ei1} = （P_{实1}/P_{应1}）×100\%$$

$$P_{ei2} = \left(P_{实2}/P_{应2}\right) \times 100\%$$

$$P_{ei3} = \left(P_{实3}/P_{应3}\right) \times 100\%$$

式中：$P_{ei1}$、$P_{ei2}$、$P_{ei3}$——能量计量器具的一级配备率、二级配备率、三级配备率，%。

$P_{实1}$、$P_{实2}$、$P_{实3}$——能量计量一级器具实际配备数量、二级器具实际配备数量、三级器具实际配备数量，只（台、件）。

$P_{应1}$、$P_{应2}$、$P_{应3}$——能量计量一级器具、二级器具、三级器按规定应配备数量，只（台、件）。

一般企业能量计量器具综合配备率不能少于95%，电厂不低于98%。企业能源计量器具综合配备率计算公式为：

$$P_{综} = P_{ei1} \times 40\% + P_{ei2} \times 40\% + P_{ei3} \times 20\%$$

式中，$P_{ei1}$、$P_{ei2}$、$P_{ei3}$——一级配备率、二级配备率、三级配备率，%。

以下以电厂为例说明计量器具的配置。具体见表 2-1

表 2-1　　　　　　　　　　企业能量计量器具配备率一览表

| 计量对象 | 能源种类 | | | | | | | | |
|---|---|---|---|---|---|---|---|---|---|
| | 煤、焦炭 | 电力 | 原油、成品油、罐装石油液化气 | 重油、渣油 | 煤气、天然气 | 蒸汽 | 自来水、深井水、河水 | 压缩空气 | 已利用的余热 |
| 进、出企业 | 100 | 100 | 100 | 100 | 100 | 100 | 100 | 100 | — |
| 分厂或车间 | 100 | 100 | 100 | 90 | 90 | 90 | 100 | 70 | 70 |
| 重点用能设备 | 75 | 100 | 100 | 80 | 80 | 60 | 95 | 70 | — |

5. 应配备的计量器具

（1）锅炉。大汽包、主蒸汽、主给水、排污、疏水、风烟、点火油、热交换器等部件和系统均应配备的温度、压力和水位或流量。

（2）汽轮机。电动主汽门、自动主汽门前后、调速汽门前后、高低压缸前后、监视段、汽缸壁、汽缸法兰、螺栓、轴承、凝汽器、冷油器、高低压加热器、除氧器、给水、循环水、工业水、润滑调速和发电机冷却系统等处表计（相应配备的温度、压力），主机转速表；抽汽供热、循环水供热均需要安装计量表计。

（3）化学。化学水处理各水箱、水泵、过滤器、加药系统等处表计（相应配备的流量、压力）。

（4）电气。发电机、变压器、厂用电系统处表计（相应配备的有功、无功、电压、电流、频率、温度、压力等）。对于容量100千瓦以上的电动机和非生产用电应安装计量表计。

（5）其他。煤、油、水的质量、数量、性能和环保检测的计量器具；各种物料进出厂计量器具；非生产用汽、水（包括生活用汽、水）的计量器具；定额管理（发电煤耗、厂用电量、发电量、主汽温、再热汽温、主汽压、汽耗量、真空度等）用计量器具。具体见表 2－2。

表 2－2　　　　　　　　各级各种能量计量器具准确要求一览表

| 计量器具名称 | 分类和用途 | 准确度 |
|---|---|---|
| 各种衡器 | 静态：用于固体或液体燃料进出厂结算的计量 | ±0.1%～3% |
| | 动态：经供需双方协议，用于大宗低值燃料进出厂结算的计量 | ±0.5% |
| | 动态：进出企业的固体燃料计量 | ±0.5% |
| | 车间及锅炉、炉窑等重点用能设备的能耗考核 | ±2% |
| | 动态：用于车间、班组、工艺过程的技术经济分析的计量 | ±0.5%～2% |
| 电能表 | 用于进出厂、车间用功交流电能的计量 | ±0.5% |
| | 用于大于 100 安培直流电的计量 | ±2% |
| | 企业内部有功交流电能 | ±2% |
| | 无功电能 | ±3% |
| 水流计（装置） | 用于居民及民用水的计量 | ±0.5% |
| | 进出企业及企业内部车间、重点用水设备的清水计量 | ±2.5% |
| | 企业排污水的计量 | ±5% |
| 蒸汽流量计 | 用于包括过热蒸汽或饱和蒸汽的计量 | ±0.5% |
| | 进出车间和重点用能设备能耗考核 | ±2.5% |
| | 进出企业结算计量 | ±2.5% |
| 气体流量计 | 企业用于天然气、瓦斯及家用煤气的计量 | ±2% |
| 油流计量 | 用于国际贸易核算的计量 | ±0.2% |
| | 用于国内贸易核算的计量 | ±0.35% |
| | 用于车间、班组重点用能设备及工艺过程控制的汽油、柴油、原油计量 | ±0.5% |
| | 用于车间、班组重点用能设备及工艺过程控制的重油、油渣计量 | ±2.5% |
| 温度计 | 用于气体、气温、汽温及废气、乏气、废水排放温度的计量 | ±2.0% |
| 压力表 | 用于气体、液体及蒸汽压力的一般计量 | ±1%～2.5% |
| | 与气体、蒸汽质量计算相关的压力表 | ±1% |

## 2.2.2　能源统计管理

能源统计是运用综合能源系统经济指标体系和特有的计量形式，采用科学统计分析方法，研究能源的勘探、开发、生产、加工、转换、输送、储存、流转、使用等各道环节运动过程、内部规律性和能源系统流程的平衡状况等数量关系的专门统计。

### 1. 能源统计的内容

包括：能源购进、消费和库存统计，能源加工转换统计，能源经济效益统计，能源单耗指标统计，工业企业用水情况，主要能源调入调出表，有关行业能源消费量。

2. 能源统计的主要方法制度

（1）能源统计品种。

现行能源统计制度规定，全社会统计的能源品种有煤炭、汽油、柴油、电力、天然气、液化石油气、热力和水。工业企业除以上品种外，还有原油、煤油、燃料油、其他石油制品、其他焦化产品、焦炉（高炉、其他）煤气、其他燃料等。

（2）能源计量方法。

能源统计的计量方法包括：

1）按实物量单位。每种能源按各自不同的计量单位计量，如工业能源统计报表制度规定煤炭类、原油、汽油等的计量单位为吨，天然气、煤气等的计量单位为万立方米，电力的计量单位为万千瓦时，热力的计量单位为百万千焦，所有单位水的计量单位用立方米。

2）按价值量单位。工业和运输邮电业以外专业的能源统计计量单位用千元。

3）按标准计量单位。各种能源品种按不同的折算系数全部折成统一的计量单位计量，即吨标准煤。

（3）能源统计的主要指标。

1）购进量和购进金额。

购进量指企业在报告期内外购的、用于企业消费的各种能源的数量。计算购进量的原则有以下两项：

①计算购进量的能源必须是已经实际到达本单位的，必须经过验收、检验的，必须办理完入库手续的。

②谁购进，谁统计。

购进金额指企业在报告期内外购的、用于企业消费的各种能源的金额，要求如下：

①按购进发票上的总金额计算（含增值税）。

②购进金额与购进量口径一致。

2）消费量。

消费量指企业（单位）在报告期内实际消费的各种能源的实际数量。计算能源消费量要遵循的主要原则如下：

①谁消费，谁统计。

②何时投入使用，何时计算消费量。

③消费量只能计算一次。

3）库存量。

库存量指企业（单位）在报告期期初、期末所拥有的各种能源数量。统计能源库存量应遵循的主要原则如下：

①时点性原则。库存量统计的是在报告期某时间点所拥有的能源数量，必须按照制度规定的时间点盘点库存。

②实际数量原则。即按盘点的实际数量统计，不能按账面数量统计。

③以验收合格、办理完入库手续为准。

④使用权原则。用于消费的库存按照能源的使用权统计。

　　4）折标系数。

　　折标系数是用来将不同品种、不同计量单位的能源折合成为一种标准含量的标准煤。折标系数根据能源的热值确定，不同的能源由于热值不同，则折标系数不同。

　　能源的热值分为以下两种：

①当量热值。指一个计量单位的某种能源本身所含的热量，是实际的发热值。

②等价热值。指获得一个计量单位的某种二次能源所消耗的以热值来表示的一次能源量，只有电力和热力有等价热值，其他能源没有。

　　现行统计制度规定，在计算能源标准量时，全部采用当量值系数。

　　3. 能源加工、转换及能源加工转换投入和产出

　　能源加工、转换是指为了特定的用途，将一种能源（一般为一次能源）经过一定的工艺，加工或转换成另外一种能源（二次能源）。能源加工是能源物理形态的变化，如将原油炼制成汽油、煤油、柴油等石油制品，将煤炭高温干馏成焦炭，将煤炭气化成煤气等等，这些方法在加工前后能源均未发生质的变化。能源转换是能源化学形态的变化，如将煤炭、重油等转换为电力和热力，将热能转化为机械能等。

　　能源加工转换投入是指为生产二次能源产品，投入到加工转换设备中的能源数量。能源加工转换产出是指能源经过加工转换产出的二次能源产品的数量。

# 2.3　节能技术简介

　　节能技术是指采取先进的技术手段来实现节约能源的目的。具体可理解为：根据用能情况、能源类型，分析能耗现状，找出能源浪费的节能空间，然后依此采取对应的措施减少能源浪费，达到节约能源的目的。

## 2.3.1　工业锅炉（窑炉）节能改造技术

　　工业锅炉节能改造技术可以提高锅炉的热效率，使锅炉的热效率达到 70% ~ 80%，并节煤 10% ~ 15%。其基本原理是把高新材料技术、燃烧技术和锅炉综合技术有机结合在一起，通过一系列物理、化学变化，使燃烧煤达到强化燃烧、充分燃烧、完全燃烧的一种全新的燃烧方式。这项技术已经得到了国家和用户的认可。

　　1. 纳微米高辐射覆层技术

　　纳微米高辐射覆层技术是一种比较先进的节能技术，是在传热物体表面涂覆一层粒度为纳微米级的具有高发射率的材料，使物体表面具有更强的吸收和辐射热量的能力，使物

体传热效率提高。

纳微米高辐射覆层技术通过在表面涂覆少量的高辐射材料，改变了耐火材料表面的物理性能、形态、化学成分、组织结构和应力状态，获取了优良的传热性能和力学性能，因此具有良好的经济技术性。

节能原理：传热有对流、辐射、传导三种模式。一般而言，当炉体温度在 900℃ 以上时，热量传递以辐射为主，辐射传热是对流的 15 倍，占 8 成以上。常温下耐火材料的发射率一般为 0.6 ~ 0.8，随着炉温的升高，会大幅度下降，高温下只有 0.4 ~ 0.5，而高发射率涂料能一直保持 0.9 以上的发射率。根据基尔霍夫定律，材料的吸收率与发射率相等。当物体表面的发射率提高后，它的吸收热量的能力也相应提高。

节能效率举例：以 20 吨锅炉 24 小时节煤为例，1 小时每吨蒸汽设计煤耗量最低为 133 公斤。

20 吨炉每小时耗煤为：133 公斤 × 20 = 2660 公斤 = 2.66 吨。

一昼夜 24 小时耗煤量为：2.66 吨 × 24 = 63.84 吨。

按节煤率 10% 计算，则：63.84 吨 × 10% = 6.4 吨（一昼夜）。生产炉一年运行天数按 300 天计算，另 60 天为停炉修理时间，一年节煤 6.4 吨 × 300 = 1920 吨。以辽、吉、黑东北地区为例，煤价取每吨 600 元，则年节煤费用为 600 元/吨 × 1920 吨 = 115.2 万元。

2. 加装燃油锅炉节能器

经燃油节能器处理的碳氢化合物的分子结构会发生变化，细小分子增多，分子间距离增大，燃料的黏度下降，结果使燃料油在燃烧前之雾化、细化程度大为提高，喷到燃烧室内在低氧条件下得到充分燃烧，因而燃烧设备之鼓风量可以减少 15% ~ 20%，避免烟道中带走的热量，烟道温度下降 5 ~ 10℃。燃烧设备的燃油经节能器处理后，由于燃烧效率提高，故可节油 4.87% ~ 6.10%，并且明显看到火焰明亮耀眼，黑烟消失，炉腔清晰透明。彻底清除燃烧油嘴结焦现象，并防止再结焦，解除了因燃料得不到充分燃烧而炉腔壁积残渣现象，达到环保节能效果，大大减少了燃烧设备排放的废气对空气的污染，废气中一氧化碳（CO）、氧化氮（NOx）、碳氢化合物（HC）等有害成分大为下降，排出有害废气降低 50% 以上。同时，废气中的含尘量可降低 30% ~ 40%。燃油锅炉节能器安装在油泵和燃烧室或喷嘴之间，环境温度不宜超过 360℃。

3. 余热余压（能）回收技术

燃气锅炉排烟中含有高达 18% 的水蒸气，其蕴含大量的潜热未被利用，排烟温度高，显热损失大。天然气燃烧后仍排放氮氧化物、少量二氧化硫等污染物。减少燃料消耗是降低成本的最佳途径，冷凝型燃气锅炉节能器可直接安装在现有锅炉烟道中，回收高温烟气中的能量，减少燃料消耗，经济效益十分明显，同时水蒸气的凝结吸收烟气中的氮氧化物、二氧化硫等污染物，降低污染物排放，具有重要的环境保护意义。

传统锅炉中，排烟温度一般在 160 ~ 250℃，烟气中的水蒸气仍处于过热状态，不可能凝结成液态的水而放出汽化潜热。众所周知，锅炉热效率是以燃料低位发热值计算所得，未考虑燃料高位发热值中汽化潜热的热损失。因此传统锅炉热效率一般只能达到87%～91%。而冷凝式余热回收锅炉，它把排烟温度降低到50～70℃，充分回收了烟气中的显热和水蒸气的凝结潜热，提升了热效率；冷凝水还可以回收利用。

余热是在一定经济技术条件下，在能源利用设备中没有被利用的能源，也就是多余、废弃的能源。它包括高温废气余热、冷却介质余热、废汽废水余热、高温产品和炉渣余热、化学反应余热、可燃废气废液和废料余热以及高压流体余压等七种。根据调查，各行业的余热总资源占其燃料消耗总量的17%～67%，可回收利用的余热资源约为余热总资源的60%。

在工业燃油、燃气、燃煤锅炉设计制造时，为了防止锅炉尾部受热面腐蚀和堵灰，标准状态排烟温度一般不低于180℃，最高可达250℃，高温烟气排放不但造成大量热能浪费，同时也污染环境。

热管余热回收器可将烟气热量回收，回收的热量可根据需要加热水用作锅炉补水和生活用水，或加热空气用作锅炉助燃风或干燥物料。这样既可节省燃料费用，降低生产成本，又减少废气排放，节能环保一举两得。该改造投资3～10个月可回收，经济效益显著。

### 4. 防垢、除垢技术

通过采用锅炉除垢剂和电子防垢器，优化水汽循环系统，合理控制锅炉的排污率，从而减少水垢，提高锅炉热效率。

### 5. 燃料添加剂技术

在燃料中加入添加剂可以优化燃料，达到降低烟垢、提高热效率的目的。

### 6. 新燃料

采用新型环保燃料油，可达到降低燃油成本的目的。

### 7. 富氧燃烧技术

空气中氧气含量≤21%。工业锅炉的燃烧也是在这样空气下进行工作的。实践表明，当锅炉燃烧的气体氧气量达到25%以上时，节能高达20%；锅炉启动升温时间缩短1/2～2/3。而富氧是应用物理方法将空气中的氧气进行收集，使收集后气体中的富氧含量为25%～30%。富氧助燃是一项最新的节能环保技术。近十几年来，随着环保要求的不断提高以及节约能源的需要，富氧燃烧作为一种新兴的燃烧技术在世界各国蓬勃发展，甚至一些西方发达国家要求所有新增工业炉窑、工业锅炉不得用普通空气助燃，都得用富氧空气助燃。

### 8. 旋流燃烧锅炉技术

传统锅炉存在着两大弊端：一是燃烧时有烟雾烟尘冒出，成为重要的污染源；二是煤渣燃烧不充分，能源浪费极为严重。而纯无烟再节能旋流燃烧锅炉新技术与传统工业锅炉相比较有着绝对的优势，它比手烧式锅炉节煤30%～35%，比链条式自动化锅炉节煤25%。由于纯无烟再节能技术使用了PID变频和ABM节电系统，比传统锅炉节电40%，挥发份可实现90%以上的燃烧和利用，而传统锅炉的挥发份的燃尽率只有78%左右，有22%的烟尘排向大气层。纯无烟再节能旋流燃烧技术使灰渣燃尽率达到了97%，而传统锅炉煤渣的燃尽率只有80%左右。正是由于这些原因，纯无烟再节能燃烧技术可使炉温从原来的1200℃提高到1500℃左右，提高了燃烧效率，节省了燃料，满足了客户的需求。

9. 空气源热泵热水机组替换技术

将现有的燃油（气）热水锅炉替换成空气源热泵热水机组，可节约能源消耗30%~50%。

### 2.3.2　区域热电联产工程

区域热电联产工程是指建设采暖供热为主热电联产和工业热电联产，分布式热电联产和热电冷联供，以及低热值燃料和秸秆等综合利用示范热电厂。

1. 现状和问题

我国热电联产总规模小，发展不均衡。北方采暖城市中集中供热普及率不到30%，其中热电联产仅占20%。在北方采暖城市、南方工业园区及一些工业企业，低效、污染重的小锅炉大量存在，大多数小锅炉应由热电联产机组替代。

2. 主要内容

（1）用热电联产集中供热为主的方式替代城市燃煤供热小锅炉，提高热电联产在供热中的比例，扩大集中供热范围。燃煤热电厂发展20万千瓦以上的大型供热机组，城市附近的30万千瓦以下纯凝汽发电机组改为供热机组，鼓励建设热电冷联供机组，北方小城市建设背压式供热机组热电厂。

（2）加强工业开发区热电厂的管理，工业生产用热尽量采用热电联产方式，以背压供热机组为主。

（3）建设分布式热电联产和热电冷联供。

（4）因地制宜建设低热值燃料和秸秆等综合利用热电厂。

### 2.3.3　余热余压利用工程

余热余压利用工程是指在钢铁、建材、化工等高耗能行业，改造和建设纯低温余热发电、压差发电、副产可燃气体和低热值气体回收利用等余热余压余能利用装置和设备。

1. 现状和问题

我国钢铁、有色、煤炭、建材、化工、纺织等行业的余热余压以及其他余能没有得到充分利用，如钢铁企业的焦炉气、高炉气、转炉气，煤矿的煤层气，焦化企业的焦炉气等可燃副产气，大量放空，造成能源的严重浪费，同时也污染了环境。

2. 主要内容

（1）冶金行业。

钢铁。推广干法熄焦技术、高炉炉顶压差发电技术、纯烧高炉煤气锅炉技术、低热值煤气燃气轮机技术、转炉负能炼钢技术、蓄热式轧钢加热炉技术。建设高炉炉顶压差发电装置、纯烧高炉煤气锅炉发电装置、低热值高炉煤气发电—燃汽轮机装置、干法熄焦装置等。

有色。推广烟气废热锅炉及发电装置，窑炉烟气辐射预热器和废气热交换器，回收其他装置余热用于锅炉及发电，对有色企业实行节能改造，淘汰落后工艺和设备。

（2）煤炭行业。

推广瓦斯抽采技术和瓦斯利用技术，逐步建立煤层气和煤矿瓦斯开发利用产业体系。到 2010 年，全国煤层气（煤矿瓦斯）产量达 100 亿立方米，其中，地面抽采煤层气 50 亿立方米，利用率 100%；井下抽采瓦斯 50 亿立方米，利用率 60% 以上。

（3）建材行业。

水泥。推广纯低温余热发电技术，建设水泥余热发电装置。推广综合低能耗熟料烧成技术与装备，对回转窑、磨机、烘干机进行节能改造，利用工业和生活废弃物作燃料。

玻璃。推广余热发电装置，吸附式制冷系统，低温余热发电—制冷设备；推广全保温富氧、全氧燃烧浮法玻璃熔窑，降低烟道散热损失；引进先进节能设备及材料，淘汰落后的高能耗设备。

（4）化工行业。

推广焦炉气化工、发电、民用燃气，独立焦化厂焦化炉干熄焦，节能型烧碱生产技术，纯碱余热利用，密闭式电石炉，硫酸余热发电等技术，对有条件的化工企业和焦化企业进行节能改造。

（5）其他行业。

纺织、轻工等其他行业推广供热锅炉压差发电等余热、余压、余能的回收利用，鼓励集中建设公用工程，以实现能量梯级利用。

### 2.3.4　节约和替代石油工程

节约和替代石油工程是指在电力、石油石化、建材、化工、交通运输等行业，实施节约和替代石油改造，发展煤炭液化石油产品、醇醚燃料代油以及生物质柴油。

1. 现状和问题

随着我国工业化、城镇化进程的加快，特别是重化工业和交通运输的快速发展，石油消费高速增长，石油需要大量进口。目前，国际石油价格上涨，国内原油产量难以大幅度增加，必须大力节约降耗，发展石油替代产品，保证我国石油安全。

石油主要用于工业和交通运输行业。工业行业中电力、建材、化工等行业消耗大量燃料油，节约和替代石油潜力很大。石油开采、加工和利用效率低，损失大，浪费严重。我国交通运输工具油耗高，比国外先进水平高 10% ~ 25%。近年来，我国石油替代产品发展较快，但受环境、成本等条件制约，推广力度不够。

2. 主要内容

（1）工业行业。

电力。推广气化小油枪和等离子无油点火、低负荷稳燃技术等，对燃油发电机组进行洁净煤或天然气替代示范改造，依法关闭规模小、技术落后的燃油发电机组。

石油石化。在油气开采领域推广采油系统优化配置技术、稠油热采配套节能技术、放空天然气和伴生石油气回收利用技术，以石油焦、洁净煤、伴生气及其他副产可燃气代替燃料油，通过高效洁净燃烧技术和设备、油气密闭集输综合节能技术等，降低油田自用油率。在天然气资源供应可靠的地区适度发展天然气化工，替代石油化工。

建材。在有条件的地区以天然气、煤层气、水煤浆、乳化油、石油焦替代重油，推广玻璃熔窑富氧或全氧燃烧技术，让有条件且煤价较低的建筑卫生陶瓷企业使用焦炉煤气代油，对大中型建材企业进行节代油改造。

化工行业。以煤炭气化替代燃料油和原料油；在煤炭和电力资源可靠的地区适度发展煤化工替代石油化工。

其他行业。推广重油掺水、混合煤气发生炉节代油技术。

（2）交通运输行业。

汽车节油。推广高效节油汽油机和柴油机生产技术、整车轻量化技术，开发电力电子传动系统、轿车和轻型汽车用柴油机、载重车用大功率节能柴油机等节油新产品，鼓励废油回收和再利用。

清洁燃料汽车。开发生产燃气汽车及专用发动机；开发生产混合动力汽车的电池、发动机、电机、制动能量再生系统，改善电池能量密度、充电时间、循环寿命，先在城市公交车上应用，逐步推广到轿车。

铁路运输。对牵引变电所进行节能改造；加快铁路电气化改造；引进、开发、推广高效交直交电力机车，提高用电效率；对客车实施机车向客车供电，逐步取消柴油发电车；实施内燃机车节油工程，提高内燃机车运行效率；推广柴油添加剂和各种节油装置。

城市公共交通。大力发展直线电机轨道交通和大运量快速公共汽车系统；采取有效措施推动智能交通系统的发展和保留人行道、自行车道系统。

水路运输。发展水路运输，改善航道条件；实现船舶大型化、规范化，推广使用标准化船型，淘汰挂桨机船；进一步减小船舶阻力，提高推进效率；加大船舶节能技术的推广应用和设备改造；改善燃油品质；提高船舶运输组织管理水平。

（3）石油替代产品。

石油替代产品的内容主要是：煤炭液化生产石油产品；发展醇醚燃料代油，包括利用工业副产可燃气生产甲醇、二甲醚，非粮食类原料生产燃料乙醇等；鼓励发展生物质柴油；推广大比例甲醇催化燃烧技术和醇醚燃料尾气净化技术。

## 2.3.5 电机系统节能工程

电机系统节能工程是指更新改造低效电动机，对大中型变工况电机系统进行调速改造，对电机系统被拖动设备进行节能改造。

**1. 现状和问题**

电机系统存在的主要问题是：电动机及被拖动设备效率低，电动机、风机、泵等设备陈旧落后，效率比国外先进水平低 2～5 个百分点；系统匹配不合理，"大马拉小车"现象严重，设备长期低负荷运行；系统调节方式落后，大部分风机、泵类采用机械节流方式调节，效率比调速方式约低 30%。

**2. 主要内容**

（1）更新淘汰低效电动机及高耗电设备。

推广高效节能电动机、稀土永磁电动机，高效风机、泵、压缩机，高效传动系统等。更新淘汰低效电动机及高耗电设备；采用高效节能电机及系统相关节电设备新装电机系统。逐步限制并禁止落后低效产品的生产、销售和使用。对老旧设备更新改造，重点是高耗电中小型电机及风机、泵类系统的更新改造及定流量系统的合理匹配。

（2）提高电机系统效率。

推广变频调速、永磁调速等先进电机调速技术，改善风机、泵类电机系统调节方式，逐步淘汰闸板、阀门等机械节流调节方式。重点对大中型变工况电机系统进行调速改造，合理匹配电机系统，消除"大马拉小车"现象。

（3）被拖动装置控制和设备改造。

以先进的电力电子技术传动方式改造传统的机械传动方式，逐步采用交流调速取代直流调速。采用高新技术改造拖动装置，重点是大型水利排灌设备、电机总容量 10 万千瓦以上大型企业的示范改造等。

（4）优化电机系统的运行和控制。

推广软启动装置、无功补偿装置、计算机自动控制系统等，通过过程控制合理配置能量，实现系统经济运行。

（5）重点改造领域。

电力。用变频、永磁调速及计算机控制改造风机、水泵系统，重点是 20 万千瓦以上火力发电机组。

冶金。鼓风机、除尘风机、冷却水泵、加热炉风机、铸造除鳞水泵等设备的变频、永磁调速。

有色。除尘系统自动化控制及风机调速。

煤炭。矿井通风机、排水泵调速改造及计算机控制系统。

石油、石化、化工。工艺系统流程泵变频调速及自动化控制。

机电。研发制造节能型电机、电机系统及配套设备。

轻工。注塑机、液压油泵的变频、永磁调速。

其他。企业空调和通风、楼宇集中空调的电机系统改造等。

## 2.3.6 能量系统优化工程

能量系统优化工程是指对炼油、乙烯、合成氨、钢铁企业进行系统节能改造。

1．现状和问题

从能量系统优化的角度分析，炼油、乙烯、合成氨和钢铁等行业在系统用能方面存在以下主要问题：

（1）具备热联合或热集成条件的装置（或生产单元）孤立运行，致使系统总体用能不合理。

（2）部分企业蒸汽管网布置不合理，蒸汽配送与装置不匹配，凝结水没有回收，管网和设备的保温性能差，运行参数控制不准确，致使蒸汽损耗大。

（3）部分企业余热、余压未能利用，致使一些换热网络、生产系统和装置能耗水平相对落后。

（4）由于生产建设滚动式发展，部分企业公用工程系统未进行整体能量系统优化设计，致使企业供能系统效率低。

（5）尚未采用模拟优化软件或先进控制技术，系统或装置的运行管理相对落后。

2．主要内容

（1）炼油。对炼油企业进行系统节能改造，包括：炼油生产全厂能量系统优化，含装置改造、热联合、热力系统优化、节能燃烧器等；催化裂化过程能量优化，含回收余热、热进料、减少生焦量、利用再生烟气能量、优化换热等；常减压过程能量优化，含优化流程、控制过汽化率、减少加热能耗、干式减压蒸馏、热联合等；蒸汽动力系统能量优化，含热电联产、凝结水回收、管网保温、安全控制等。

（2）乙烯。对乙烯企业进行系统节能改造，包括：乙烯生产全厂能量系统优化，含优化原料、燃气轮机—发电机—裂解炉联合、优化蒸汽管网、提高收率、先进控制技术等；乙烯裂解炉节能优化，含更换短炉管、改造对流段等；低品位热量利用，含增设空气预热设施等。

（3）合成氨。采用原料路线优化、回收发生炉煤气、回收造气炉余热、燃气轮机—空压机联合循环、联醇或二甲醚多联产、蒸汽自给或热电联产等技术对有条件的合成氨生产企业进行全厂系统节能改造；应用干粉煤加压气化、变压煤气化、多段炉碎煤气化、高效新型催化剂、新型转化炉管、新型烧嘴、高效换热器、新型保温材料等新技术对合成氨生产装置进行节能示范改造。

（4）钢铁。钢铁企业能量系统优化工程包括：建立钢铁生产能源管理中心、炼铁高炉专家操作系统、副产煤气高效燃烧控制系统，实施原料准备工序系统节能工程、转炉炼钢综合节能工程、高效连铸连轧系统节能工程。主要推广技术有高炉大型化、转炉大型化、利用废钢和二次资源、合理利用国内矿石、减少煤气放空量、蓄热式燃烧技术、干法熄焦技术、动力系统节能技术等。

## 2.3.7　建筑节能工程

建筑节能工程：一是对新建建筑全面严格执行50%节能标准。其中，对4个直辖市和北方严寒、寒冷地区实施新建建筑节能65%的标准，并实行全过程严格监管。二是对现有居住建筑和公共建筑进行城市级示范改造，推进新型墙体材料和节能建材产业化。三是建设低能耗、超低能耗建筑以及可再生能源与建筑一体化示范工程。

1. 现状和问题

存在以下主要问题：

（1）建筑用能效率低、污染严重。单位建筑面积能耗比气候条件接近的发达国家高2~3倍，建筑供暖造成的空气污染高2~5倍。

（2）新建建筑执行节能设计标准有待进一步加强。大城市新建居住建筑在施工图设计审查阶段执行建筑节能设计标准的比例，北方严寒和寒冷地区为90%，夏热冬冷地区为20%，夏热冬暖地区仅为11%。而实际按节能设计标准施工的建筑，北方地区为50%，夏热冬冷地区仅为14%。

（3）供热体制改革尚未全面启动，既有建筑节能改造进展缓慢。

（4）节能材料产品性能不能满足市场需求，节能建筑的质量还存在一定的隐患，节能运行管理薄弱。

（5）缺少建筑节能激励政策，相关法律法规不完善，政府监管不到位，宣传力度不够。

2. 主要内容

（1）新建建筑。新建建筑全面严格执行50%节能标准，4个直辖市和北方严寒、寒冷地区实施新建建筑节能65%的标准。采用新技术、节能建材、节能设施，建设低能耗、超低能耗及绿色建筑。新建建筑的节能要实行从规划、设计、施工图审查及施工、监理、验收和销售等全过程的严格监管，使节能设计标准得以切实实施。

（2）既有建筑。采用新技术对既有建筑采暖、空调、热水供应、电气、炊事等进行改造。启动和实施供热体制改革，推行居住及公共建筑集中采暖按热表计量收费制。

（3）可再生能源城市级示范。开展再生能源技术城市级示范活动，探索推广机制和模式，包括太阳能利用、淡水源热泵、海水源热泵、浅层地能利用和可再生能源技术集成等。完善新建建筑设计规范，推行建筑物与可再生能源一体化进程。

（4）新型墙材和节能建材产业化。发展节能利废建材、聚氨酯、聚苯乙烯、矿物棉、玻璃棉等符合建筑节能标准和相关国家标准的新型墙材及建设节能建材产业化基地。

## 2.3.8 绿色照明工程

绿色照明工程是指以提高产品质量、降低生产成本、增强自主创新能力为主的节能灯生产线技术改造，高效照明产品推广应用。

1. 现状和问题

目前，我国照明用电占全国用电量的12%左右。采用高效节能灯替代普通白炽灯可节电 60% ~ 80%，节电潜力巨大。中国绿色照明工程实施了 10 年，取得了明显成效：一是高效照明产品市场占有率不断提高；二是推动照明电器产业规模不断扩大，产品结构趋于优化；三是行业技术装备水平逐步提高，产品质量不断改善；四是中国绿色照明工程应用推广了大宗采购、电力需求侧管理、合同能源管理、质量承诺等多种节能新机制。

存在的主要问题是：照明电器行业整体技术水平不高；推广节能照明产品的激励政策不完善；照明产品市场不规范，一些劣质产品流入市场，影响了高效照明产品的推广；缺乏绿色照明宣传、推广资金，节能照明技术、产品信息尚不普及。

2. 主要内容

（1）节能照明产品生产线技术改造。以提高产品质量、降低生产成本、增强自主创新能力为主，进行节能灯生产技术设备改造，包括：紧凑型荧光灯自动化生产线改造；采用自动排气机、自动接桥机、自动封口机等关键设备，对紧凑型荧光灯生产线进行局部改造；直管荧光灯自动化生产线改造；金属卤化物灯生产线改造等。

（2）节能照明产品推广。采用大宗采购、电力需求侧管理、合同能源管理和质量承诺等市场机制和财政补贴激励机制，在政府机关、学校、宾馆饭店、商厦超市、大型工矿企业、医院、铁路车站、城市景观照明及城市居民小区等重点推广高效照明产品。

（3）采用半导体（LED）灯改造大中城市交通信号灯系统，开展在景观照明中应用半导体灯的示范。

## 2.3.9 政府机构节能工程

政府机构节能工程指既有建筑节能改造和综合电效改造、新建建筑节能评审和全过程监控、推行节能产品政府采购。

1. 现状和问题

政府机构指依靠公共财政运行的各级政府机关、事业单位和社会团体（包括军队、武警、公共服务及其他公共财政支持的部门）。政府机构能源管理基础差，能耗高，节能潜力大，具体表现在：

（1）人均能耗高。据抽样调查，政府机构人均电力消费量、人均用油量、单位建筑面积能耗、单位建筑面积用电量、人均能源消费总量以及人均建筑能耗，均高于社会平均耗能水平。

（2）用能设备能效水平低。如高效节能灯推广使用比例低，自备供暖锅炉普遍存在"大马拉小车"的现象等。

（3）节能意识有待加强。一些单位对开展节能工作缺乏重视，宣传教育还不够深入，建筑贪大求全，公务车规模大、效率低等浪费能源资源的现象依然存在。

（4）节能管理制度不健全，缺乏统一的宏观协调管理体制。没有统一的能源消耗定额和支出标准，没有专门的机构、人员，能源统计不健全，没有考核和奖惩制度等。

（5）节能新技术推广应用力度不大，缺乏鼓励政策，尚未推广合同能源管理、节能激励机制等节能新机制。

2. 主要内容

（1）既有建筑节能改造。针对不同建筑特点和能源消费类型，对既有建筑围护结构、中央空调、采暖、照明和用电设备等进行节能改造；更换照明、办公等高能耗产品和设备；开展中央空调系统节能清洗和改造工作。

（2）综合电效改造。对用电设备和电力分配系统进行系统性诊断和分析，加装节电设备，实现用电系统整体优化，提高电效。

（3）推行新技术、新能源和可再生能源应用试点。积极推广使用浅层地源热泵、太阳能等新技术、新能源，扩大可再生能源使用范围。

（4）推行节能产品政府采购。进一步落实节能产品政府采购制度，完善政府采购节能认证工作，扩大政府采购节能产品的范围，实施政府采购统计工作，构建节能产品政府采购管理网络平台，开展政府采购人员培训。

（5）公务用车节能。逐步压缩公务车辆规模，加强公务用车的日常管理，将车辆纳入节能产品政府采购范围，加强成品油的使用管理。积极推动公务用车改革，完善政府机构公务车辆配备配置标准与管理办法。

（6）加强节水改造。安装分水表，开展用水计量监测和考核，采用节水型技术、设备，加强用水设备的日常维护管理。开展中水回用系统、雨水收集系统等试点工作，推广节水灌溉方式，提高水资源综合利用效率。

（7）新建建筑节能评审和全过程监控。新建建筑全面执行现行建筑节能设计标准，对新建大型办公建筑开展节能综合评审试点，并对施工、调试、竣工验收、运行管理实施全过程的节能审查和监督。

（8）建立政府机构能耗统计体系。建立能耗统计指标体系，开展政府机构能耗专项调查、典型建筑的能耗监测，选择高能耗建筑进行分项计量改造，建立能耗统计信息管理平台，将政府机构能源消费纳入国民经济能源统计体系，开展全国性能耗普查工作，对在京中央机关进行年度能耗统计。

## 2.3.10　节能监测和技术服务体系建设工程

节能监测和技术服务体系建设工程包括对省级节能监测（监察）中心节能监测仪器和设备更新改造，组织重点耗能企业能源审计等。

1. 现状和问题

（1）节能法律法规和监测（检测）技术标准体系不够完善，节能行政执法和技术监测依据不足。

（2）政府投入不足，工作经费难以保障。

（3）检测设备老化落后、配置不全，影响了服务水平和质量。

（4）节能执法和检测人员的业务素质亟待提高。

（5）节能技术服务中心参与市场竞争力弱。

2. 主要内容

（1）节能监测（监察）中心按照节能检测规范和能效标准的技术要求，更新改造节能监测仪器和设备，建立节能数据处理分析系统和信息平台，建立节能监测（检测）流动实验室，提高监测（检测）技术水平。

（2）建设节能监测（检测）标准装置，建立节能监测（检测）计量设备的量值传递标准及量传体系，统一全国量值。

（3）开展重点耗能企业能源审计。

（4）实施能效标识备案及国家监管机制，提高有效监管的能力。

（5）推广合同能源管理等市场化机制，提高节能技术服务中心的服务水平和市场竞争力。

## 2.4 项目节能量计算

### 2.4.1 节能量确定原则

（1）节能量是指项目正常稳定运行后，因用能系统的能源利用效率提高而形成的年能源节约量，不包括扩大生产能力、调整产品结构等途径产生的节能效果。若无特殊约定，比较期间为一年。

（2）节能量确定过程中应考虑节能措施对项目范围以外能耗产生的正面或负面影响，必要时还应考虑技术以外影响能耗的因素，并对节能量加以修正。

（3）项目实际使用能源应以受审核方实际购入能源的测试数据为依据折算为标准煤，不能实测的可参考推荐的折标系数进行折算。

（4）对利用废弃能源资源的节能项目（工程）（如余热余压利用项目等）的节能量，根据最终转化形成的可用能源量确定。

### 2.4.2 节能量确定方法

项目节能量等于项目范围内各产品（工序）实现的节能量之和扣除能耗泄漏。单个产品（工序）的节能量可通过计量监测直接获得，不能直接获得时，可以通过单位产量能耗的变化进行计算确定，步骤如下：

（1）确定单个产品（工序）节能量计算的范围。

与此产品（工序）直接相关联的所有用能环节，即是单个产品（工序）节能量计算的范围。

（2）确定单个产品（工序）的基准综合能耗。

项目实施前一年单个产品（工序）范围内的所有用能环节消耗的各种能源的总和（按规定方法折算为标准煤），即为此产品（工序）的基准综合能耗。如果前一年能耗不能准确反映该产品（工序）的正常能耗状况，则采用前三年的算术平均值。

（3）确定单个产品（工序）的基准产量。

项目实施前一年内，单个产品（工序）范围内相关生产系统产出产品数量为此产品（工序）的基准产量。全部制成品、半成品和在制品均应依据国家统计局（行业）规定的产品产量统计计算方法，进行分类汇总。如果前一年产量不能准确反映该产品（工序）的正常产量，则采用前三年的算术平均值。

（4）计算单个产品（工序）的基准单耗。

用项目实施前单个产品（工序）的基准综合能耗除以基准产量，计算出基准单耗。

（5）确定项目完成后单个产品（工序）的综合能耗、产量和单耗。

按照相同方法，统计计算出项目完成后一年的单个产品（工序）的综合能耗、产量和单耗。

（6）计算单个产品（工序）节能量。

项目实施前后单个产品（工序）单耗的差值与基准产量的乘积，为单个产品（工序）节能量。

（7）估算能耗泄漏。

综合考虑其他因素对项目能消耗的影响及项目实施对项目范围以外的影响，估算出能耗泄漏（扣减或增加）。

（8）确定项目节能量。

项目范围内各产品（工序）的节能量之和扣除能耗泄漏，得到项目所实现的节能量。

### 2.4.3 计算节能量的方法

计算节能量是以基期的单位产值（产量或工作量）综合能耗（或单项能耗）的差额乘以报告期产值（产量或工作量）。计算公式为：

节能量 = ［基期能源消费量/基期产值（产量或工作量）- 报告期能源消费量/报告期产值（产量或工作量）］×报告期产值（产量或工作量）

## 2.5 项目减排量计算

主要污染物总量减排计算，主要污染物是指化学需氧量（COD）、二氧化硫（$SO_2$）。

## 2.5.1 化学需氧量的减排计算方法

化学需氧量排放量计算（吨）＝统计期废水排放量（万吨）×化学需氧量排放的
浓度（毫克/升）×0.01

化学需氧量减排量计算（吨）＝统计期化学需氧量排放量（吨）－比较期同期
化学需氧量排放量（吨）

从计算公式可以看出，减排量的大小取决于两方面：一是废水外排量的大小；二是化学需氧量污染因子排放浓度。各单位应根据本单位实际情况，从这两方面寻找减排途径，加大对废水治理设施改造，降低化学需氧量排放浓度，提高治理后外排水综合利用率，减少废水外排量。

例：某项目采取某项措施，投入试运行时间为 6 月底（相当于全年运行 6 个月），日排放废水量为 1 万吨/天，治理前化学需氧量排放浓度为 156 毫克/升，治理后化学需氧量排放浓度为 80 毫克/升，化学需氧量主要减排量计算过程如下：

化学需氧量减排量计算 ＝ 1 × （156 － 80）× 6 × 30 × 0.01 ＝ －136.8（吨）

## 2.5.2 二氧化硫的减排量计算方法

按照物料衡算法：

二氧化硫排放量（吨）＝燃煤消费量（吨）×含硫率×0.8×2×（1－脱硫效率）
二氧化硫减排量（吨）＝统计期二氧化硫排放量（吨）－比较期同期二氧化硫排放量（吨）

从计算公式可以看出，二氧化硫减排量大小取决于燃煤消耗量和提高脱硫效率两种途径。各单位根据本单位实际情况，从这两方面寻找减排途径，改造除尘脱硫治理设施以提高脱硫效率，减少燃煤用量从而减少二氧化硫的排放量。

例：某企业有两台十蒸吨锅炉，平时一开一备，上年统计年耗煤量为 11000 吨，燃料煤平均含硫率为 1%，采用水膜除尘的方式进行除尘，未采用脱硫措施，该企业上年统计二氧化硫排放量为 176 吨；当年该企业对两台十蒸吨锅炉进行改造，新上碱水脱硫设施，脱硫效率为 75%，碱水脱硫设施于当年 6 月 1 日起投入试运行，试算当年该企业二氧化硫的减排量。

按照物料衡算法，企业于 6 月 1 日起投入试运行，当年进行脱硫处理的燃料煤（A）为：

$$A = 7/12 \times 11000 = 6416（吨）$$

燃料燃烧二氧化硫排放量 ＝ 燃料煤消费量 × 含硫率 × 0.8 × 2 × （1 － 脱硫效率）
上年二氧化硫排放量 ＝ 11000 × 1% × 0.8 × 2 × （1 － 0）＝ 176（吨）
当年二氧化硫排放量 ＝ 未经脱硫处理的燃煤产生的二氧化硫排放量 ＋ 经脱硫设施处理

燃煤产生的二氧化硫排放量 = （11000−6416）×1%×0.8×2×（1−0）+6416×1%×0.8×2×（1−0.75）= 73.34 + 25.66 = 99.00（吨）

当年二氧化硫减排量 = 176−99.0 = 77 吨

不同燃料设备、燃料品种排放因子见表 2−3。

表 2−3　　　　　不同燃烧设备、燃料品种排放因子一览表　　（单位：公斤/吨燃料）

| 设备及燃料 | | TSP | PM10 | SO$_2$ | NO$_x$ | CO | THC |
|---|---|---|---|---|---|---|---|
| 电站锅炉 | 低硫煤 | 0.92 | 0.87 | 0.85 | 3.95 | 0.69 | 1.17 |
| | 混煤 | 2.74 | 1.90 | 1.74 | 5.58 | 1.74 | 0.81 |
| 采暖、工业锅炉 | | 1.40 | 0.87 | 12.50 | 4.19 | 7.97 | 2.31 |
| 工业窑炉 | | 3.40 | 0.87 | 11.46 | 1.49 | 7.97 | 2.31 |
| 茶浴炉、大灶 | | 2.17 | 0.87 | 11.20 | 2.81 | 11.80 | 2.48 |
| 小煤炉 | | 0.25 | 0.87 | 2.59 | 0.94 | 32.40 | 1.80 |
| 燃油锅炉 | 重油 | 3.52 | 1.68 | 3.89 | 9.07 | 0.24 | 1.81 |
| | 轻柴 | 0.81 | — | 4.57 | 2.94 | 1.73 | 1.70 |
| 液化石油气（千克/1000 标准立方米） | | 痕量 | — | 0.18 | 2.10 | 0.43 | 0.34 |
| 人工煤气（千克/1000 标准立方米） | | 痕量 | — | 0.08 | 0.80 | 0.16 | — |
| 天然气（千克/1000 标准立方米） | | 痕量 | — | 0.18 | 1.76 | 0.35 | — |

资料来源：北京市大气污染总量控制和降低机制研究；北京市环境总体规划研究。

# 复习思考题

**一、单项选择题**（在备选答案中选择 1 个最佳答案，并把它的标号写在括号内）

1. （　　）是指项目能源利用过程中有效利用的部分与输入能源量的比值。

A. 能源消费量　　　　B. 能源使用效率　　　C. 能源消耗量　　　　D. 能源利用效率

2. tce 吨标准煤（煤当量）是按煤的（　　）计算各种能源的计量单位。

A. 热当量值　　　　　B. 等量热值　　　　　C. 发热值　　　　　　D. 等价值

**二、多项选择题**（在备选答案中有 2~5 个是正确的，将其全部选出并将它们的标号写在括号内，选错、漏选和不选均不得分）

1. 能源计量器具配备的范围包括（　　）。

A. 进出企业的一次能源（煤、石油、天然气等）

B. 二次能源（电、煤气、蒸汽、石油气、瓦斯气、焦炭、成品油等）

C. 耗能工质（水、压缩空气、氧、氮、氢等各种气体）

D. 企业自产的二次能源和耗能工质

E. 企业管理部门和其他生产辅助部门消耗的能源和耗能工质被利用的余热余压（能）

2. 传热有（　　）模式。

A. 对流　　　　　　　B. 辐射　　　　　　　C. 折射　　　　　　　D. 传导

E. 热风

## 三、简答题

1. 什么是单位产品综合能耗?

2. 什么是耗能工质?

## 四、论述题

1. 简述十大节能技术工程包括的主要内容。

# 第 3 章　项目合理用能分析评估方法

▶ **学习目标**

1. 应知道、识记、理解的内容
- 节能评估方法
- 节能评估原则
- 节能评估内容
- 节能评估工作的程序

2. 应领会、掌握、应用的内容
- 节能评估方法的运用
- 对项目节能评估内容的把握
- 节能评估的程序

▶ **自学时数**

25 ~ 30 学时

▶ **教师导学**

　　节能评估方法是本书学习的重点章节，本章详细介绍了节能评估的方法、节能评估所涉及的主要内容以及开展节能评估工作的程序。

　　本章重点应掌握为：节能评估的各种方法；节能评估所涉及的主要内容；节能评估的原则；节能评估的工作程序。

## 3.1　节能评估方法概述

　　对《固定资产投资项目》进行节能评估，通常可采用的主要有以下方法。

### 3.1.1　政策导向判断法

政策导向判断法是指根据国家及地方政府相关节能法律法规、政策、技术标准和规范，结合项目所在地的自然条件及能源利用条件，对照项目应执行的节能标准、行业及产业技术标准和规范等，对项目能源利用是否科学合理进行分析与评价，评估要点主要包括：项目建设方案与相关行业规划、准入条件以及节能设计标准等对比；主要用能设备与先进能效标准对比；项目单位产品的能耗指标与规定的项目能耗准入标准、国际国内同行业先进水平进行对比分析。

该方法适用于对项目工艺方案的选择及能耗的指标评价。如不能满足规定的能耗准入标准，应全面分析产品生产的用能过程，找出存在的主要问题并提出改进建议。

### 3.1.2　专家判断法

专家判断法是指在没有相关标准规范和类比工程的情况下，利用专家深厚的专业技术知识和丰富的实践经验进行直观分析并判断其是否符合节能要求的方法。该方法适用于对项目的用能方案、技术方案、能耗计算中经验数据的取值、节能措施的评价。

采用此方法时，应根据项目所涉及的相关专业，组织相应的专家，对项目采取的用能方案是否合理可行、是否有利于提高能源利用效率进行分析评价；对能耗计算中经验数据的取值是否合理可靠进行分析判断；对项目拟选用节能措施是否适用及可行进行分析评价。

采用专家判断法，前期应从生产工艺、用能工艺、用能设备等方面，对项目的能源使用作出全面分析和计算。使用专家判断法时，专家组成员的意见应作为结论附件。

### 3.1.3　类比分析法

类比分析法是指通过与具备同行业先进节能水平的既有项目进行对比，分析判断所评估项目的能源利用是否科学合理。在缺乏相关标准规范的情况下，可采用此方法。类比分析法应判断所参考的类比工程能效水平是否达到国际先进或国内领先水平。评估要点与标准对照法类似。

### 3.1.4　能量平衡分析法

能量平衡分析方法是以拟建项目为对象，对项目消耗的各种能源收入与支出、输入能量与有效利用及损失之间的数量平衡计算分析，根据项目能量平衡的结果，对项目用能情况进行全面、系统的分析，以便明确项目能量利用效率，确定项目节能效果和指标的先进性，并进一步提出项目仍需要完善的能措施。

此方法适应于能源转换类项目及有效能及损失能可测算的项目。

### 3.1.5 单位面积指标法

对建筑类项目可以根据不同使用功能分别计算单位面积的能耗指标，与类似项目的能耗指标（注意地区气候差异）进行对比。如差异较大，则说明拟建项目的方案设计或用能系统等存在问题，然后可根据分品种的单位面积能耗指标进行详细分析，找出用能系统存在的问题并提出改进建议。

以上评估方法为节能评估通用的主要方法，可根据项目特点选择使用。在具体的用能方案评估、能耗数据确定、节能措施评价方面还可以根据需要选择使用其他评估方法。

## 3.2 节能评估原则

对固定资产项目的节能评估应遵循的如下四项原则：

1. 专业性

节能评估机构应组建专业齐备、能力合格、工程经验丰富的评估团队。评估团队应覆盖项目所属行业的各工艺专业，以及热能、电气和技术经济等节能评估工作所需专业。评估人员原则上应具有相应的专业技术资格，熟悉节能评估工作的内容深度要求、技术规范、评价标准和程序方法等，具备分析和评估项目能源利用状况、提出有效节能措施、核算项目能源消费总量、判断项目能效水平等专业能力。

应当严格按照评估目的、评估程序，从项目实际出发，对项目相关数据、文件、资料等进行研究、计算和分析，得出科学、正确和公正的评估结论。

2. 真实性

节能评估机构应当从项目实际出发，对项目相关资料、文件和数据的真实性作出分析和判断，本着认真负责的态度对项目用能情况等进行研究、计算和分析，给出评估参照体系，确保评估结果的客观和真实。

当项目可行性研究报告等技术文件中记载的资料、数据等能够满足节能评估的需要和精度要求时，应通过复核校对后引用；不能满足要求时，应通过现场调研、核算等其他方式获得数据，并重新核实相关指标。

对于能源消费量、产品单耗、能源利用效率、节能效益、经济效益等可定量表述的内容，应通过分测算（核算）给出定量结果。

3. 完整性

节能评估报告书应满足《暂行办法》附件1的具体要求，节能评估报告表和节能登记表应按照《暂行办法》附件2、附件3的相关内容要求填写。

节能评估内容应包括核算项目年能源消费总量，评价项目能效水平和能源供应情况等，全面分析项目生产工艺、工序和用能装置（设备）等的能源利用状况，提出建设方案、用能工艺和节能措施等方面的调整意见，分析节能效果等。改、扩建工程还应分析原有主要生产工艺、用能工艺、主要耗能设备的能效情况及存在问题，并针对项目实施后对原用能情况的改善作用进行评估。

项目建设单位应根据节能评审和审查阶段的意见，及时组织节能评估机构修改、完善节能评估文件，不得遗漏。

4. 实操性

节能评估机构应根据项目特点，提出科学、合理、可操作性的节能措施及建设方案、用能工艺调整意见等，为下阶段设计、招标及施工等提供具体操作依据，不能仅作原则性、方向性的描述。

节能评估文件应论点鲜明，对于评估、评审和审查阶段提出的节能措施及调整意见，应明确要求项目建设单位在项目建设过程中落实，并作为相关部门竣工验收及考核的依据。

## 3.3 节能评估内容

根据国家发展改革委《暂行办法》（国家发展改革委令第 6 号）文件的规定，对我国境内建设的固定资产投资项目（包括新建、改扩建项目）的节能评估主要包括下列内容：

### 3.3.1 能源供应情况评估

对能源供应情况节能评估的主要内容为：

1. 能源供应保障情况评估

分析计算项目所在地能源供应总量及构成、项目能源供应条件及以当地运输条件、能源供应条件能否满足项目对能源供需的要求等，可能出现的问题及风险分析；

2. 项目对所在地能源消费影响的评估

主要内容为计算项目新增的能源消费量对项目所在地控制的新增能源消费量影响程度，新增的能源消费量对当地能源供应条件的影响程度。

3. 对所在地节能目标影响的评估

主要内容是根据当地基准期的综合能源消费量、单位国内生产总值能耗、新增能源消费预测、国内生产总值增速预测值、项目新增能耗、项目单位工业增加值能耗、节能目标等，计算分析项目对所在地节能目标的影响程度。

### 3.3.2 项目建设方案节能评估

**1. 项目选址、总平面布置节能评估**

主要内容包括分析项目选址是否符合行业及当地总体规划，并分析项目选址对项目所需能源供给和消费的影响、总平面布置对厂区内能源输送、储藏、分配、消费等环节的影响，是否有利于系统优化节能。

**2. 项目工艺流程、技术方案节能评估**

明确项目工艺流程和技术方案；分析评价项目选择的工艺流程、技术方案是否合理、先进，是否符合节能设计标准相关规定；分析评价主要耗能设备选型是否合理，与当前先进方案进行比较，对比分析在节能方面存在的差异，提出完善生产工艺方案的建议。

**3. 项目用能工艺节能评估**

明确项目主要用能工艺和工序；分析和计算用能工艺和工序的能耗指标，能耗指标可采用工序能耗、产品单耗、能源利用效率等；判断用能方案是否科学合理。

**4. 主要耗能设备节能评估**

编制项目主要耗能设备配置表（主要内容包括主要耗能设备型号、参数及数量），通过分析、计算等，确定主要耗能设备的能耗指标，采用标准对照、类比分析等方法分析评价其能效水平；核查项目是否采用国家明令禁止和淘汰的用能产品和设备。

**5. 辅助生产和附属生产设施节能评估**

对辅助生产和附属生产设施节能评估内容及要求同上。

### 3.3.3 项目能源消耗和能效水平评估

**1. 计算项目能源消费量、消费结构及综合能耗量**

根据项目设计方案资料数据，按照国标《综合能耗计算通则》（GB/T 2589—2008）等标准，按项目用能工序、生产工序等各环节，分析计算项目消费的能源品种、来源、总消费量、消费结构及综合能耗量。

**2. 分析能源消费品种对能效的影响**

根据核算的项目能源消费种类、来源及消费量，分析评价其（特别是能源消费品种）对能效的影响。

**3. 建立项目能源（能量）平衡表，分析评价能源利用效率**

根据核算的项目能源消费品种、结构及流向，编制项目能源（或能量）平衡表，分析项目能源购入贮存、加工转换、输送分配、最终使用四道环节可能存在的节能薄弱环节和节能重点环节，评价能源利用效率。

**4. 计算分析项目能效指标**

主要内容为项目对项目单位产品（产值）综合能耗、单位产品（产值）实物能耗，可比能耗，主要工序（装置）单耗，单位面积分品种实物能耗和综合能耗等指标的对标分析等。

### 3.3.4 节能措施评估

主要内容为：对项目主要采取的节能技术措施的合理性和可行性评估，对项目的能源计量与统计管理、项目建设的节能管理体系建设、主要能源管理制度等节能管理措施评估；对单项节能工程（设备选型及技术指标、可行性等）评估，对项目采用的节能措施评估、节能措施效果评估（计算节能量和节能效果）、节能措施经济性评估（评估经济可行性）。

### 3.3.5 存在问题及建议

主要是通过对可研报告进行研究分析，指出项目方案、采用的工艺技术、设备选型、能源的合理利用等方面可能存在的问题，提出相应措施或意见。

### 3.3.6 评估结论及建议

根据评估内容，进行总结，形成评估结论。评估结论一般应包括下列内容：

（1）项目能源消费总量及结构。

（2）项目是否符合国家、地方及行业的节能相关法律法规、政策要求、标准规范；有无采用国家明令禁止和淘汰的落后工艺及设备；用能工艺、工序、设备等的能效水平。

（3）项目对所在地（一般包括地级市和县级市两级）能源消费及节能目标完成情况的影响，项目是否符合所在地节能规划相关要求。

（4）项目能源供应及落实情况。

（5）项目能效指标水平，能源利用率等。

（6）项目采取的节能措施及效果评价。

针对可研报告存在的主要问题，提出改进建议。

## 3.4 节能评估的方法

### 3.4.1 节能评估的方法概述

在实际评估工作开展过程中，要摸索和确定科学的评估体系，并根据项目特点和评估需要，选择适用的评估方法。通用的主要评估方法包括以下三种。

1. 标准对照法

标准对照法是指通过对照相关节能法律法规、政策、行业及产业技术标准和规范等，对项目的能源利用是否科学合理进行分析评估。评估要点包括：项目建设方案与相关行业规划、行业准入及节能设计标准等对比；主要用能设备与先进能效标准对比；项目能耗指标与相关能耗限额标准对比等。

### 2. 类比分析法

类比分析法是指在缺乏相关标准规范的情况下，通过与处于同行业领先能效水平的既有工程进行对比，分析判断所评估项目的能源利用是否科学合理。类比分析法应判断所参考的类比工程能效水平是否达到国际先进或国内领先水平，并具有时效性。评估要点可参照标准对照法。

### 3. 专家判断法

专家判断法是指在没有相关标准规范和类比工程的情况下，利用专家经验、知识和技能，对项目能源利用是否科学合理进行分析判断的方法。采用专家判断法，应从生产工艺、用能情况、用能设备等方面，对项目的能源使用作出全面分析和计算。

## 3.4.2　能源供应及消费总体评估方法

### 1. 项目所在地能源供应总量及构成评估方法

（1）对《项目可研报告》进行认真详细的分析研究，了解并采集报告中反映的项目所在地基准年（2010 年）消费的能源种类、来源及实物数量。当《项目可研报告》缺少上述数据时，则需要查阅项目所在地统计部门颁布或出版的基准年能源统计年鉴，或向当地节能主管部门了解有关数据。

（2）根据国标《综合能耗计算通则》（GBT 2589—2008）附表提供的能源折标系数，分别按当量值和等价值测算出项目所在地能源供应量、消费量及消费结构。项目所在地的区域应根据项目的性质，按项目建设单位节能目标考核的归属地来确定。

### 2. 项目能源供应条件评估

根据我国能源消费状况，煤炭及电力是主要的能源，电网的配置及负荷能力、电力消耗指标分配、交通运输条件等对能源的稳定供应有着重要的影响。因此，对项目所在地能源供应条件进行评估时，应对建设单位基本情况及项目基本情况进行全面的了解，对项目所在地的煤炭供需状况、电力供应（电力是供出还是调入、电网负载能力及负荷现状、自产电力上网手续办理情况等）情况、交通运输状况（铁路、公路、水运）等进行调研，对项目建设地的"三通一平"情况、煤炭及其他大堆物质的堆场或库房建设现场、气候变化对能源供应储存的影响等进行详细的考察，对可能出现的问题及风险进行分析。

要求分能源品种，依次分析项目所需能源是否能够得到落实。考虑到电力供应的特殊情况，应专门分析项目所处电网的实际情况。

对项目是否能够充分利用周边的余热、余压等余热能源资源应进行专项分析。

### 3. 项目对所在地能源消费增量的影响评估方法

（1）可通过对项目所在地经济发展情况的调研、与当地节能管理部门及项目建设单位有关人员座谈交流，查阅当地《统计年鉴》等方面资料的核查分析，确定项目所在地基准期（2010 年）的综合能源消费量、地区生产总值、单位国内生产总值能耗、单位工业增加值能耗等基准数据。

（2）查阅当地发展改革委编制的《"十二五"国民经济和社会发展规划》及《"十二五"节能规划》，根据当地"十二五"的节能目标（单位国内生产总值能耗或单位工业增加值能耗）、核算项目所在地国民经济发展预测值（国内生产总值增速预测值）、能源消费增量预测限额（包括已审批增量、居民刚性需求增量）等指标。

（3）通过对项目可研报告中技术方案的分析评估、主要耗能设备负荷的合理性、工序能耗、产品能耗等指标的分析计算，确定项目的能耗总量（或项目新增能耗量）。

（4）将该项目新增能源消费量与当地能源消费增量预测限额进行对比，分析判断项目新增能源消费对当地能源消费增量的影响。可按下式进行定量计算分析判断：

$$m = \frac{\text{项目新增能源消费量}}{\text{地区增量} - \text{已审批增量} - \text{居民刚性需量}} \times 100\%$$

根据 $m$ 值计算结果，判定新增能源消费对当地能源消费增量的影响程度参阅表 3 - 1。

表 3 - 1 　　　　　　项目新增能源消费量对当地能源消费增量控制限额影响评价表

| 项目新增能源消费量占所在地"十二五"能源消费增量控制数比例（m/%） | 影响程度 |
|---|---|
| m≤1 | 影响较小 |
| 1＜m≤3 | 一定影响 |
| 3＜m≤10 | 较大影响 |
| 10＜m≤20 | 重大影响 |
| m＞20 | 决定性影响 |

4. 项目对所在地完成节能目标的影响评估方法

根据对项目可研报告中财务分析章节的审查，或参考与项目生产产品相同的企业生产经济技术指标（新建项目）以及对项目建设单位现行经济指标的审核（改扩建项目），预测项目建成后的年工业增加值，并根据核算的项目年综合能耗，按下式定量分析项目实施后对当地"十二五"节能目标的影响程度：

$$n = \left( \frac{a+b}{b+e} - c \right) / c \times 100$$

式中：

$n$——项目增加值能耗影响所在地单位国内生产总值能耗的比例；

$a$——基准年（2010 年）项目所在地能源消费总量，吨标准煤；

$b$——基准年（2010 年）项目所在地国内生产总值，万元；

$c$——基准年（2010 年）项目所在地单位国内生产总值能耗，吨标准煤/万元；

$d$——项目年综合能源消费量（等价值），吨标准煤；

$e$——项目年工业增加值，万元。

根据 $n$ 值计算结果，判定项目增加值能耗对当地节能目标的影响程度，具体参阅表3-2。

表3-2　　　　　　　项目增加值能耗对当地节能目标影响评价表

| 项目增加值能耗影响所在地单位国内生产总值能耗的比例（n%） | 影响程度 |
| --- | --- |
| n≤0.1 | 影响较小 |
| 0.1＜n≤0.3 | 一定影响 |
| 0.3＜n≤1 | 较大影响 |
| 1＜n≤3.5 | 重大影响 |
| n＞3.5 | 决定性影响 |

### 3.4.3　项目建设方案评估方法

1. 项目选址、总平面布置节能评估

（1）项目选址合理性评估。

对项目选址合理性的评估可分为两种情况：

1）新建项目或异地改建项目。对于新建项目或异地改建项目，应在审查可研报告等资料的基础上，对照国家有关行业政策关于产业结构调整及分布要求、当地产业聚集区布局等，分析项目选址是否符合国家及当地总体规划的要求，同时对当地的交通运输、气候、能源供应、周边集中供热、余热、余压资源等情况进行认真细致的调查了解，分析项目选址对项目所需能源供给和消费是否有利，是否能够充分利用周边的余热、余压等能源。

2）在项目建设单位现有厂址内的改扩建项目。对于在项目建设单位原址的改扩建项目，则主要分析项目选址在现有厂区内能否微调或能否接近主要能源负荷中心以减少能源输送损失以及是否有利于工序之间能源的梯级利用及余热余压等余热资源的回收利用等。

（2）项目总平面布置合理性分析。

对项目总平面布置合理性分析，主要是通过审查项目可研报告设计项目的工艺流向及结构、工序之间的分布衔接、厂区道路的规划、能源原材料储存场地的位置、能源动力源的布置（如热电车间、变电站、空压站房、制冷站、水泵站、氮氧站等），必要时可进行现场考察，或对与项目相同的产品生产企业进行调研，了解其实际运行中存在的问题和改进建议，以分析评价项目的平面布置对厂区内能源输送、储藏、分配、消费等环节的影响，结合节能设计标准，分析判断项目的平面布置是否有利于能源的梯级利用及余热余压等余热资源的回收利用、系统的优化控制、过程节能、方便作业、提高生产效率、减少工序和产品单耗等。

对于改、扩建项目，还应评估其是否能充分利用原有项目的基础设施和公共设施，以避免重复建设。

2. 项目工艺流程、技术方案节能评估

采取专家经验判断、参阅有关技术标准、查阅有关工艺技术资料以及与项目建设单位技术专家进行交流等方式，对可研报告中的技术方案的选择论证部分进行详细的分析研究，明确项目的工艺流程和技术方案；对照国家相关产业政策，判定其产品及生产规模是否符合国家产业结构调整政策要求；对照相关节能设计标准规范及专家经验判断等方式，从生产规模、生产模式、生产工序、主要生产设备选型等方面，对项目的工艺流程及技术方案进行综合分析评价，判定其选择的工艺流程及技术方案的合理性、先进性；与当前先进方案进行比较，判定其生产模式是否有利于提高能效及实现清洁生产目标、是否有利于能源的梯级利用及余热余能的回收利用等；分析项目用能工艺及系统是否能做到整体统筹规划，是否能合理利用热能，避免反复加热或将高品质热能降质使用等。对比分析在节能方面还存在的差异，提出完善生产工艺方案的建议。

3. 项目用能工艺节能评估

根据确定的项目工艺流程及技术方案，明确项目的主要用能工艺和工序；根据产品生产规模及能力，分解计算主要耗能设备及工序的负荷，并核算可研报告中负荷计算的正确性，确定其用能工艺和工序的能耗指标，进而采用标准对照、类比分析等方法分析评价其工序能耗、产品单耗等指标的先进性，对发现存在的问题，提出完善建议。

4. 主要耗能设备节能评估

（1）根据项目可研报告，对项目方案中确定的有关工艺技术设备进行筛选，确定项目涉及的主要耗能设备（及装置）型号、参数及数量，编制项目主要耗能设备配置表。

（2）采用标准对照、类比分析等方法分析主要用能设备选型是否合理，如风机、水泵等设备的流量、扬程裕度是否合理，是否存在"大马拉小车"现象等。

（3）根据核定的项目能耗量分析、计算确定主要耗能设备的能耗指标，分析评价其能效水平。如对配电系统的配电系统变压器经济运行情况、配电损失率的计算：

1）变压器负载系数计算。

$$\beta = \frac{I_2}{I_{2N}} = \frac{P_2}{S_N cos\varphi_2} \times 100\%$$

式中：

$I_2$——变压器负载电流，A；

$I_{2N}$——变压器二次侧电流，A；

$P_2$——变压器负载侧输出功率，kW；

$S_N$——变压器的额定容量，kVA；

$cos\varphi_2$——负载功率因数。

当变压器综合功率损耗率最低时，其输出视在功率与额定容量之比，即变压器综合功率经济负载系数 $\beta_z$。

当 $\leq \beta_z^2 \leq 1$ 时，根据计算结果，可判定变压器属于经济运行。

2）变压器效率计算。

$$\eta = \frac{P_2}{P_1} = \frac{\beta S_N \cos\varphi_2}{\beta S_N \cos\varphi_2 + P_0 + \beta^2 P_k} \times 100\%$$

式中：

$P_1$——变压器电源侧输入功率，kW；

$P_2$——变压器负载侧输出功率，kW；

$\cos\varphi_2$——负载功率因数；

$\beta$——变压器的负载系数（负载率）；

$S_N$——变压器额定容量，kVA；

$P_0$——变压器空载损耗，kW；

$P_k$——变压器短路损耗，kW；

3）配电损失率计算与分析。

①变压器损耗计算。

变压器的损耗包括以下两部分。

a. 变压器有功损耗。

变压器的有功损耗有铁损和铜损。铁损又称之为空载损耗，其值与铁芯的材质有关，而与负荷的大小无关，是基本不变的；铜损与负荷电流平方成正比，负载电流为额定值时铜损又称短路损，变压器的有功损耗可用下式计算：

$$\Delta W_s = P_0 \left(\frac{U_2}{u_{1e}}\right)^2 t + P_k \beta^2 t$$

式中：

$\Delta W_s$——有功功率损耗，kWh；

$P_0$——变压器空载损耗，kWh；

$P_k$——变压器短路损耗，kWh；

$\beta$——变压器的负载率，%；

$U_1$——变压器一次侧工作电压，kV；

$U_{1e}$——变压器一次侧额定电压，kV；

$t$——变压器负载运行时间，h；

b. 变压器的无功功率损耗。

变压器的无功消耗由两部分组成，一部分励磁电流即空载电流造成的损耗 $Q_0$，它与铁芯有关而与负载无关；另一部分无功损耗为一、二次绕组的漏磁电抗损耗，其大小与负载电流平方成正比，此损耗又称变压器无功漏磁损耗 $Q_K$。其中：

ⅰ）励磁电流造成的损耗可用下式求取。

$$Q_0 = I_0 S_N \times 10^{-2}$$

式中：

$Q_0$——空载时的无功功率，kvar；

$I_0$——空载电流百分率,%；

$S_N$——变压器额定容量，kVA；

ⅱ）变压器无功漏磁损耗 $Q_K$，可用下式求得：

$$Q_k = U_K S_N \times 10^{-2}$$

式中：

$Q_K$——变压器额定负载时的无功功率，kvar；

$U_K$——变压器阻抗电压百分率,%；

ⅲ）变压器总的无功功率消耗按下式计算：

$$\Delta W_Q = \left( Q_0 + \beta^2 Q_K \right) t$$

式中：

$\Delta W_Q$——变压器总的无功损耗，kvarh；

c. 变压器综合有功损耗。

变压器综合有功损耗是指变压器有功功率损耗与无功功率能耗折算成有功损耗两者之和，可按下式计算：

$$\Delta W_{ZP} = \Delta W_s + K_Q \Delta W_Q$$

式中：

$\Delta W_{ZP}$——变压器综合有功功率损耗，kWh；

$K_Q$——无功经济当量，指变压器每减少 1kvar 无功功率消耗，引起连接系统有功损失下降的千瓦值，具体按表 3-3 查取。

表 3-3　　　　　　　　　　无功经济当量值

| 序号 | 变压器连接系统的位置 | $K_Q$ 值（kW/kvar） | |
| --- | --- | --- | --- |
| | | 系统负载最大值 | 系统负载最小值 |
| 1 | 由发电厂直接供电的变压器 | 0.02 | 0.02 |
| 2 | 由厂用和市用发电厂供电的工企变压器 | 0.07 | 0.04 |
| 3 | 由区域线路供电的 110～35kV 降压变化量 | 0.10 | 0.06 |
| 4 | 由区域线路供电的 6～10kV 降压变化量 | 0.15 | 0.10 |
| 5 | 由区域线路供电的降压变压器，但其无功负荷由同步调相机负担 | 0.05 | 0.03 |

变压器综合有功功率损耗 $\Delta W_{ZP}$ 的另一种表达式为：

$$\Delta W_{ZP} = \left( P_{Z0} + \beta^2 P_{ZK} \right) t$$

$$P_{Z0} = P_0 + K_Q Q_K$$

$$P_{ZK} = P_K + K_Q Q_K$$

式中：

$P_{Z0}$——空载综合功率损失，kW；

$P_{ZK}$——额定综合功率损失，kW；

$K_Q$——无功经济当量，kW/kvar；

$Q_0$——变压器空载时无功功率，kvar；

$Q_K$——变压器额定负载时的无功功率，kvar；

$\beta$——变压器的负载系数（负载率）。

②线损计算。

a. 分别计算每条线路的均方根电流，$I_{ji}$；

b. 查取每条输配电线路的长度，L，km；

c. 从线缆手册中查取每条输配电线路的标准电阻（20℃时的 $\Omega$/km），

d. 计算每相导线的电阻 R。

$$R = R_{20}L \ (1 + \gamma_1 + \gamma_2)$$

式中：

$\gamma_1$—— 环境温度对电阻值的修正系数；

$$\gamma_1 = 0.004 \ (t_w - 20)$$

$t_w$——环境温度，℃；

$\gamma_2$——导线负荷电流引起的温升对电阻值的修正系数；

$$\gamma_2 = 0.0004 \ (t_x - 20) \left(\frac{I_i}{KI_x}\right)^2$$

式中：

$t_x$——导线最高允许温度，℃；裸导线 $t_x = 70℃$，绝缘导线 $t_x = 65℃$，1～3kV 电缆 $t_x = 80℃$，6kV 电缆 $t_x = 65℃$，10kV 电缆 $t_x = 60℃$；

$I_x$——环境温度为 25℃时，导线的允许载流量，A；

$K$——温度换算系数，一般取 $K \approx 1.05$。

e. 计算每条线路的损耗 $\Delta W_{sx}$。

$$\Delta W_{sx} = mI_{ji}^2 Rt \times 10^{-3} \qquad (kWh)$$

式中：

$m$——相数系数，单相 $m = 2$，三相 3 线 $m = 3$，三相 4 线 $m = 3.5$；

$I_{ji}$——线路中电流的均方根值，A；

$R$—— 每相导线的电阻，$\Omega$；

$t$——线路运行时间，h。

③配电损失率 α 的计算。

$$\alpha = \frac{\sum_{t}^{n1} = 1\Delta W_{St} + \sum_{k}^{n2} = 1\Delta W_{sxk}}{W_r} \times 100\%$$

式中：

$n_l$——变压器台数；

$n_2$——线路条数。

④供配电系统合格指标。

项目线损率应符合表 3-4 的要求。

表 3-4 　　　　　　　　　　　　线损率合格指标表

| 序号 | 变压次数 | 符号 | 单位 | 考核指标 |
|------|----------|------|------|----------|
| 1 | 一次变压 | α | % | <3.5 |
| 2 | 二次变压 | α | % | <5.5 |
| 3 | 三次变压 | α | % | <7 |

（4）对照国家发展改革委颁布的《产业结构调整目录》及工业和信息化部颁布的《部分工业行业淘汰落后生产工艺装备和产品指导目录》（2010 年本）等政策法规，判断项目是否采用国家明令禁止和淘汰的用能产品和设备。

5. 辅助生产和附属生产设施节能评估

对辅助生产和附属生产设施节能评估内容及要求同上。

### 3.4.5 项目能源消费和能效水平评估方法

1. 项目建设单位能源消费量及项目总能耗量核算

根据项目选定的主要耗能设备（或装置）性能参数、负载能力、项目产能、用能特点、与项目产品生产及工艺相同的其他企业先进指标水平等资料，按用能工序、生产工序等各环节计算分析项目消费的能源品种、来源及总消费实物量，并按照《综合能耗计算通则》（GB/T 2589）等标准，计算项目的综合能源消费量。然后与项目可研报告估算的能源消费量进行比较，判定其计算的合理性及准确性。下面对某热电联产项目能源消费量进行核算。

（1）燃料消耗量。

项目的锅炉建成后，根据设计的燃料特性及锅炉热效率，燃料日耗量按 22 小时、年运行小时数 6000 小时计算，预计燃料消耗情况见表 3-5。

表 3-5 　　　　　　　　　　　　燃煤消耗计算表

| 燃料耗量 锅炉容量 | 原煤消耗量 | | |
|------|------|------|------|
| | 小时耗量（t/h） | 日耗量（t/d） | 年耗量（t/a） |
| 1×75t/h | 9.87 | 217.14 | 59220 |
| 2×75t/h | 19.74 | 434.28 | 118440 |

（2）电力。

项目用电主要为辅机设备运行和照明用电。根据计算辅机系统及照明系统电力负荷为3.27MW，具体见表3-6。

表3-6                             项目辅机配置情况表

| 序号 | 设备名称 | 规格型号 | 数量（台、套） | 单台容量（kW） | 实际运行（kW） |
|---|---|---|---|---|---|
| 1 | 一次风机 | SFGX75-1 No17D | 2 | 400 | 800 |
| 2 | 二次风机 | SFGX75-2ANo12.8D | 2 | 160 | 320 |
| 3 | 引风机 | SFYX75-1 No20.5D | 2 | 315 | 630 |
| 4 | 给水泵 | DG85-67X8 | 2 | 320 | 640 |
| 5 | 螺旋除渣机 | 7.5t/h | 4 | 15 | 60 |
| 6 | 输煤系统 | | 1 | 222 | 222 |
| 7 | 化水处理系统 | | 1 | 350 | 350 |
| 8 | 空压机 | | 2 | 44 | 88 |
| 9 | 照明及其他 | | 1 | 162 | 162 |
| 10 | 合　计 | | 17 | | 3272 |

考虑实际运行负荷及同步系数等因素，按0.55计算，每小时电力负荷平均为1.7996兆瓦。年运行时间按6000小时计算，计算得出热源厂年耗电量为1079.8万千瓦时（$3.272 \times 0.55 \times 6000 = 1079.76 \times 10^4$）。具体见表3-7。

表3-7                             项目电耗计算表

| 序号 | 设备名称 | 单位 | 消耗 | |
|---|---|---|---|---|
| | | | 小时耗量 | 年耗量 |
| 1 | 一次风机 | kWh | 440.0 | 2640000 |
| 2 | 二次风机 | kWh | 176.0 | 1056000 |
| 3 | 引风机 | kWh | 346.5 | 2079000 |
| 4 | 给水泵 | kWh | 352.0 | 2112000 |
| 5 | 除渣机 | kWh | 33.0 | 198000 |
| 6 | 输煤系统 | kWh | 122.1 | 732600 |
| 7 | 化水处理系统 | kWh | 192.5 | 1155000 |
| 8 | 空压机 | kWh | 48.4 | 290400 |
| 9 | 照明及其他 | kWh | 89.1 | 534600 |
| 10 | 合　计 | | 1799.6 | 10797600 |

（3）柴油。

锅炉点火及助燃用油采用"0"轻柴油，采用油罐车由陆路的运输方式至热电厂，卸入贮油罐。目前其他企业2×75吨/小时循环流化床锅炉年实际消耗的用油量约为10吨。该项目建成后，其点火及助燃用油取10吨计算。

（4）水资源。

项目取水主要包括软水、工业水和生活水。具体见表3-8。

表 3 – 8　　　　　　　　　　　　　项目耗水量计算表

| 序号 | 项目 | 单位 | 需水量 |
|---|---|---|---|
| 1 | 软化水 | m³/h | 127.50 |
| 2 | 工业水 | m³/h | 138.27 |
| 3 | 生活水 | m³/h | 1.00 |
| 4 | 合　计 | m³/h | 266.77 |

（5）项目年消耗能源品种及实物量。

根据上述计算，该项目其年消耗的各种能源实物量见表 3 – 9 。

表 3 – 9　　　　　　　　项目年消耗能源介质品种及实物量计算表

| 序号 | 用能名称 | 单位 | 消耗 | |
|---|---|---|---|---|
| | | | 小时耗量 | 年耗量 |
| 1 | 电力 | MWh | 1.7996 | 10797.6 |
| 2 | 烟煤 | t | 19.7400 | 118440.0 |
| 3 | 柴油 | t | | 10.0 |

注：由于项目消耗的新鲜水为自采水，转换生产的软化水及工业水（包括循环水）等消耗的能源（电力）已计算，故不再作为耗能工质计算综合能耗。

（6）项目综合能耗。

1）折标系数选取。

项目综合能耗计算所选取的各种能源的折标系数见表 3 – 10。

表 3 – 10　　　　　　　　　　项目能源折标系数表

| 能源名称 | 计量单位 | 当量热值 | | 等价热值 | | 数据来源 |
|---|---|---|---|---|---|---|
| | | MJ | 折标系数 | MJ | 折标系数 | |
| 标准煤 | t | 29307 | 1 | 29307 | 1 | 国标 |
| 电力 | MW·h | 3600 | 0.1229 | 10257 | 0.3500 | 国家统计局公布 |
| 烟煤 | t | 18920 | 0.6456 | 18920 | 0.6456 | 设计 |
| 柴油 | t | 42900 | 1.4638 | 42900 | 1.4638 | 可研报告 |

2）项目综合煤耗。

①当量折标综合能耗。该项目项目能源消费情况见表 3 – 11。

表 3 – 11　　　　　　　　　　项目年能源消费统计表

| 能源名称 | 计量单位 | 实物量 | 折标系数 | 折标煤 | 结构（%） |
|---|---|---|---|---|---|
| 原煤 | t | 118440.00 | 0.6456 | 76464.9 | 98.28 |
| 柴油 | t | 10.00 | 1.4638 | 14.6 | 0.02 |
| 电力 | 万 kWh | 1079.76 | 1.2290 | 1327.0 | 1.70 |
| 合计 | tce | | | 77806.5 | 100 |

②等价折标综合能耗。按照《综合能耗计算通则》标准计算，该项目项目能源消费情况见表 3 – 12。

表 3 – 12                   项目综合能耗计算表

| 序号 | 能源名称 | 单位 | 消费实物量 | 折标煤 | 结构（%） |
|------|----------|------|-----------|--------|-----------|
| 1 | 电力 | MWh | 10797.6 | 3779.2 | 4.71 |
| 2 | 烟煤 | t | 118440.0 | 76464.9 | 95.27 |
| 3 | 柴油 | t | 10.0 | 14.6 | 0.02 |
| 4 | 合计 | tce | | 80258.7 | 100 |

**2. 项目折标系数能源消费种类、来源及消费量对能效的影响**

一般来说，能源来源的稳定性（如燃煤稳定地来自一个固定的矿区，可确保燃煤质量的稳定，利于燃煤工业锅炉及工业窑炉等燃煤设备热效率的提高，而若燃煤来自不同矿区或小煤窑，则很难保证燃煤的质量，将导致燃煤工业锅炉及工业窑炉等燃煤设备热效率的波动甚至下降）、能源消费结构的合理性（结构节能）是影响项目能效的重要因素之一。因此，应通过对可研报告的分析研究及项目建设地的现场调研，分析项目消费的能源是否来源稳定可靠，能否充分利用周边集中供热的热力及其他企业的余热、余压资源，能否使用或提高清洁能源、可再生能源的比例等，以提高项目的能效。

**3. 分析评价能源利用效率**

根据项目的工艺流程，以及核算的项目能源消费品种、结构，确定项目能源的流向，编制项目能源平衡表，对有效能、损失能可测算的系统、工序或装置，可编制能量平衡表或能流图，按照项目能源购入贮存、加工转换、输送分配、最终使用四个环节可能存在的节能薄弱环节和节能重点环节，评价能源利用效率。

**4. 项目能效指标评估**

（1）核算项目各种能耗指标。

根据项目的建设性质（新建、改扩建）及特点，参照国家能耗标准限额、节能设计标准及规范、项目建设单位既有产品能耗统计资料、与项目生产产品相同的其他企业产品能耗指标等相关资料，按照规定的计算方法对项目的主要能耗指标进行核算。耗能指标主要有：

1）能源消费总量、单位产品单项能源消耗量；综合能耗、单位产品综合能耗、单位产品可比能耗、单位产品实物能耗、重点工序（单元）能耗；产值（工业增加值）综合能耗等。

2）主要耗能设备能效指标（包括热效率和热功指标等）。

3）建筑节能指标。包括采暖、空调、照明、热水和燃料的实物能耗、综合能耗总量和单位面积能耗等指标。

4）节水指标（单位产品用水量和工业用水重复率指标等）。

（2）对标分析。

项目能耗指标对标分析主要包括以下五个方面的内容：一是与国家及行业规定的能耗先进值指标对比，以确定项目能耗指标的先进性；二是与选择的国内外同行业领先企业对比，分析项目主要能耗指标是否处于领先水平及是否仍有修改的改进地方，并提出改进建议；三是与项目建设单位历史最好水平对比（改造项目），分析项目能耗指标的可实现性及可形成的节能量；四是选择与项目同类、同规模及生产工序相近的国内先进企业对比，体现对标的可比性；五是与项目建设单位既有的能源消耗定额指标对比，分析判定考核指标可提高的科学性、合理性。

通过对标分析，对项目的能效进行综合性评价，并形成结论性意见，主要有以下几方面：

1）项目能源转换系统或主要耗能设备的能源转换效率与负荷的合理性评价。

2）项目建设单位及技术方案的生产组织与能源供应系统合理匹配的分析评价。

3）按照能源流程进行合理用热、合理用电、合理用水、合理用油的评价。

4）项目能源利用经济效益的比较分析。

5）项目用能设备及工艺系统的先进性分析评价。

6）项目资源综合利用水平（或热电联产水平）及环境效益的评价分析。

7）项目单位产品能耗指标的评价。

## 3.4.6　项目主要节能措施评估方法

1. 节能技术措施评估

（1）对项目采用的新工艺、新技术节能措施进行分析评价。

1）余热、余压等回收利用情况；

2）炉窑、热力管网系统保温措施；

3）供、配电系统的能效指标和节电措施，泵类、风机、空压机和空调、制冷设备等通用机械设备的节能措施及节能量测算；

（2）资源综合利用情况。

对新能源和可再生能源（太阳能、风能等）的利用。

（3）建筑节能措施。

主要包括采暖、空调、照明、热水及生产、管理部门和公共附属建筑结构保温绝冷以及建筑节能设备与产品的采用效果等。

2. 节能管理措施评估

按照《能源管理体系要求》（GB/T 23331）、《工业企业能源管理导则》（GB/T 15587）等标准的要求，综述并评价项目的节能管理制度和措施，包括节能管理机构和人员的设置情况；节能管理制度和措施，能源管理机构及人员配备，能源统计监测及计量仪器仪表配置等。

按照《用能单位能源计量器具配备与管理通则》（GB 17167）等标准要求，综述并评价项目能源计量制度建设情况，包括能源统计及监测、计量器具配备、专业人员配置等情况。

3. 单项节能工程评估

对未纳入建设项目主导工艺流程和拟分期建设的节能项目工程，详细论述工艺流程，设备选型，参照上述分析方法对单项工程进行能效对标分析，分析单项节能工程的技术指标及可行性，并进行节能量及综合节能效益计算等。

4. 节能措施效果评估

按照国家发展改革委制定的《节能量确定和监测方法》，分析计算项目实施后主要节能措施的节能量，评价项目能效水平。对项目单位产品（建筑面积）能耗、主要工序能耗等指标进行国际国内对比分析，判定设计指标是否达到同行业国内先进水平或国际先进水平。对存在问题采取建议后的节能量测算及效果分析评价。

5. 节能措施经济性评估

按照财务分析方法计算节能技术措施成本及经济效益，评估节能技术措施的经济可行性存在问题及建议；计算节能管理措施成本及经济效益，评估节能管理措施的经济可行性。

6. 存在问题及建议

主要是针对可行性研究报告中存在的问题和缺失疏漏，提出应采取的对策，并对采取对策后可形成的节能量及效果进行分析，同时注意将技术先进性与经济合理性相结合，这样才能分析全面。

## 3.5 节能评估工作的程序

根据项目评估的内容及方法，整个评估过程如图 3-1。

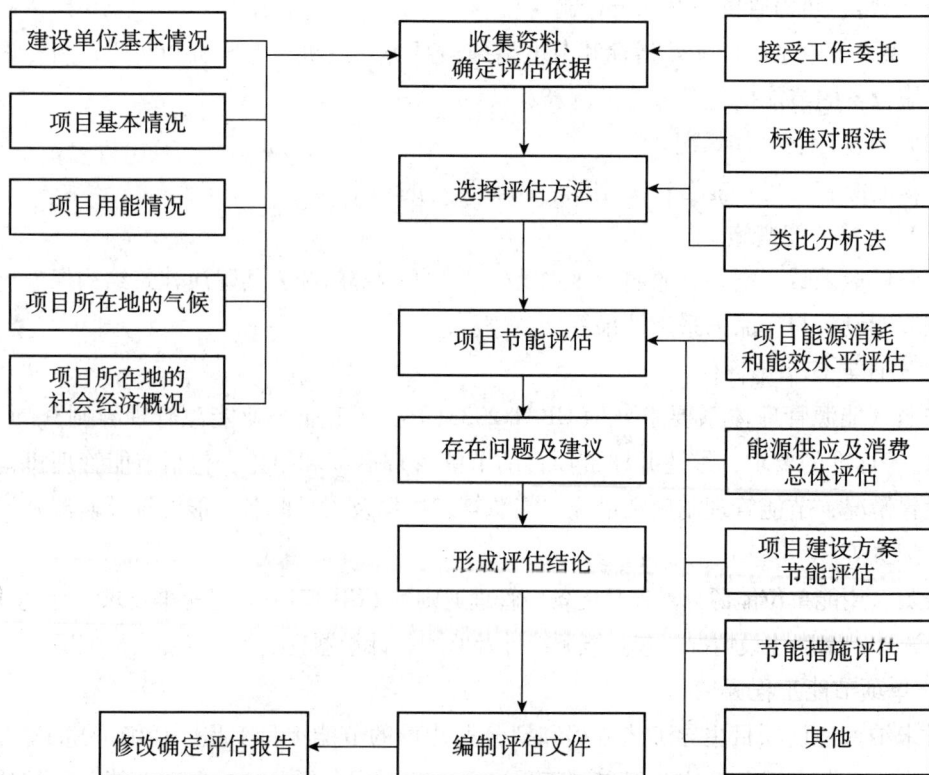

**图 3-1 节能评估程序图**

根据节能评估工作程序图，可将评估程序划分为以下四个阶段。

### 3.5.1 评估准备阶段

#### 1. 商务准备

按照《节约能源法》的规定，节能评估属于中介机构的一项节能服务业务。因此，开展节能评估，首先需要与业主单位签订节能评估委托书或工作合同。

根据《节约能源法》和《国务院关于加强节能工作的决定》，为加强固定资产投资项目节能管理，国家发展改革委发布了《暂行办法》，将固定资产投资项目节能评估审查作为控制地区能源消费增量和总量的重要措施，要求全国各地政府能源管理部门均需对新建、改扩建的固定资产投资项目进行节能审查。《暂行办法》对审查的分级、评估文件的种类等均进行了详细规定。

鉴于节能评估是一项专业性、技术性较强的工作，因此在签订合同或协议时，评估机构要对可研报告进行仔细分析研究，对改扩建项目应派出有经验的人员先期对项目建设单位的用能状况、工艺情况进行考察调研，以作为确定工作量和评估费用的依据。合同或协议的内容主要包括委托方和受委托方的责任、义务及评估的目的、要求、范围、内容等。

#### 2. 技术准备

根据签订的评估委托书或合同，进行技术准备。

（1）确定评估依据。

根据被评估项目的产品、采用的生产工艺、消费的能源品种及设备配置等情况，备齐与节能评估有关的资料、工具。收集国内外相关法律、法规、规划、行业准入条件、产业政策，相关标准及规范，节能技术、产品推荐目录，国家明令淘汰的用能产品、设备、生产工艺等目录，项目环境影响评价审批意见、土地预审意见等相关前期批复意见，项目可行性研究报告、项目申请报告等工程资料和技术合同等。根据项目实际情况确定项目节能评估依据。

对在现有基础上改扩建的项目，应准备有关检测仪器设备，并与企业沟通使其有关耗能设备、生产工艺参数控制等在线仪表处于完好状态，以备开展现场测试工作。

（2）收集项目相关资料。

充分收集项目的基本情况及用能方面的相关资料，主要包括：

1）建设单位基本情况。如建设单位名称、性质、地址、邮编、法人代表，项目联系人及联系方式，企业运营总体情况等。

2）项目基本情况。如项目名称、建设地点（包括位于或接近的主要交通线）、项目性质、建设规模及内容、项目工艺方案、总平面布置、主要经济技术指标、项目进度计划，改、扩建项目原项目的基本情况等。

3）项目用能概况。如项目主要供、用能系统与设备的初步选择，能源消耗种类、数量及能源使用分布情况，改、扩建项目原项目用能情况及存在的问题等。

4）项目所在地区的主要气候特征。如年平均气温（最冷月和最热月）、制冷度日数、取暖度日数、极端气温与月平均气温、日照情况等。

5）项目所在地区的社会经济概况。如经济发展现状、节能目标、能源供应和消费现状、重点耗能企业分布及其能源供应消费特点、交通运输概况等。

6）项目可研报告、地方统计部门编写的《统计年鉴》等。

当现有资料无法完整准确反映项目概况时，可进行现场调查和测试。现状调查中，对与节能评估工作密切相关的内容（如能源供应、消费、加工转换和运输等），应全面详细收集信息，并尽可能提供定量数据和图片，如需采用类比工程法；同时也应全面获取类比工程相关信息。

（3）进行人员分工。

一般说来分为五部分：

1）输变电与电力。从电源的开闭站起，变配电，控制系统，输送分配，计量与补偿，直到耗电设备最终使用。必须符合设计规范国家准及规范和要求。特别注意电力负荷等级的区别。（电气专家）

2）炉、窑与蒸汽。对其要有严谨精确的热功计量，能效测定，能耗标准及输出输入能源、能量的合理损耗，供暖制冷等辅助及附属生产的能源消耗。（热能专家）

3）工艺设备过程。工艺设备因行业、产品各异而千差万别，必须熟悉其特点和特性。依据其特点而采取不同的节能措施，如变频调速、软启动等，还有富氧燃烧、磁化燃烧、等离子点火、余热余压利用等。新能源可再生能源的利用。（熟悉工艺方面专家）

4）工质水及其他工质压缩空气的平衡，循环与排放；废烟气与除尘排放等。（动力、设备方面）

5）循环经济开发利用。如污水、噪声、粉尘等有害健康的因素处置。以上各方面均有较大能耗，不可忽视或遗漏。

### 3.5.2 评估分析阶段

1. 审核分析有关技术资料

对即将要编制节能评估报告项目的可行性研究报告开展认真研究、分析、测算与判断。重点是对可研报告中的节能分析专篇的审核分析。

可研的内容和深度应满足如下基本要求：

（1）内容齐全，结论明确，论据充分，数据精准，能满足业主投资决策定方案。

（2）选用主要工艺设备的规格参数能满足预定货要求。

（3）对重大技术，经济方案要有两套以上方案进行比较或推荐。

（4）确定的主要工程技术数据，能满足初步设计的需要，与项目一致或相近的先进工艺资料、产品能耗水平等。

（5）对建设投资和生产成本估算，精确度要达到 $-10\% \sim 5\%$ 的要求。

（6）能耗品种及总能源消耗量。

（7）在可行性研究报告中一定要有主打产品所适用的国际、国家、行业或地方能耗标准。

（8）工业增加值、节能量的计算方法及结果。

（9）有相关的能源消耗标准能够便于计算能耗品种及耗量。若无国家标准、行业标准甚至地方标准，可与以前的生产能耗标准与之项目相比较，或者是参照新产品在中试过程中已有的数据。

可行性研究报告中对产品的规模、所选择的各种技术、工艺设备的能耗情况，要有所准确的表述。对煤、电、汽、天然气、燃油、工质水以及所使用的各种能源资料等，还有各种新型设备的用能效率，都要有明确的表述，否则节能评估报告无法面对评审会议质询，无法获得通过。

（10）在工艺、技术选择的原则方面，是否达到技术先进、工艺成熟、运行安全可靠、具有良好的经济性。设备清单要齐全，有规格、型号、装机容量、产能、能效率等相关技术参数，无缺失遗漏，无国家明令淘汰的落后技术、设备混在其中。

节能分析篇应包含五方面的内容：

1）应遵循合理能耗标准及设计规范；

2）能源消耗种类和数量；

3）项目所在地能源供应状况；

4）能耗指标；

5）节能措施和节能效果经济分析等。

2. 进行项目评估

按照项目评估的内容，选择评估方法，对项目进行节能评估。并对每项内容作出评估小结。

3. 形成评估结论

评估结论一般包括下列内容：

（1）项目的能源消耗总量及结构。

（2）项目是否符合国家、地方及行业的节能相关法律法规、政策要求、标准规范。

（3）项目有无采用国家明令禁止和淘汰的落后工艺及设备。

（4）项目能源消费和能效指标水平。

（5）项目对所在地能源消费及节能目标完成情况的影响，项目是否符合所在地节能规划的要求。

（6）项目采取的节能措施及效果评价。

（7）主要问题及补充建议，并对采纳建议后可能产生的节能效果进行测算。

## 3.5.3 编写评估文件阶段

节能评估文件是节能评估工作的直接成果，具有很强的时效性，因此，节能评估工作结束后，应尽快编写节能评估文件。

在完成前两个阶段的工作后，应按照有关技术标准和格式要求，编写节能评估文件。初稿完成后，在与项目建设单位有关人员进行充分沟通之后，对评估文件进一步完善，并修改定稿。然后与项目建设单位负责人见面，将评估文件主要内容进行汇报。经确认后，提交给评估文件评审机构进行评审。

### 3.5.4 评审评估文件阶段

根据有关规定，评估机构完成评估文件的编写之后，需由政府节能主管部门委托的节能评审机构按规定组成专家评审组，对节能评估文件进行评审。

评估机构根据评审意见对节能评估文件进行修改完善后，报送节能主管部门进行节能审查。

## 3.6 节能评估所需资料

根据节能评估的内容及要求，需要项目建设单位提供如下资料：

（1）项目相关批文。

（2）项目可行性研究报告。

（3）方案设计或初步设计文件，包括图纸、说明文字和各项技术指标。应能够说明总图指标；建筑专业的总体概况、功能分区、各部分建筑的使用功能及其面积、维护结构和门窗主要材料做法；结构专业的结构体系；给排水方案；空调通风方案、使用空调的建筑面积、主要设备选型；供配电方案、变压器容量、变配电室位置等。

（4）项目所在地能源平均单价。

（5）其他有关资料。

## 复习思考题

**一、单项选择题**（在备选答案中选择 1 个最佳答案，并把它的标号写在括号内）

变压器是电力系统中主要用来改变（　　）、传递电能的重要设备，是电网安全、经济运行的基础。

A. 电流　　　　　B. 电阻　　　　　C. 电压　　　　　D. 电频

**二、多项选择题**（在备选答案中有 2～5 个是正确的，将其全部选出并将它们的标号写在括号内，选错、漏选和不选均不得分）

节能分析篇应包含（　　）方面的内容。

A. 应遵循合理能耗标准及设计规范      B. 能源消耗种类和数量

C. 项目所在地能源供应状况      D. 能耗指标

E. 节能措施和节能效果经济分析等

## 三、简答题

1. 什么是类比分析法？

2. 什么是专家判断法？

# 第4章 节能评估文件编写

▶ **学习目标**

1. 应知道、识记、理解的内容
- 编写节能评估报告书的要求
- 编制节能评估表的要求
2. 应领会、掌握、应用的内容
- 按照要求编写节能评估报告书
- 按照要求编制节能评估表

▶ **自学时数**

22 ~ 28 学时

▶ **教师导学**

节能评估文件的编写是《节能评估方法》一书的重要章节，首先学员要了解我国节能评估文件的编写要求、包括的内容、评估的方法、评估的效果以及在评估中提出的建议。

本章重点为：掌握节能评估报告书的编写方法；掌握节能评估表的编制方法。

## 4.1 节能评估工作

根据国家发展改革委 2010 年颁布的《暂行办法》和国家发展改革委资源节约和环境保护司编发的《固定资产投资项目节能评估工作指南》（2011 年修订本），节能评估工作主要可概括为以下内容。

### 4.1.1 节能评估相关概念

1. 节能评估

根据《固定资产投资项目节能评估和审查暂行办法》第三条：节能评估是指根据节能法律法规、标准，对固定资产投资项目的能源利用是否科学合理进行分析评估，并编制节能评估报告书、节能评估报告表（以下称节能评估文件）或填写节能登记表的行为。

2. 固定资产投资项目

固定资产投资是建造和购置固定资产的经济活动，即固定资产再生产活动。固定资产再生产过程包括固定资产更新（局部更新和全部更新）、改建、扩建、新建等活动。固定资产投资项目主要包含以下内容：

（1）基本建设项目。即利用国家预算内拨款、自筹资金、国内外基本建设贷款以及其他专项资金进行的，以扩大生产能力（或新增工程效益）为主要目的新建、扩建的工程项目。

（2）更新改造项目。即利用企业折旧资金、国家更新改造预算拨款，企业自有资金、国内外技术改造贷款等资金，对现有企业、事业单位原有的设施进行技术改造（包括固定资产更新）以及相应配套的辅助性、生活福利性设施等工程项目。

（3）全部建成投产项目。该类项目可分为工业项目和非工业项目。工业项目是指设计文件规定的形成生产能力的主体工程及其相应配套的辅助设施全部建成，经负荷试运转，证明具备生产设计规定合格产品的条件，并经验收鉴定合格或达到达成竣工验收标准，与生产性工程配套的生活福利设施可以满足近期的正常生产的需要，正式验交的建设项目。非工业项目是指设计文件规定的主体工程和相应的配套工程全部建成，能够发挥设计规定的全部效益，经验收鉴定合格或达到竣工验收标准，正式移交使用的建设项目。

### 4.1.2 节能评估实施

节能评估由项目建设单位负责组织，由节能评估机构根据节能法、标准，对固定资产投资项目的能源利用是否科学合理进行分析评估，并编制节能评估报告书、节能评估报告表。项目建设单位可自行填写节能登记表。

### 4.1.3 节能评估文件分类

按照《暂行办法》规定，固定资产投资项目节能评估按照项目建成投产后年能源消费量实行分类管理。

（1）年综合能源消费量 3000 吨标准煤以上（含 3000 吨标准煤，电力折算系数按当量值，下同），或年电力消费量 500 万千瓦时以上，或年石油消费量 1000 吨以上，或年天然气消费量 100 万立方米以上的固定资产投资项目，应单独编制节能评估报告书。

（2）年综合能源消费量1000～3000吨（不含3000吨，下同）标准煤，或年电力消费量200万～500万千瓦时，或年石油消费量500～1000吨，或年天然气消费量50万～100万立方米的固定资产投资项目，应单独编制节能评估报告表。

（3）上述条款以外的固定资产投资项目，应由项目建设方填写节能登记表。

目前在编制节能评估报告书、节能评估报告表、节能评估登记表三类节能评估文件过程中，各省份根据各地实际情况，对年综合能源消耗量的控制标准作了适当的调整，如北京市、上海市、天津市、河北省等控制标准均要严于《暂行办法》。

## 4.1.4 节能评估原则

节能评估工作应遵循以下四条原则。

### 1. 专业性

节能评估机构应组建专业齐备、能力合格、工程经验丰富的评估团队。评估团队应覆盖项目所属行业的各工艺专业，以及热能、电气和技术经济等节能评估工作所需专业。评估人员原则上应具有相应的专业技术资格，熟悉节能评估工作的内容深度要求、技术规范、评价标准和程序方法等，具备分析和评估项目能源利用状况、提出有效节能措施、核算项目能源消费总量、判断项目能效水平等专业能力。

### 2. 真实性

节能评估机构应当从项目实际出发，对项目相关资料、文件和数据的真实性作出分析和判断，本着认真负责的态度对项目用能情况等进行研究、计算和分析，给出评估参照体系，确保评估结果的客观和真实。

当项目可行性研究报告等技术文件中记载的资料、数据等能够满足节能评估的需要和精度要求时，应通过复核校队后引用；不能满足要求时，应通过现场调研、核算等其他方式获得数据，并重新核实相关指标。

对于能源消费量、产品单耗、能源利用效率、节能效益、经济效益等可定量表述的内容，应通过分测算（核算）给出定量结果。

### 3. 完整性

节能评估报告书应满足《暂行办法》附件1的具体要求，节能评估报告表和节能登记表应按照《暂行办法》附件2和附件3的相关内容要求填写。

节能评估内容应包括核算项目年能源消费总量、评价项目能效水平和能源供应情况等，全面分析项目生产工艺、工序和用能装置（设备）等的能源利用状况，提出建设方案、用能工艺和节能措施等方面的调整意见，分析节能效果等。改、扩建工程还应分析原有主要生产工艺、用能工艺、主要耗能设备的能效情况及存在问题，并针对项目实施后对原用能情况的改善作用进行评估。

项目建设单位应根据节能评审和审查阶段的意见，及时组织节能评估机构修改、完善节能评估文件，不得遗漏。

4. 实操性

节能评估机构应根据项目特点，提出科学、合理、可操作性的节能措施及建设方案、用能工艺调整意见等，为下阶段设计、招标及施工等提供具体操作依据，不能仅作原则性、方向性的描述。

节能评估文件应论点鲜明，对于评估、评审和审查阶段提出的节能措施及调整意见，应明确要求项目建设单位在项目建设过程中落实，并作为相关部门竣工验收及考核的依据。

## 4.1.5 节能评估的方法

在实际评估工作开展过程中，要摸索和确定科学的评估体系，并根据项目特点和评估需要，选择适用的评估方法。通用的主要评估方法包括：

（1）标准对照法。指通过对照相关节能法律法规、政策、行业及产业技术标准和规范等，对项目的能源利用是否科学合理进行分析评估。评估要点包括项目建设方案与相关行业规划、行业准入及节能设计标准等对比，主要用能设备与先进能效标准对比，项目能耗指标与相关能耗限额标准对比等。

（2）类比分析法。指在缺乏相关标准规范的情况下，通过与处于同行业领先能效水平的既有工程进行对比，分析判断所评估项目的能源利用是否科学合理。类比分析法应判断所参考的类比工程能效水平是否达到国际先进或国内领先水平，并具有时效性。评估要点可参照标准对照法。

（3）专家判断法。指在没有相关标准规范和类比工程的情况下，利用专家经验、知识和技能，对项目能源利用是否科学合理进行分析判断的方法。采用专家判断法，应从生产工艺、用能情况、用能设备等方面，对项目的能源使用作出全面分析和计算。

## 4.1.6 节能评估工作步骤

项目节能评估机构的主要工作步骤包括：

（1）组建评估团队。接受项目建设单位委托后，评估机构应根据项目特点，组建符合专业性原则要求且人员稳定的评估团队。项目节能评估期间，评估团队应保持人员稳定。

（2）开展节能评估。主要工作包括收集项目资料、确定评估体系和评估范围、评估项目情况、形成评估结论、编制评估文件等。年综合能源消费量在5000吨标准煤（等价值）以上的项目，应分专业评估并相互会签。评估期间，节能评估机构应与项目建设单位、可研编制单位等充分沟通。编制完成后的节能评估文件应分别加盖节能评估机构和项目建设单位公章，由项目建设单位报送节能审查。

（3）完善评估文件。节能评估文件报送节能审查后，节能评估机构应组织各专业人员参加评审会，交流项目评估情况等，并根据节能评审和审查阶段所提意见，及时对评估文件进行修改和完善。

## 4.1.7 评估程序及要点

1. 收集项目相关资料

收集项目的基本情况及用能方面的相关资料，主要包括：

（1）建设单位基本情况。如建设单位名称、性质、地址、邮编、法人代表、项目联系人及联系方式，企业运营总体情况等。

（2）项目基本情况。如项目名称、建设地点（包括位于或接近的主要交通线）、项目性质、投资规模及建设内容、项目工艺方案、总平面布置、主要经济技术指标、项目进度计划、改扩建项目原项目的基本情况、改扩建项目的评估范围等。

（3）项目用能情况。如项目能源消耗种类、数量及能源使用分布情况，项目主要供、用能系统与设备的选择，改、扩建项目要分析原项目用能情况及存在的问题等。

（4）项目所在地的气候区属及其主要特征。如年平均气温（最冷月和最热月）、制冷度日数、采暖度日数、极端气温与月平均气温、日照率等。

（5）项目所在地的经济、社会和能源供应、消费概况。如经济发展现状、节能目标，能源供应和消费现状、重点耗能企业分布及其能源供应消费特点、交通运输概况等。

当现有资料无法完整准确反映项目概况时，可进行现场勘察、调查和测试。在现状调查中，对与节能评估工作密切相关的内容（如能源供应、消费、加工转换和运输等），应注意收集全面详细的信息，并尽可能收集定量数据和图表。如需采用类比分析法，应按上述要求全面获取类比工程相关信息。

2. 确定评估依据

根据项目实际情况收集相关资料并确定项目节能评估依据，主要包括：

（1）相关法律、法规、规划、行业准入条件、产业政策等。

（2）相关标准及规范（国家标准、地方标准或相关行业标准均适用时，执行其中较严格的标准）。

（3）节能工艺、技术、装备、产品等推荐目录，国家明令淘汰的用能产品、设备、生产工艺等目录。

（4）项目环境影响评价、土地预审等相关资料、项目申请报告、可行性研究报告等立项资料。

报告书应与各项评估依据有关内容进行对比，并给出评价结论。

3. 项目建设方案节能评估

（1）项目选址、总平面布置节能评估。

1）分析项目选址对项目所需能源供给、运输和消费的影响，以及项目是否能够充分利用周边的余热、余压等能源。

2）分析项目总平面布置对厂区内能源输送、储存、分配、消费等环节的影响，结合节能设计标准判断平面布置是否有利于过程节能、方便作业、提高生产效率、减少工序和产品单耗等。

（2）项目工艺流程、技术方案节能评估。

1）明确项目工艺流程和技术方案。

2）从生产规模、生产模式、生产工序、主要生产设备选型等方面，分析评价工艺方案是否有利于提高能效，是否符合相关行业规划、准入条件以及节能设计标准相关规定。

3）将生产工艺方案与当前同类型、同规模企业的先进方案进行比较，分析在节能方面存在的差异，提出完善生产工艺方案的建议。

4）对于扩建项目，评估是否能充分利用原有项目的基础设施和公共设施，避免重复建设。

（3）项目用能工艺节能评估。

1）明确项目主要用能工艺和工序。

2）分析项目用能工艺及整个用能系统是否科学合理，是否能做到整体统筹规划，如是否能合理利用热能，避免反复加热或将高品质热能降质使用等。

3）计算项目用能工艺和工序等能耗指标，能耗指标可采用工序能耗、产品单耗、能源利用效率等。

4）采用标准对照法，判断项目用能工艺和工序的能耗指标是否满足相关能耗限额及有关标准、规范的要求。

5）采用类比分析法，与国外同规模、同类型企业对比，发现存在的问题，判断项目能效水平是否达到同行业国内领先水平或国际先进水平，并提出完善建议。

（4）主要耗能设备节能评估。

1）分析主要用能设备选型手否合理，如风机、水泵等设备的流量、扬程裕度是否合理，是否存在"大马拉小车"现象等。

2）列出项目涉及的主要耗能设备型号、参数及数量，判断项目是否采用国家命令禁止和淘汰的用能产品和设备，是否采用节能产品推荐目录中的产品和设备，如选用新产品、新设备，还应说明其用能特点等。

3）通过分析、计算、类比设备测试等，确定主要耗能设备的能耗指标，分析评价其能效水平。

4）采用标准对照法，判断项目主要耗能设备的能耗指标是否满足相关能耗限额及有关标准、规范的要求。

5）采用类比分析法，与国外同规模、同类型企业选用的设备进行能效对比，发现存在问题，判断项目主要耗能设备的能效水平是否先进，并提出完善建议。

（5）辅助生产和附属生产设施节能评估，方法同上。

### 4. 节能措施评估

（1）节能技术措施评估。

1）根据项目用能方案，综述生产工艺、动力、建筑、给排水、暖通与空调、照明、控制、电气等方面的具体节能措施，包括节能新技术、新工艺、新产品等应用；能源的回收利用，如余热、余压、可燃气体回收利用；资源综合利用，新能源和可再生能源利用等。

2）分析节能技术措施的可行性和合理性。

（2）节能管理措施评估。

1）按照《用能单位能源计量器具配备与管理通则》（GB 17167）等的要求，编制能源计量器具配备方案，加强能源计量工作。

2）按照《能源管理体系要求》（GB/T 23331）、《工业企业能源管理导则》（GB/T 15587）等的要求，提出能源管理体系建设方案，能源管理中心建设以及能源统计、监控等节能管理方面的措施、要求。

（3）单项节能工程评估。

1）分析评估单项节能工程的工艺流程、设备选型、单项节能量计算方法、单位节能量投资、投资估算及投资回收期等。

2）分析单项节能工程的技术指标及可行性。

（4）能评阶段节能措施。

依据项目节能评估、评审、审查等环节提出的意见和建议，针对项目在节能方面存在的问题、可以继续提高的环节等，提出相应的节能措施或建设方案调整意见。

（5）节能措施效果评估。

1）分析计算节能技术措施、节能管理措施、单项节能工程、能评阶段节能措施等的节能量。

2）测算项目采取上述节能措施的节能效果。

（6）节能措施经济性评估。

计算节能技术和管理措施成本及经济效益，评估节能技术措施、管理措施的经济可行性。

### 5. 项目能源利用状况测算

（1）节能评估前项目的能源利用状况。复核项目年综合能源消费量、年综合能源消耗量和主要能效指标等的测算过程及数据结果。

（2）能评后项目的能源利用状况。

1）核算综合能源消费量。依据采取节能措施后的项目用能情况，测算项目年综合能源消费量。当项目存在能源加工转换，或有能源用作原材料情况时，应参照《项目年能源消费统计表》等，测算年综合能源消费量；其他项目可根据行业特点，依照所属行业计算方法测，算综合能源消费量。项目年综合能源消费量应分别测算当量值和等价值两个数值。

2）核算综合能源消耗量及主要能效指标。根据项目工程资料数据，按照《综合能耗计算通则》（GB/T 2589）等标准，核算（测算）各环节能源消耗量，计算项目年综合能源消耗量和能效指标（明确计算方法、计算过程、数据来源等）。

3）分析项目各环节能量使用情况。能源消费量较大，生产环节较多的工业项目，推荐使用或参照《企业能源平衡表编制方法》和《企业能量平衡网络图绘制方法》作为分析项目各环节能源使用情况、发现重点用能环节、寻找节能空间、准确计算能效指标的工具；不适宜编制能量平衡表、网络图的项目，建议依照所属行业规定或惯例计算或核算能量使用分配或平衡情况。

6. 项目能源消费和能效水平评估

（1）项目能源消费对所在地能源消费增量的影响预测。根据所在地节能目标、能源消费和供应水平预测（如单位地区生产总值（GDP）能耗或单位工业增加值能耗目标）、国民经济发展预测（GDP 增速预测值）等，计算出所在地能源消费增量预测限额。对于新建项目，其年能源消费增量数为项目年综合能源消费量；对于改、扩建项目，年能源消费增量数应为项目年综合能源消费量与其 2010 年综合能源消费量的差。将测算得出的项目年能源消费增量数与所在地能源消费增量预测限额进行对比，分析判断项目新增能源消费对所在地能源消费的影响。

（2）项目能源消费对所在地完成节能目标的影响预测。分析项目年综合能源消费量、增加值和单位增加值能耗等指标对所在地完成万元国内生产总值能耗下降目标等节能目标的影响。建成达产后年综合能源消费量（等价值）超过 1 万吨（含 1 万吨）标准煤的项目，应定量分析项目能源消费对所在地完成节能目标的影响。

（3）项目能源供应情况评估。依据相关资料及实地调查结果，确定项目所需能源供应是否能得到落实，评估内容主要包括：分析项目所处电网，评估项目所需电力供应是否得到落实；依据实际，评估项目所需其他能源的落实情况；项目能源供应风险分析。

（4）项目能效水平分析评估。分析项目主要能效指标，采用标准比照法、类比分析法等方法进行能效水平分析评估，评价设计指标是否达到同行业国内先进水平或国际先进水平。指标主要包括单位产品（量）综合能耗、可比能耗，主要工序（艺）单耗，单位增加值能耗等。

7. 形成评估结论

评估结论一般应包括下列内容：

（1）项目能源消费总量及结构。

（2）项目所在地（一般包括省和设区市两级）能源消费及万元国内生产总值能耗下降目标等节能目标完成情况的影响，项目是否符合所在地节能规划相关要求。

（3）项目能源供应及落实情况。

（4）项目能效指标水平、能源利用率等。

（5）项目是否符合国家、地方及行业的节能相关法律法规、政策要求、标准规范，有无采用国家明令禁止和淘汰的落后工艺及设备，用能工艺、工序、设备等的能效水平是否满足能耗限额标准要求等。

（6）项目采取的节能措施及效果评价。

## 4.2 节能评估报告编制

### 4.2.1 节能评估报告编写内容

根据《暂行办法》（国家发展改革委令第6号）和国家发展改革委资源节约和环境保护司《固定资产投项目节能评估工作指南》的要求，节能评估报告分项目摘要表与正文两部分，摘要表放在正文前面。

1. 摘要表部分

摘要表包括以下内容：

（1）项目概况。包括项目名称、项目建设单位、节能评估单位、项目建设地点、所属行业、项目性质（新建、改见、扩建）、项目总投资、投资管理类别、（审批、核准、备案）、项目拟投产时间、建设规模和主要内容。

（2）项目主要耗能品种。主要能源种类包括电、煤等［计量单位、年需要实物量、折标系数（当量值、等价值）、折标煤量（tce）］。

（3）项目产出能源品种。

（4）项目年综合能源消费量（tce）分当量值、等价值。

（5）项目能效指标比较。指用项目的能耗指标（如单位产品综合能耗、工序能耗、可比单耗等能耗指标先进值）与国家标准规定的新建准入值，以及国内先进水平、国际先进水平进行对比。

（6）对所在地能源消费影响。包括对所在地能源消费增量的影响、对所在地完成节能目标的影响。

（7）可研报告提出的主要节能措施及节能效果。

（8）项目可研报告在节能方面存在的主要问题。

（9）节能评估提出的主要节能措施及节能效果。

2. 正文部分

（1）评估依据。

主要包括评估内容和范围、评估依据。

（2）项目概况介绍。

主要包括：

1）项目建设单位概况。包括建设单位名称、单位性质、法定代表人、单位地址、邮政编码、联系人、联系方式等内容。

2）项目基本情况。包括项目名称、项目建设地点、项目性质、项目投资及经济效益、项目建设背景、项目生产规模及产品方案等内容。

3）项目用能情况。包括项目能源消费种类及消费量，能源加工、转换和利用情况，项目能源消耗及能效水平，折标系数选取，各能源品种终端使用量计算，能流网络图，能流图，综合能耗统计计算等内容。

4）项目所在地能源供应及消费情况。包括项目所在地煤、电、天然气、水等能源供应的来源、运输方式及使用数量的统计分析等。

（3）项目建设方案节能评估。

1）项目选址、总平面布置节能评估。具体包括：确定选址及总平面布置原则；确定选址及平面布置内容；对两套或两套以上选址及平面布置方案进行比较分析评价（对比评价主要内容包括项目用地面积、土石方量、输煤系统、供水系统、配电系统、环境影响、建设场地状况、征地状况等）。

2）工艺流程、技术方案节能评估。包括项目的生产工艺与技术方案进行对比、工艺流程节能分析。

3）主要用能工艺和工序节能评估。包括项目生产各生产工序能耗数值。

4）主要耗能设备节能评估。包括主要耗能设备确定、主要耗能设备节能分析。

5）辅助生产和附属生产设施节能评估。具体包括：

①电气系统节能评估。包括供配电系统、照明系统（光源及灯具、照度要求、应急照明、照明控制）、动力设备。

②暖通空调系统节能评估。包括设计参数（室外设计温度、室内设计温度）采暖和空调方案（通风系统、管材及保温）、燃气系统节能评估。

③给排水系统节能评估。包括给水系统、排水系统、管道敷设及管材。

6）建筑节能评估。包括建筑方案、单位建筑面积能耗。

7）评估小结。主要包括：拟建项目所在区域的公辅设施配套能否确保项目所需能源供给；总平面布置是否符合相关要求。各生产工序采用的技术方案是否符合设计规范的规定，选用设备有无国家明令禁止和淘汰的设备。项目根据需求设置电力、暖通空调、给排水、燃气等系统，是否合理、可靠。

（4）节能措施评估。

主要包括：

1）节能技术措施概述。包括生产工艺节能措施、电气系统节能措施、（供配电系统、照明系统）、暖通系统节能措施、给排水系统节能措施、燃气系统节能措施）。

2）节能管理措施评估。主要包括以下两项重点内容。一是能源管理。即项目建设单位是否重视能源管理工作，设有专职机构、制定齐全的能源管理、考核制度，职责明确，积极开展能源管理工作。在项目立项和实施过程中，能够充分考虑降低能源消耗和能源综合利用。建设单位是否注重重点耗能设备的使用管理，对耗能设施的运行参数进行科学化分析，找出合理参数指标，以指导操作人员规范操作，从而提高设备运行效率，降低能耗。二是能源计量。依据《用能单位能源计量器具配备和管理导则》（GB/T 17167—2006），结合项目电力、天然气、市政热力和水消耗量，对拟建项目的用能类别进行分类，并检查各类别计量器具配备情况。

3）单项节能工程。如无，即在报告中列出"此项目无单项节能工程"即可。

4）能评阶段节能措施评估。

5）节能措施效果评估。包括项目节能量计算（耗能量、节能率、节能量）、对标分析。

6）节能措施经济性评估。包括以下三方面内容：一是项目在总规划，平面布置、工艺技术、设备选型等方面是否制订不同方案，并对它们进行对比，针对初期投入、运行维护、节约能源、环境保护以及正常生产的经济效益等方面内容作详细分析；二是在工艺技术方面是否充分体现节能减排的原则；三是在设备方面是否选用国内外高效节能的先进设备。

7）本章评估小结。即对项目节能措施经济性评估进行概括性综合评价。

（5）项目能源利用状况核算。

1）节能评估前项目能源利用情况。包括：能源消费种类分析评估；能源消费量分析评估，如折标系数选取、各能源品种终端使用量计算（电力、天然气、热力等）、耗能工质消耗量计算；能源加工、转换和利用情况评估（各能源品种加工转换、输送分配损失计算、能流网络图和能流图）。

2）能评后项目能源利用情况。

3）本章评估小结。

（6）项目能源消费及能效水平评估。

1）项目对所在地能源消费增量的影响评估。包括项目建设地综合能耗、国内生产总值能耗计算结果分析等。

2）项目对所在地完成节能目标的影响评估。

3）项目能源供应条件及落实情况。

4）项目能效水平评估。包括根据项目能源流向确定项目用能边界、用能工序（单元）、主要用能设备、用能工序能量分析及指标核定、单项能源的平衡核定及其使用分布情况。

5）本章评估小结。

（7）存在问题及建议。

1）存在问题及建议。主要包括以下几方面内容：一是能源管理机构；二是能源计量管理；三是煤、水、电、汽等能源种类管理；四是产值能耗及增加值能耗等方面存在的问题。对以上各方面存在的问题，有针对性提出建议措施。

2）采纳建议后的节能效果简析。

（8）结论。

1）项目是否符合国家和地方的相关法律、法规、规划、政策、标准和规范的要求。

2）项目使用能源及其来源合理性、可行性的评估结论。

3）项目采用工艺、技术、设备情况及其所处国内国际水平的评估结论。

4）主要能耗指标达标情况及其所处国际国内水平的评估结论。

5）项目对所在地能源消费及节能目标完成情况的影响。

6）项目采取的节能措施及效果。

7）项目设计方案存在的主要问题及建议。

8）总体评估结论。

## 4.2.2 节能评估报告格式、体例（样式）要求

### 1. 格式要求

节能评估报告表和节能登记表应按照《暂行办法》附件 2、附件 3 格式要求编制或填写。

节能评估报告书具体格式要求如下：

（1）面设置。

基本页面为 A4 纸，纵向，页边距为默认值，即上下均为 2.54 厘米，左右为 3.17 厘米；如遇特殊图表可设页面为 A4 横向。

（2）正文。

正文内容采用 4 号宋体，1.5 倍行距；文中单位应采用国家法定单位表示；文中数字能使用阿拉伯数字的地方均应使用阿拉伯数字，阿拉伯数字均采用 Times New Roman 字体。

（3）图表。

文中图表及插图置于文中段落处，图表随文走，标明表序、表题，图序、图题。

表格标题使用 4 号宋体，居中，表格部分为小 4 号或 5 号楷体，表头使用 1.5 倍行距，表格内容使用单倍行距；表格标题与表格、表格与段落之间均采用 0.5 倍行距；表格注释采用 5 号或小 5 号宋体；表格引用数据需注明引用年份；表中参数应标明量和单位的符号。

（4）打印文件应采取双面打印方式。

项目可行性研究报告已有的附件内容，节能评估文件的附件中只列出目录清单即可。

## 2. 体例样式

体例样式如下。

（1）封面式样。

# 评估项目名称（1号宋体加粗）

## 节能评估报告（2号黑体加粗）

### 建设单位名称（2号宋体加粗）
### 评估单位名称（2号宋体加粗）

（建设单位和评估单位盖章）
### 评价报告完成日期（3号宋体加粗）

（2）著录项首页样张。

**委托单位名称**（3 号宋体加粗）

**评估项目名称**（3 号宋体加粗）


# 节能评估报告（2 号宋体加粗）


法定代表人：（4 号宋体）

技术负责人：（4 号宋体）

评估项目负责人：（4 号宋体）

**评估报告完成日期**（小 4 号宋体加粗）

（3）著录项次页样张。

## 评 估 人 员（3 号宋体加粗）

| | 姓　名 | 专　业 | 职　称 | 签　字 |
|---|---|---|---|---|
| 项目负责人 | | | | |
| 项目组成员 | | | | |
| | | | | |
| 报告编制人 | | | | |
| | | | | |
| 报告审核人 | | | | |
| | | | | |

（此表应根据具体项目实际参与人员编制）

技术专家

姓名　　　　　　　签字

（列出各类技术专家名单）

（以上全部用小 4 号宋体）

（4）项目摘要表。

**项目摘要表**（样表）

<table>
<tr><td rowspan="9">项目概况</td><td>项目名称</td><td colspan="4"></td></tr>
<tr><td>项目建设单位</td><td colspan="2"></td><td>联系人/电话</td><td></td></tr>
<tr><td>节能评估单位</td><td colspan="2"></td><td>联系人/电话</td><td></td></tr>
<tr><td>项目建设地点</td><td colspan="2"></td><td>所属行业</td><td></td></tr>
<tr><td>项目性质</td><td colspan="2">□新建　□改建　□扩建</td><td>项目总投资</td><td>万元</td></tr>
<tr><td>项目管理类别</td><td colspan="4">□审批　　　□核准　　　□备案</td></tr>
<tr><td>项目拟投产时间</td><td colspan="4"></td></tr>
<tr><td>建设规模和<br>主要内容</td><td colspan="4"></td></tr>
<tr><td colspan="5"></td></tr>
<tr><td rowspan="5">项目主要耗能品种</td><td>主要能源种类</td><td>计量单位</td><td>年需要实物量</td><td>折标系数</td><td>折标煤量（吨标准煤）</td></tr>
<tr><td rowspan="2">电</td><td></td><td></td><td>（当量值）</td><td></td></tr>
<tr><td></td><td></td><td>（等价值）</td><td></td></tr>
<tr><td>煤</td><td></td><td></td><td></td><td></td></tr>
<tr><td>……</td><td></td><td></td><td></td><td></td></tr>
<tr><td rowspan="2">项目产出能源品种</td><td>……</td><td></td><td></td><td></td><td></td></tr>
<tr><td>……</td><td></td><td></td><td></td><td></td></tr>
<tr><td colspan="4" rowspan="2">项目年综合能源消费量（吨标准煤）</td><td>当量值</td><td></td></tr>
<tr><td>等价值</td><td></td></tr>
<tr><td rowspan="4">项目能效指标比较</td><td>项目指标名称</td><td>项目指标值</td><td>新建准入值</td><td>国内先进水平</td><td>国际先进水平</td><td>对比结果（国内一般，国内领先，国际先进）</td></tr>
<tr><td>单位产品能耗</td><td></td><td></td><td></td><td></td><td></td></tr>
<tr><td>工序能耗</td><td></td><td></td><td></td><td></td><td></td></tr>
<tr><td>……</td><td></td><td></td><td></td><td></td><td></td></tr>
<tr><td rowspan="2">对所在地能源消费影响</td><td>对所在地能源增量的影响</td><td colspan="5"></td></tr>
<tr><td>对所在地完成节能目标的影响</td><td colspan="5"></td></tr>
<tr><td colspan="7">可研报告提出的主要节能措施及节能效果：</td></tr>
<tr><td colspan="7">项目可研报告在节能方面存在的主要问题：</td></tr>
<tr><td colspan="7">节能评估提出的主要节能措施及节能效果：</td></tr>
</table>

（5）目录。

目　录

前　言

1. 评估依据

　1.1　评估范围和内容

　1.2　评估依据

2. 项目概况介绍

　2.1　项目建设单位概况

　2.2　项目基本情况

　2.3　项目用能情况

　2.4　项目所在地能源供应及消费情况

3. 项目建设方案节能评估

　3.1　项目选址、总平面布置节能评估

　3.2　工艺流程、技术方案节能评估

　3.3　主要用能工艺和工序节能评估

　3.4　主要耗能设备节能评估

　3.5　辅助生产和附属生产设施节能评估

　3.6　本章评估小结

4. 节能措施评估

　4.1　节能技术措施概述

　4.2　节能管理措施评估

　4.3　单项节能工程

　4.4　能评阶段节能措施评估

　4.5　节能措施效果评估

　4.6　节能措施经济性评估

　4.7　本章评估小结

5. 项目能源利用状况核算

　5.1　节能评估前项目能源利用情况

　5.2　能评后项目能源利用情况

　5.3　本章评估小结

6. 项目能源消费及能效水平评估

　6.1　项目对所在地能源消费增量的影响评估

　6.2　项目对所在地完成节能目标的影响评估

　6.3　项目能源供应条件及落实情况

　6.4　项目能效水平评估

　6.5　本章评估小结

7. 存在问题及建议

8. 结论

    附录 1  主要用能设备一栏表

         2  项目购入能源的供应协议

         3  项目能源消费、能源平衡及能耗计算相关图、表等

主要用能设备一栏表（示例）

| 序号 | 设备名称 | 型号 | 能效指标 | 数量 | 估算年能耗 | 备　注 |
|------|----------|------|----------|------|-----------|--------|
|      |          |      |          |      |           |        |
|      |          |      |          |      |           |        |
|      |          |      |          |      |           |        |
|      |          |      |          |      |           |        |
|      |          |      |          |      |           |        |
|      |          |      |          |      |           |        |
|      |          |      |          |      |           |        |
|      |          |      |          |      |           |        |
|      |          |      |          |      |           |        |

## 4.3　节能评估表编制

    包括：厂（场）区总平面图、车间工艺平面布置图；主要耗能设备一览表；主要能源和耗能工质品种及年需求量表；能量平衡表等。具体样式如下。

项目编号：＿＿＿＿＿＿＿＿＿

**固定资产投资项目节能评估报告表**

<br>

项目名称：＿＿＿＿＿＿＿＿＿＿＿

<br>

建设单位：＿＿＿＿＿＿＿＿＿＿＿

<br>

编制单位：＿＿＿＿＿＿＿＿＿＿＿

年　　月　　日

| 项目名称 | | | | | |
|---|---|---|---|---|---|
| 建设单位 | | | | | |
| 法人代表 | | | 联系人 | | |
| 通讯地址 | | | | | |
| 联系电话 | | 传真 | | 邮政编码 | |
| 建设地点 | | | | | |
| 项目投资管理类别 | | 审批□ | 核准□ | | 备案□ |
| 项目所属行业 | | | | | |
| 建设性质 | 新建□ 改建□ 扩建□ | | 项目总投资 | | |
| 工程建设内容及规模 | | | | | |
| 项目主要耗能品种及耗能量 | | | | | |
| 节能评估依据 | 相关法律、法规等 | | | | |
| | 行业与区域规划、行业准入与产业政策等 | | | | |
| | 相关标准与规范等 | | | | |
| 能源供应情况分析评估 | 项目建设地概况及能源消费情况（单位地区生产总值能耗，单位工业增加值能耗、水耗，单位建筑面积能耗，节能目标等） | | | | |
| | 项目所在地能源资源供应条件 | | | | |
| | 项目对当地能源消费的影响 | | | | |

| | |
|---|---|
| 项目用能情况分析评估 | 工艺流程与技术方案（对于改扩建项目，应对原有工艺、技术方案进行说明）对能源消费的影响 |
| | 主要耗能工序及其能耗指标 |
| | 主要耗能设备及其能耗指标 |
| | 辅助生产和附属生产设施及其能耗指标 |
| | 总体能耗指标（单位产品能耗、主要工序能耗、单位建筑面积能耗、单位产值或增加值能耗等） |
| 节能措施评估 | 节能技术措施分析评估（生产工艺、动力、建筑、给排水、暖通与空调、照明、控制、电气等方面的节能技术措施） |
| | 节能管理措施分析评估（节能管理制度和措施，能源管理机构及人员配备，能源计量器具配备，能源统计、监测措施等） |
| 结论与建议 | |

**固定资产投资项目节能登记表**

项目编号：

项目名称： 填表日期： 年 月 日

<table>
<tr>
<td rowspan="9">项目概况</td>
<td>项目建设单位</td>
<td colspan="3">（盖章）</td>
<td>单位负责人</td>
<td></td>
</tr>
<tr>
<td>通信地址</td>
<td colspan="3"></td>
<td>负责人电话</td>
<td></td>
</tr>
<tr>
<td>建设地点</td>
<td colspan="3"></td>
<td>邮编</td>
<td></td>
</tr>
<tr>
<td>联系人．</td>
<td colspan="3"></td>
<td>联系人电话</td>
<td></td>
</tr>
<tr>
<td>项目性质</td>
<td colspan="3">新建□ 改建□ 扩建□</td>
<td>项目总投资</td>
<td></td>
</tr>
<tr>
<td>投资管理类别</td>
<td colspan="2">审批□</td>
<td>核准□</td>
<td colspan="2">备案□</td>
</tr>
<tr>
<td>项目所属行业</td>
<td colspan="2"></td>
<td>建筑面积（平方米）</td>
<td colspan="2"></td>
</tr>
<tr>
<td>建设规模及<br>主要内容</td>
<td colspan="5"></td>
</tr>
</table>

<table>
<tr>
<td rowspan="16">年耗能量</td>
<td>能源种类</td>
<td>计量单位</td>
<td>年需要实物量</td>
<td>参考折标系数</td>
<td>年耗能量（吨标准煤）</td>
</tr>
<tr><td></td><td></td><td></td><td></td><td></td></tr>
<tr><td></td><td></td><td></td><td></td><td></td></tr>
<tr><td></td><td></td><td></td><td></td><td></td></tr>
<tr><td></td><td></td><td></td><td></td><td></td></tr>
<tr><td></td><td></td><td></td><td></td><td></td></tr>
<tr><td></td><td></td><td></td><td></td><td></td></tr>
<tr>
<td colspan="4">能源消费总量（吨标准煤）</td>
<td></td>
</tr>
<tr>
<td>耗能工质种类</td>
<td>计量单位</td>
<td>年需要实物量</td>
<td>参考折标系数</td>
<td>年耗能量（吨标准煤）</td>
</tr>
<tr><td></td><td></td><td></td><td></td><td></td></tr>
<tr><td></td><td></td><td></td><td></td><td></td></tr>
<tr><td></td><td></td><td></td><td></td><td></td></tr>
<tr><td></td><td></td><td></td><td></td><td></td></tr>
<tr>
<td colspan="4">耗能工质总量（吨标准煤）</td>
<td></td>
</tr>
<tr>
<td colspan="4">项目年耗能总量（吨标准煤）</td>
<td></td>
</tr>
</table>

项目节能措施简述（采用的节能设计标准、规范以及节能新技术、新产品并说明项目能源利用效率）：

其他需要说明的情况：

节能审查登记备案意见：

（盖章）

年 月 日

注：各种能源及耗能工质折标准煤参考系数参照《综合能耗计算通则》（GB/T 2589）。

# 复习思考题

**一、单项选择题**（在备选答案中选择 1 个最佳答案，并把它的标号写在括号内）

节能评估报告分(　　)与正文两部分。

A. 封页

B. 项目建设单位登记表

C. 项目目录

D. 项目摘要表

**二、多项选择题**（在备选答案中有 2 ~ 5 个是正确的，将其全部选出并将它们的标号写在括号内，选错、漏选和不选均不得分）

节能评估项目概况介绍包括(　　)。

A. 项目建设单位概况

B. 项目基本情况

C. 项目评估机构情况

D. 项目用能情况

E. 项目所在地能源供应及消费情况

# 第5章　节能评估文件评审

▶ **学习目标**

1. 应知道、识记、理解的内容
- 节能评估文件评审的目的
- 节能评审的要点
- 评审程序
- 节能评估文件评审的原则
2. 应领会、掌握、应用的内容
- 节能评估审查的依据
- 节能评估评审的程序
- 节能评估评审的内容

▶ **自学时数**

15~20 学时

▶ **教师导学**

学习《节能评估方法》科目，首先要了解我国节能评估的发展背景，包括节能评估由来、发展现状、存在的问题及未来发展的趋势等内容。

本章重点为：节能评估发展的背景、现状、存在的问题及应对措施；节能评估的依据和标准；节能评估的特点及效果；节能评估的方法及类型。

## 5.1　节能评审工作

根据国家发展改革委 2010 年颁布的《暂行办法》，这项工作应包括节能评估和节能审查两道重要环节，节能评审属节能审查环节，为节能审查服务，评审意见作为节能审查的重要依据。评审机构在进行评审时，可以要求项目建设单位就有关问题进行说明或补充材料。固定资产投资项目节能评审工作在国家发展改革委资源节约和环境保护司编发的《固定资产投资项目节能评审工作指南》（2011 年修订本）中作了具体规定，主要可概括为：根据《节约能源法》"国家实行固定资产投资项目节能评估和审查制度"的法律规定，国家发展改革委对我国固定资产投资项目需作（含规划、新、改、扩建工程）节能评估和审查管理的范围作了明确的规定和要求。具体讲，固定资产投资项目节能评审范围及涵盖内容为评审原则、评审程序、符合性审查、节能评审、专家评审意见要点、评审机构评审要点等。

## 5.2　评审原则

（1）公正性原则。评审机构受节能审查机关委托，使用财政经费，应独立组织开展评审活动，不给项目建设单位及评估单位增加负担，不得组织或参加与所评审项目相关的评估、论证等活动，不得承担与其利益关联的单位所编制的节能评估报告的评审。

（2）时效性原则。接受节能审查机关委托后，评审机构应严格遵循工作程序，抓紧开展评审相关工作，在规定时限内提交评审意见。

（3）先进性原则。评审过程中，评审机构应依据有关对表数据及专家意见等，判断项目主要能效指标的能效水平，确保新上固定资产投资项目的主要能效指标应达到国内先进水平。

（4）保密原则。评审专家及评审人员在对节能评估文件的评审过程中，根据有关保密规定，对于尚未公布、公告的节能评估文件的有关内容，以及其他不适宜公开的信息负有保密责任。

## 5.3　评审程序

1. 评审组织形式

项目节能评估文件为节能评估报告书时，节能评审机构应采取会议评审方式进行评审；项目节能评估文件为节能评估报告表时，可通过函审方式进行评审。

2. 主要评审阶段

节能评估文件评审程序分为三个主要阶段。

第一阶段为组织准备阶段，主要工作是审查节能评估文件的符合性，构建评审专家组等。

第二阶段为专家评审阶段，主要工作是专家初审、质询答疑、提出评审意见、专家复审等。必要时应到项目现场勘查，要求建设单位提供补充说明或进行现场答辩等。

第三阶段为工作总结阶段，主要工作是节能评审机构根据专家评审意见和修改后的节能评估文件，出具节能评审意见。评审机构应对评审意见内容和结论负责。

评审流程图见图 5 - 1。

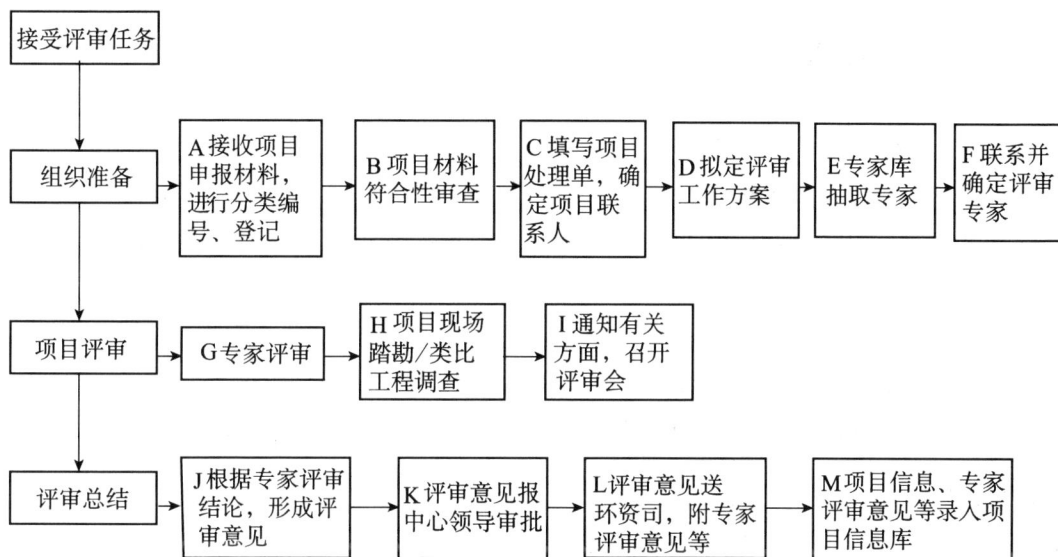

**图 5 - 1 节能评估文件评审流程图**

## 5.4 节能评估文件符合性审查

节能评审机构按照《暂行办法》和《固定资产投资项目节能评估工作指南》等，对节能评估文件进行符合性审查。审查要点应包括以下内容：

（1）节能评估文件类型正确，文件编制、审批程序齐全，并按要求加盖项目建设单位和节能评估单位公章（复印件应重新加盖公章），文件数量符合要求。

（2）节能评估文件内容深度要求符合《暂行办法》附件1或附件2、《固定资产投资项目节能评估工作指南》的要求。

对不符合要求的节能评估文件，要求建设单位补充或修改。对通过（或修改后通过）符合性审查的节能评估文件进行分类编号，将1份原始文件存档，其余文件（或电子版）分送专家初审。

## 5.5  开展节能评审

### 5.5.1  组建专家组

根据项目类型、所属行业及专业领域，选择能源利用及相关行业的专家。评审专家应具有相关专业高级以上专业技术职称，并精通专业知识，熟悉有关法律、法规和政策等。其中，技术专家应熟悉产业政策、行业生产工艺和技术规范，了解本领域国内外情况和前沿动态；经济专家应熟悉本行业项目工程概预算编制，能测算项目增加值，对节能措施经济性进行分析和评价等。

评审专家人数一般为单数，节能评估报告书的评审专家至少5名，节能评估报告表的评审专家至少3名，并明确各自分工，组成项目评审专家组，专家组设组长1名。

评审专家独立发表意见并对意见负责，具有不受任何机构或个人影响的权利。对于与本单位、本人存在利益关系的项目，评审专家应主动提出回避。

专家组成员组成及主要分工见表5-1。

表5-1　　　　　　　　　专家组成员组成及主要分工表

| 专　家 | 专　业 | 分　工 | 人　数 |
|---|---|---|---|
| 组长 | 行业相关专业 | 整体把握 | 1 |
| 成员 | 行业相关专业 | 生产工艺流程节能，核算和判断项目能效水平 | 1~2 |
| | 热能/电气 | 核算能源消费量等指标 | 1~2 |
| | 热能或电气/行业专业 | 用能工艺、设备评估 | 1~2 |
| | 能源经济 | 核算项目增加值，节能措施经济性分析等 | 1 |
| | | | |

注：根据项目用能品种、综合能源消费量，确定专家人数及专业；如果项目综合能源消费量较小，评审用能工艺及设备与核算能源消费量指标两项任务合并。

### 5.5.2  确定评审依据

评审依据的选取应充分涵盖项目用能范围，坚持先进、适用的原则，并考虑行业及项目所在地的特殊要求等进行适用性分析。

一般根据项目所属领域从以下几方面选取适用的评审依据：

（1）相关法律、法规、规划。

（2）行业准入条件和产业政策。

（3）相关标准和规范，包括设计及管理方面的标准和规范、产品能耗限额标准、设备

（产品）能效标准等（国家标准、地方标准或相关行业标准中均适用时，应执行较严格的标准）。

（4）体现同行业国内外先进水平的资料。

（5）国家或地区节能技术、产品推荐目录。

（6）国家明令禁止和淘汰的用能产品、设备、生产工艺等目录。

（7）《固定资产投资项目节能评估工作指南》。

（8）其他相关文件。

### 5.5.3　节能评审主要内容及要点

1. 项目综合能源消费增量及其影响

对年综合能源消费量超过 1 万吨标准煤的项目，应对项目所在地能源消费总量和完成节能目标的影响进行分析。主要包括以下方面：

（1）根据项目所在省份的单位国内生产总值能耗及下降目标、国内生产总值增长率等数据，测算其"十二五"能源消费增量控制数（应考虑核减居民能源消费等合理、刚性增长以及地方审批、核准或备案项目带来的增量等）。

（2）核对项目能量平衡有关图、表，以及项目年能源消费统计表（参考国家统计局 P201 表）等，校验项目能源购入储存、加工转换、输送分配及最终使用情况的测算是否正确，复核项目建成达产后年综合能源消费量。

（3）对比分析项目新增年综合能源消费量与地方能源消费增量控制数，说明项目带来的影响。

（4）复核项目达产后的单位增加值能耗等节能评价指标，并与所在省份单位国内生产总值能耗目标值比较分析，说明影响。

（5）项目所在地能源供应条件及消费情况的描述是否完整；项目所需的电力、煤炭、原油等能源是否得到落实；项目消费的能源品种、数量对所在地资源条件和当地能源生产、输送、储运、消费的影响分析是否准确。

2. 项目能效水平

评审项目能效水平评估结果应从以下方面进行：

（1）判断节能评估选取的主要能效指标是否合理，能耗计算的基础数据选择是否真实，能否满足项目的功能需求及相关标准、规范的规定。

（2）节能评估中综合能源消耗量、单位产品能耗等指标的计算是否符合《综合能耗计算通则》（GB/T 2589）及相关标准规范的要求，是否分析测算评估主要用能环节能源利用效率。

（3）项目能耗（能效）指标是否符合相关能耗限额标准或相关产业政策、准入条件的要求，同国内外先进水平、标准先进指标的选取是否准确，项目能效水平是否达到同行业国内外先进水平或标准中的先进指标。

### 3. 项目建设方案

评审项目建设方案节能评估结果应从以下方面进行：

（1）项目采用的主要生产工艺路线是否合理，生产规模是否符合有关要求，项目选址、布局方案、总平面布置、交通组织等的节能设计是否合理。

（2）主要用能工艺和工序及其能耗指标和能效水平是否符合能耗限额标准或准入政策的要求，是否达到先进水平；项目主要用能工艺有无被其他更为合理用能工艺取代的可能性等，对于不合理、可替代的工艺，应给出相应的评审意见。

### 4. 项目用能装置

评审项目用能装置节能评估结果应从以下方面进行：

（1）主要用能装置能耗指标的计算是否符合相关标准、规范的要求。其能效水平是否符合相关能效标准的规定，是否达到先进水平，是否有国家明令禁止和淘汰的落后设备。

（2）辅助生产和附属生活设施能耗指标的计算是否符合相关标准、规范的要求；相关设施的能效水平是否符合强制性节能标准、规范的要求，是否达到先进水平。

（3）提出项目设备选型方面的意见和建议。

### 5. 节能措施情况

评审节能措施评估情况应从以下几方面进行：

（1）节能技术措施。项目是否针对生产工艺、动力、建筑、给排水、暖通与空调、照明、控制、电气等方面提出具体的、可操作的节能技术措施；节能评估文件应分析节能技术措施是否符合相关政策、法规、标准、规范的要求。

（2）节能管理措施。项目是否按照《用能单位能源计量器具配备与管理通则》（GB 17167）等的要求，编制能源计量器具配备方案；是否按照《能源管理体系要求》（GB/T 23331）、《工业企业能源管理导则》（GB/T 15587）等的要求，提出能源管理体系建设方案，能源管理中心建设以及能源统计、监控等节能管理方面的措施、要求等。

（3）单项节能工程。节能评估文件是否详细论述工艺流程、设备选择、单项节能计算方法、单位节能量造价、投资估算及投资回收期等；单项节能工程的评估方法是否完整，是否对能源进行了充分利用，节能效果及经济效益的评估结果是否准确。

（4）节能措施效果。节能措施效果的测算依据是否准确，测算方法是否适用，测算结果是否正确。

（5）节能措施经济性。是否对节能技术措施和管理措施进行经济性评估；节能措施成本及经济效益的测算依据是否准确，测算方法是否适用；节能措施的经济性是否符合投资项目的经济可行性要求。

（6）提出项目节能措施方面的意见和建议。

## 5.6 专家评审意见要点

专家评审意见主要参照"节能评审要点"。其中,"项目综合能源消费增量及其影响"环节,专家主要负责核算项目年综合能源消费量,核实项目所需能源能否落实,及其对当地能源生产、输送、储运、消费等的影响。"项目能效水平"、"项目建设方案"、"项目用能装置(设备)"、"节能措施情况"环节,专家负责核算具体指标,评审节能评估提出的方案、措施,并提出修改意见及建议等。

专家评审意见表见表 5-2。

**表 5-2**        **专家评审意见表**

(评审侧重点:       )

| 项目名称 | | | |
|---|---|---|---|
| 评审专家 | | 职称/职务 | |
| 专家意见 | 1. 节能评估文件存在问题及修改建议 | | |
| | 2. 核算项目年综合能源消费量、主要能效指标等,判断项目能效水平 | | |
| | 3. 项目建设方案、主要用能工艺、采取的节能措施等的评审意见,以及建设方案调整建议、节能措施补充建议等 | | |
| | 4. 核算项目主要用能装置(设备)、辅助生产和附属生活设施能耗,判断能效水平及是否有国家明令禁止和淘汰的落后设备等 | | |
| | 5. 项目是否按照有关要求编制能源计量器具配备方案,是否提出合理的能源管理体系建设方案及能源统计、监控等节能管理方面措施、要求等 | | |
| | 6. 项目节能或提高能效的其他建议 | | |
| | 专家签字:<br>年 月 日 | | |

## 5.7 评审机构评审要点

评审机构主要依据节能评估报告和专家评审意见，复核项目年综合能源消费量，定量测算项目对所在地能源消费增量、万元单位国内生产总值能耗下降目标等的影响，评审项目主要能效指标、主要用能装置（设备）等的能效水平，指出节能评估文件存在的问题，提出补充建议及修改意见等。

评审机构评审意见内容框架如下。

**评审意见格式（示例）**

1 评审过程

2 项目概况

3 项目综合能源消费增量及其影响

    3.1 项目所在地能源消费增量及节能控制目标

    3.2 项目能源消费增量及其影响

    3.3 项目对所在地完成节能目标的影响

    3.4 项目所需能源落实情况

4 项目能效水平评价

5 项目主要生产工艺

6 项目主要用能设备（装置）

7 主要节能措施

    7.1 节能评估阶段提出的节能措施

    7.2 节能评审阶段提出的节能措施

    7.3 节能措施效果及经济性评估

8 评审结论及建议

附录：一、专家组名单

      二、专家组评审意见

## 5.8 项目资料及总结分析

及时对项目评审资料进行立卷归档，将项目评审信息录入项目信息库，定期汇总分析评审项目情况。

# 复习思考题

**一、单项选择题**（在备选答案中选择 1 个最佳答案，并把它的标号写在括号内）

《固定资产投资项目节能评估和审查暂行办法》规定，节能评估工作应包括节能评估和节能审查两道重要环节，节能评审属（　　　）。

A. 项目后期环节　　　B. 节能审查环节　　　C. 节能评估环节　　　D. 项目前期环节

**二、多项选择题**（在备选答案中有 2～5 个是正确的，将其全部选出并将它们的标号写在括号内，选错、漏选和不选均不得分）

评审节能措施评估情况应从（　　　）方面进行。

A. 节能技术措施　　　B. 节能管理措施　　　C. 单项节能工程　　　D. 节能措施效果

E、节能措施经济性

**三、简答题**

节能评审的原则包括哪些？

**四、论述题**

简述申请节能评估项目评审时应提交哪些材料。

# 附录一

## 固定资产投资项目节能评估和审查暂行办法

国家发展和改革委员会令第 6 号

### 第一章　总　　则

**第一条**　为加强固定资产投资项目节能管理，促进科学合理利用能源，从源头上杜绝能源浪费，提高能源利用效率，根据《中华人民共和国节约能源法》和《国务院关于加强节能工作的决定》，制定本办法。

**第二条**　本办法适用于各级人民政府发展改革部门管理的在我国境内建设的固定资产投资项目。

**第三条**　本办法所称节能评估，是指根据节能法规、标准，对固定资产投资项目的能源利用是否科学合理进行分析评估，并编制节能评估报告书、节能评估报告表（以下统称节能评估文件）或填写节能登记表的行为。

本办法所称节能审查，是指根据节能法规、标准，对项目节能评估文件进行审查并形成审查意见，或对节能登记表进行登记备案的行为。

**第四条**　固定资产投资项目节能评估文件及其审查意见、节能登记表及其登记备案意见，作为项目审批、核准或开工建设的前置性条件以及项目设计、施工和竣工验收的重要依据。

未按本办法规定进行节能审查，或节能审查未获通过的固定资产投资项目，项目审批、核准机关不得审批、核准，建设单位不得开工建设，已经建成的不得投入生产、使用。

### 第二章　节能评估

**第五条**　固定资产投资项目节能评估按照项目建成投产后年能源消费量实行分类管理。

（一）年综合能源消费量 3 000 吨标准煤以上（含 3 000 吨标准煤，电力折算系数按当量值，下同），或年电力消费量 500 万千瓦时以上，或年石油消费量 1 000 吨以上，或年天然气消费量 100 万立方米以上的固定资产投资项目，应单独编制节能评估报告书。

（二）年综合能源消费量 1 000 至 3 000 吨标准煤（不含 3 000 吨，下同），或年电力消费量 200 万至 500 万千瓦时，或年石油消费量 500 至 1 000 吨，或年天然气消费量 50 万至 100 万立方米的固定资产投资项目，应单独编制节能评估报告表。

上述条款以外的项目，应填写节能登记表。

第六条 固定资产投资项目节能评估报告书应包括下列内容：

（一）评估依据；

（二）项目概况；

（三）能源供应情况评估，包括项目所在地能源资源条件以及项目对所在地能源消费的影响评估；

（四）项目建设方案节能评估，包括项目选址、总平面布置、生产工艺、用能工艺和用能设备等方面的节能评估；

（五）项目能源消耗和能效水平评估，包括能源消费量、能源消费结构、能源利用效率等方面的分析评估；

（六）节能措施评估，包括技术措施和管理措施评估；

（七）存在问题及建议；

（八）结论。

节能评估文件和节能登记表应按照本办法附件要求的内容深度和格式编制。

第七条 固定资产投资项目建设单位应委托有能力的机构编制节能评估文件。项目建设单位可自行填写节能登记表。

第八条 固定资产投资项目节能评估文件的编制费用执行国家有关规定，列入项目概预算。

## 第三章 节能审查

第九条 固定资产投资项目节能审查按照项目管理权限实行分级管理。由国家发展改革委核报国务院审批或核准的项目以及由国家发展改革委审批或核准的项目，其节能审查由国家发展改革委负责；由地方人民政府发展改革部门审批、核准、备案或核报本级人民政府审批、核准的项目，其节能审查由地方人民政府发展改革部门负责。

第十条 按照有关规定实行审批或核准制的固定资产投资项目，建设单位应在报送可行性研究报告或项目申请报告时，一同报送节能评估文件提请审查或报送节能登记表进行登记备案。

按照省级人民政府有关规定实行备案制的固定资产投资项目，按照项目所在地省级人民政府有关规定进行节能评估和审查。

第十一条 节能审查机关收到项目节能评估文件后，要委托有关机构进行评审，形成评审意见，作为节能审查的重要依据。

接受委托的评审机构应在节能审查机关规定的时间内提出评审意见。评审机构在进行评审时，可以要求项目建设单位就有关问题进行说明或补充材料。

第十二条 固定资产投资项目节能评估文件评审费用应由节能审查机关的同级财政安排，标准按照国家有关规定执行。

第十三条 节能审查机关主要依据以下条件对项目节能评估文件进行审查：

（一）节能评估依据的法律、法规、标准、规范、政策等准确适用；

（二）节能评估文件的内容深度符合要求；

（三）项目用能分析客观准确，评估方法科学，评估结论正确；

（四）节能评估文件提出的措施建议合理可行。

**第十四条** 节能审查机关应在收到固定资产投资项目节能评估报告书后 15 个工作日内、收到节能评估报告表后 10 个工作日内形成节能审查意见，应在收到节能登记表后 5 个工作日内予以登记备案。

节能评估文件委托评审的时间不计算在前款规定的审查期限内，节能审查（包括委托评审）的时间不得超过项目审批或核准时限。

**第十五条** 固定资产投资项目的节能审查意见，与项目审批或核准文件一同印发。

**第十六条** 固定资产投资项目如申请重新审批、核准或申请核准文件延期，应一同重新进行节能审查或节能审查意见延期审核。

### 第四章 监管和处罚

**第十七条** 在固定资产投资项目设计、施工及投入使用过程中，节能审查机关负责对节能评估文件及其节能审查意见、节能登记表及其登记备案意见的落实情况进行监督检查。

**第十八条** 建设单位以拆分项目、提供虚假材料等不正当手段通过节能审查的，由节能审查机关撤销对项目的节能审查意见或节能登记备案意见，由项目审批、核准机关撤销对项目的审批或核准。

**第十九条** 节能评估文件编制机构弄虚作假，导致节能评估文件内容失实的，由节能审查机关责令改正，并依法予以处罚。

**第二十条** 负责节能评审、审查、验收的工作人员徇私舞弊、滥用职权、玩忽职守，导致评审结论严重失实或违规通过节能审查的，依法给予行政处分；构成犯罪的，依法追究刑事责任。

**第二十一条** 负责项目审批或核准的工作人员，对未进行节能审查或节能审查未获通过的固定资产投资项目，违反本办法规定擅自审批或核准的，依法给予行政处分；构成犯罪的，依法追究刑事责任。

**第二十二条** 对未按本办法规定进行节能评估和审查，或节能审查未获通过，擅自开工建设或擅自投入生产、使用的固定资产投资项目，由节能审查机关责令停止建设或停止生产、使用，限期改造；不能改造或逾期不改造的生产性项目，由节能审查机关报请本级人民政府按照国务院规定的权限责令关闭；并依法追究有关责任人的责任。

### 第五章 附 则

**第二十三条** 省级人民政府发展改革部门，可根据《中华人民共和国节约能源法》、《国务院关于加强节能工作的决定》和本办法，制定具体实施办法。

**第二十四条** 本办法由国家发展和改革委员会负责解释。

**第二十五条** 本办法自 2010 年 11 月 1 日起施行。

**附件 1:**

## 固定资产投资项目节能评估报告书内容深度要求

### 一、评估依据

相关法律、法规、规划、行业准入条件、产业政策，相关标准及规范，节能技术、产品推荐目录，国家明令淘汰的用能产品、设备、生产工艺等目录，以及相关工程资料和技术合同等。

### 二、项目概况

（一）建设单位基本情况。建设单位名称、性质、地址、邮编、法人代表、项目联系人及联系方式，企业运营总体情况。

（二）项目基本情况。项目名称、建设地点、项目性质、建设规模及内容、项目工艺方案、总平面布置、主要经济技术指标、项目进度计划等（改、扩建项目需对项目原基本情况进行说明）。

（三）项目用能概况。主要供、用能系统与设备的初步选择，能源消耗种类、数量及能源使用分布情况（改、扩建项目需对项目原用能情况及存在的问题进行说明）。

### 三、能源供应情况分析评估

（一）项目所在地能源供应条件及消费情况。

（二）项目能源消费对当地能源消费的影响。

### 四、项目建设方案节能评估

（一）项目选址、总平面布置对能源消费的影响。

（二）项目工艺流程、技术方案对能源消费的影响。

（三）主要用能工艺和工序，及其能耗指标和能效水平。

（四）主要耗能设备，及其能耗指标和能效水平。

（五）辅助生产和附属生产设施及其能耗指标和能效水平。

### 五、项目能源消耗及能效水平评估

（一）项目能源消费种类、来源及消费量分析评估。

（二）能源加工、转换、利用情况（可采用能量平衡表）分析评估。

（三）能效水平分析评估。包括单位产品（产值）综合能耗、可比能耗，主要工序（艺）单耗，单位建筑面积分品种实物能耗和综合能耗，单位投资能耗等。

### 六、节能措施评估

（一）节能措施

1. 节能技术措施。生产工艺、动力、建筑、给排水、暖通与空调、照明、控制、电气等方面的节能技术措施，包括节能新技术、新工艺、新设备应用，余热、余压、可燃气体回收利用，建筑围护结构及保温隔热措施，资源综合利用，新能源和可再生能源利用等。

2. 节能管理措施。节能管理制度和措施，能源管理机构及人员配备，能源统计、监测及计量仪器仪表配置等。

（二）单项节能工程

未纳入建设项目主导工艺流程和拟分期建设的节能工程，详细论述工艺流程、设备选型、单项工程节能量计算、单位节能量投资、投资估算及投资回收期等。

（三）节能措施效果评估

节能措施节能量测算，单位产品（建筑面积）能耗、主要工序（艺）能耗、单位投资能耗等指标国际国内对比分析，设计指标是否达到同行业国内先进水平或国际先进水平。

（四）节能措施经济性评估

节能技术和管理措施的成本及经济效益测算和评估。

**七、存在问题及建议**

**八、结论**

**九、附图、附表**

厂（场）区总平面图、车间工艺平面布置图；主要耗能设备一览表；主要能源和耗能工质品种及年需求量表；能量平衡表等。


附件2：

项目编号：_____



# 固定资产投资项目节能评估报告表



项目名称：_____

建设单位：_____（盖章）

编制单位：_____（盖章）

年　月　日

| 项目名称 | | | | |
|---|---|---|---|---|
| 建设单位 | | | | |
| 法人代表 | | 联系人 | | |
| 通讯地址 | 省（自治区、直辖市）　　市（县） | | | |
| 联系电话 | | 传真 | 邮政编码 | |
| 建设地点 | | | | |
| 项目投资管理类别 | 审批□ | 核准□ | | 备案□ |
| 项目所属行业 | | | | |
| 建设性质 | 新建□　改建□　扩建□ | 项目总投资 | | |

**工程建设内容及规模**

**项目主要耗能品种及耗能量**

| 节能评估依据 | 相关法律、法规等 |
|---|---|
| | 行业与区域规划、行业准入与产业政策等 |
| | 相关标准与规范等 |

| 能源供应情况分析评估 | 项目建设地概况及能源消费情况（单位地区生产总值能耗、单位工业增加值能耗、水耗、单位建筑面积能耗、节能目标等） |
|---|---|
| | 项目所在地能源资源供应条件 |
| | 项目对当地能源消费的影响 |

| | |
|---|---|
| 项目用能情况分析评估 | 工艺流程与技术方案（对于改扩建项目，应对原有工艺、技术方案进行说明）对能源消费的影响 |
| | 主要耗能工序及其能耗指标 |
| | 主要耗能设备及其能耗指标 |
| | 辅助生产和附属生产设施及其能耗指标 |
| | 总体能耗指标（单位产品能耗、主要工序单耗、单位建筑面积能耗、单位产值或增加值能耗等） |
| 节能措施评估 | 节能技术措施分析评估（生产工艺、动力、建筑、给排水、暖通与空调、照明、控制、电气等方面的节能技术措施） |
| | 节能管理措施分析评估（节能管理制度和措施，能源管理机构及人员配备，能源计量器具配备，能源统计、监测措施等） |
| 结论与建议 | |

**附件 3：**

# 固定资产投资项目节能登记表

项目编号：

项目名称：  填表日期：  年 月 日

<table>
<tr><td rowspan="9">项目概况</td><td>项目建设单位</td><td colspan="2">（盖章）</td><td>单位负责人</td><td></td></tr>
<tr><td>通讯地址</td><td colspan="2"></td><td>负责人电话</td><td></td></tr>
<tr><td>建设地点</td><td colspan="2"></td><td>邮编</td><td></td></tr>
<tr><td>联系人</td><td colspan="2"></td><td>联系人电话</td><td></td></tr>
<tr><td>项目性质</td><td colspan="2">□新建　□改建　□扩建</td><td>项目总投资</td><td>万元</td></tr>
<tr><td>投资管理类别</td><td>审批□</td><td>核准□</td><td colspan="2">备案□</td></tr>
<tr><td>项目所属行业</td><td colspan="2"></td><td>建筑面积（m²）</td><td></td></tr>
<tr><td>建设规模及<br>主要内容</td><td colspan="4"></td></tr>
</table>

<table>
<tr><td rowspan="17">年耗能量</td><td>能源种类</td><td>计量单位</td><td>年需要实物量</td><td>参考折标系数</td><td>年耗能量（吨标准煤）</td></tr>
<tr><td></td><td></td><td></td><td></td><td></td></tr>
<tr><td></td><td></td><td></td><td></td><td></td></tr>
<tr><td></td><td></td><td></td><td></td><td></td></tr>
<tr><td></td><td></td><td></td><td></td><td></td></tr>
<tr><td></td><td></td><td></td><td></td><td></td></tr>
<tr><td></td><td></td><td></td><td></td><td></td></tr>
<tr><td colspan="4">能源消费总量（吨标准煤）</td><td></td></tr>
<tr><td>耗能工质种类</td><td>计量单位</td><td>年需要实物量</td><td>参考折标系数</td><td>年耗能量（吨标准煤）</td></tr>
<tr><td></td><td></td><td></td><td></td><td></td></tr>
<tr><td></td><td></td><td></td><td></td><td></td></tr>
<tr><td></td><td></td><td></td><td></td><td></td></tr>
<tr><td></td><td></td><td></td><td></td><td></td></tr>
<tr><td colspan="4">耗能工质总量（吨标准煤）</td><td></td></tr>
<tr><td colspan="4">项目年耗能总量（吨标准煤）</td><td></td></tr>
</table>

项目节能措施简述（采用的节能设计标准、规范以及节能新技术、新产品并说明项目能源利用效率）：

其他需要说明的情况：

节能审查登记备案意见：

（签章）
年 月 日

注：各种能源及耗能工质折标准煤参考系数参照《综合能耗计算通则》（**GB/T** 2589）。

# 600MW超临界火电机组节能评估报告范本

## 目　录

第一章　节能评估的主要依据 ·································· 97
　　一、相关法律、法规、规章、规划、产业政策、行业准入条件　97
　　二、行业标准、规范，技术规定和技术导则 ·············· 98
　　三、可行性研究报告、节能评估委托书等其他评估依据 ······ 98
第二章　建设单位及项目概况 ······························ 98
　　一、建设单位基本情况 ································ 98
　　二、项目基本情况 ···································· 99
　　三、项目用能概况 ···································· 109
第三章　能源供应情况分析评估 ···························· 109
　　一、项目使用能源种类及其来源，并对其合理性、可行性分析评价 ·········· 109
　　二、项目使用的各种能源年总消耗量（实物量） ·········· 114
　　三、单项工程能源消耗种类及其年总消耗量 ·············· 135
　　四、水的使用和供应情况 ······························ 135
第四章　项目建设方案节能评估 ···························· 140
　　一、工艺技术选择原则及其主要内容，并对比分析评价 ······ 140
　　二、设备选择原则及其关键设备情况，并对比分析评价 ······ 157
　　三、项目选址、平面布置原则及其主要内容，并对比评价 ···· 161
第五章　项目能源消耗和能效水平评估 ······················ 168
　　一、根据项目能源流向确定项目用能边界、用能工序（单元） ···· 168
　　二、主要用能设备表 ·································· 169
　　三、用能工序能量分析及指标核定 ······················ 171
　　四、单项能源的平衡核定及其使用分布情况 ·············· 173
　　五、项目能量平衡表 ·································· 173
第六章　项目能耗指标及对标分析 ·························· 176
　　一、项目及产品能耗指标核定 ·························· 176
　　二、用水指标 ······································ 179
第七章　节能措施及效果分析 ······························ 180
　　一、节能措施 ······································ 180
　　二、单项节能工程 ·································· 182
　　三、节能措施效果评估 ······························ 182
　　四、节能措施经济性评估 ······························ 184
第八章　存在问题及建议 ·································· 184
　　一、项目存在问题及建议 ······························ 184

　　二、采纳建议后的节能效果 ·················· 186

第九章　评估结论 ······························· 186

　　一、项目符合国家和×××省产业政策 ·············· 186

　　二、项目使用能源及其来源合理性、可行性的评估结论 ·········· 187

　　三、项目采用先进工艺、技术、设备情况及其所处国内国际水平的评估结论 ··· 187

　　四、主要能耗指标达标情况及其所处国际国内水平的评估结论 ········ 187

　　五、总体评估结论 ···························· 187

# 第一章　节能评估的主要依据

**一、相关法律、法规、规章、规划、产业政策、行业准入条件**

1. 《中华人民共和国节约能源法》（中华人民共和国主席令第 77 号）

2. 《中华人民共和国清洁生产促进法》（中华人民共和国主席令第 72 号）

3. 《中华人民共和国可再生能源法》（中华人民共和国主席令第 33 号）

4. 《中华人民共和国建筑法》（中华人民共和国主席令第 91 号）

5. 《中华人民共和国计量法》（中华人民共和国主席令第 28 号）

6. 《中华人民共和国电力法》（中华人民共和国主席令第 60 号）

7. 《清洁生产审核暂行办法》（国家发展和改革委员会、国家环保总局令〔2004〕16 号）

8. 《国家发展和改革委员会关于加强固定资产投资项目节能评估和审查工作的通知》（发改投资〔2006〕2787 号）

9. 《固定资产投资项目节能评估和审查管理办法》（国家发展和改革委员会 2010 年第 6 号令）

10. 《中国节能技术政策大纲》（计交能〔2006〕）

11. 《中国节水技术政策大纲》（国家发展改革委员会 2005〔17〕）

12. 《节能技术推广目录（一、二批）》（国家发展和改革委员会）

13. 《落后机电产品淘汰目录》（工业和信息化部）

14. 《产业结构调整指导目录》（国家发展改革委〔2005〕第 40 号令）

15. 《节能中长期专项规划》（发改环资〔2004〕2505 号）

16. 《关于燃煤项目规划和建设有关要求的通知》（发改能源〔2006〕864 号）

17. 《关于发展热电联产的规定》（计基础〔2000〕1268 号）

18. 《热电联产和煤矸石综合利用发电项目建设管理暂行规定》（发改能源〔2007〕141 号）

19. 《×××省发展和改革委员会关于抓紧开展固定资产投资项目节能评估和审查工作的通知》

20. 《×××省电网"十一五"规划》

**二、行业标准、规范，技术规定和技术导则**

1. 《综合能耗计算通则》（GB/T 2589—2008）

2. 《企业能量平衡通则》（GB/T 3484—2009）

3. 《用能设备能量平衡通则》（GB/T 2587—2008）

4. 《企业节能量计算方法》（GB/T 13234—1991）

5. 《评价企业合理用热技术导则》（GB/T 3486—1993）

6. 《评价企业合理用电技术导则》（GB/T 3485—1998）

7. 《设备热效率计算通则》（GB/T 2588—2000）

8. 《用能单位能源计量器具配备和管理通则》（GB 17167—2006）

9. 《建筑照明设计标准》（GB 50034—2004）

10. 《夏热冬暖地区居住建筑节能设计标准》（JCJ 75—2003）

11. 《建筑给水排水设计规范》（GB 50015—2003）

12. 《室外给水设计规范》（GBJ 13—86）

13. 《企业能量平衡通则》（GB/T 3484—2009）

14. 《企业能流图绘制方法》（GB/T 6421）

15. 《工业与民用配电设计手册》（第三版）

16. 《中小型三相异步电动机能效限定值及节能评价值》（GB 18613—2002）

17. 《三相配电变压器能效限定值及节能评价值》（GB 20052—2006）

18. 《通风机能效限定值及节能评价值》（GB 19761—2005）

19. 《冷水机组能效限定值及能源效率等级》（GB 19577—2004）

20. 《火力发电厂设计技术规程》（DL 5000—2000）

21. 《中华人民共和国工程建设标准强制性条文——电力工程部分》

22. 《中华人民共和国电力行业标准——火力发电厂设计技术规程》及其引用标准

23. 《火力发电厂和变电所照明设计技术规定》（SDGJ 56—1993）

24. 《取水定额 第一部分：火力发电》（GB/T 18916.1—2002）

**三、可行性研究报告、节能评估委托书等其他评估依据**

1. 《热电厂"上大压小"1×600MW 超临界机组工程可行性研究报告》

2. 《节能评估委托书——热电有限公司》

3. 热电有限公司提供相关资料

# 第二章　建设单位及项目概况

**一、建设单位基本情况**

1. 单位名称

2. 企业性质

3. 单位地址

4. 邮政编码

5. 法人代表

6. 项目联系人

7. 电话

8. 传真

9. 建设单位概况（略）

## 二、项目基本情况

1. 项目名称

2. 承建单位

3. 建设地点

4. 项目类型：电力

5. 项目性质

6. 建设规模及内容

规模：建设 1×600MW 超临界燃煤机组。

内容：

（1）热力系统：锅炉采用"∏"型炉，汽轮机选择三缸四排汽超临界汽轮机，采用一机一炉单元制系统；制粉系统采用直吹式；除尘排烟采用电袋复合除尘器；烟囱采用双钢内筒烟囱，高度为240m。主厂房顺列布置，结构形式为钢筋混凝土结构。

（2）燃料供应系统：新建条形煤场，采用"C"型转子式单车翻车机系统，皮带输煤。

（3）除灰系统：采用气力干除灰和机械干除渣的方式，粗细分排；灰渣厂外综合利用。

（4）水处理系统：设置锅炉补给水处理系统、凝结水精处理系统、汽水取样分析系统、化学加药系统和循环水加药系统。

（5）供水系统：采用二次循环供水，新建 1 座自然通风冷却塔和 1 座循环水泵房。

（6）电气系统：机组以发电机—双卷变压器单元接线形式接入 220kV 配电装置，220kV 配电装置采用屋内式 GIS；拆除原 110kV 配电装置。

（7）热工控制系统：机、炉、电采用一体化 DCS 控制方式，扩建原有 MIS 及 SIS 系统。

（8）地基处理：根据地质情况不同，分别采用冲孔灌注桩、换填中粗砂。

（9）脱硫系统：配套建设石灰石—石膏湿法烟气脱硫系统。

（10）脱硝系统：同步建设烟气脱硝系统。

（11）其他：

7. 项目投资及资金来源情况

投资：本项目总投资____万元，其中建设工程费____万元，设备购置费____万元，安装工程费____万元，其他费用____万元，建设期贷款利息____万元。

表2-1　　　　　　　　　　　　总投资估算表

金额单位：万元

| 序号 | 工程或费用名称 | 建筑工程费 | 设备购置费 | 安装工程费 | 其他费用 | 合计 | 各项占静态投资比例（%） | 单位投资（元/kW） |
|---|---|---|---|---|---|---|---|---|
| 一 | 主辅生产工程 | | | | | | | |
| （一） | 热力系统 | | | | | | | |
| （二） | 燃料供应系统 | | | | | | | |
| （三） | 除灰系统 | | | | | | | |
| （四） | 水处理系统 | | | | | | | |
| （五） | 供水系统 | | | | | | | |
| （六） | 电气系统 | | | | | | | |
| （七） | 热工控制系统 | | | | | | | |
| （八） | 附属生产工程 | | | | | | | |
| （九） | 脱硫装置系统 | | | | | | | |
| （十） | 脱硝装置系统 | | | | | | | |
| | 小计 | | | | | | | |
| 二 | 与厂址有关的单项工程 | | | | | | | |
| （一） | 交通运输工程 | | | | | | | |
| （二） | 补给水工程 | | | | | | | |
| （三） | 地基处理工程 | | | | | | | |
| （四） | 厂区、施工区土石方工程 | | | | | | | |
| （五） | 临时工程 | | | | | | | |
| | 小计 | | | | | | | |
| 三 | 编制年价差 | | | | | | | |
| 四 | 其他费用 | | | | | | | |
| （一） | 建设场地征用及清理费 | | | | | | | |
| （二） | 项目建设管理费 | | | | | | | |
| （三） | 项目建设技术服务费 | | | | | | | |
| （四） | 整套启动调试运费 | | | | | | | |
| （五） | 生产准备费 | | | | | | | |
| （六） | 大件措施费 | | | | | | | |
| （七） | 基本预备费 | | | | | | | |
| | 小计 | | | | | | | |
| 五 | 特殊项目 | | | | | | | |
| | 工程静态投资 | | | | | | | |
| | 各项占静态投资的比例（%） | | | | | | | |
| | 各项静态单位投资（元/kW） | | | | | | | |
| 六 | 动态费用 | | | | | | | |
| （一） | 价差预备费 | | | | | | | |
| （二） | 建设期贷款利息 | | | | | | | |
| | 小计 | | | | | | | |
| | 工程动态投资 | | | | | | | |

续表

| 序号 | 工程或<br>费用名称 | 建筑<br>工程费 | 设备<br>购置费 | 安装<br>工程费 | 其他<br>费用 | 合计 | 各项占静态<br>投资比例（%） | 单位投资<br>（元/kW） |
|---|---|---|---|---|---|---|---|---|
| | 各项占动态投资的比例（%） | | | | | | | |
| | 各项动态单位投资（元/kW） | | | | | | | |
| 七 | 购买小火电容量费 | | | | | | | |
| 八 | 项目总投资 | | | | | | | |

## 8. 项目主要经济技术指标

表 2-2　　　　　　　　　　项目主要技术经济指标一览表

| 序号 | 项　目 | 单位 | 指标 | 备注 |
|---|---|---|---|---|
| 1 | 建设规模 | | | |
| | 机组容量 | MW | 600 | |
| | 达产年发电量 | Gkwh | 3211.065 | |
| | 达产年供电量 | Gkwh | 3056.61 | |
| | 达产年供热量 | 万 GJ | 260.49 | |
| 2 | 主要原辅材料 | | | |
| | 原煤 | 万 t/a | 134.00 | |
| | 柴油 | t/a | 1016.62 | |
| | 石灰石 | 万 t/a | 3.47 | |
| | 液氨 | t/a | 1100.00 | |
| 3 | 工作制度 | | | |
| | 全厂年工作时间 | h/d/a | 8/3/300 | |
| | 机组年运行时间 | h/a | 5500 | |
| 4 | 主要燃料及动力消耗 | | | |
| | 原煤 | 万 t/a | 134.00 | |
| | 柴油 | t/a | 1016.62 | |
| | 水 | 万 t/a | 912.86 | |
| 5 | 项目用地情况 | | | |
| | 项目占地面积 | 万 m² | 14.20 | |
| | 建构筑面积 | 万 m² | 7.10 | |
| | 采暖面积 | m² | 0 | |
| | 绿化面积 | 万 m² | | |
| | 单位容量用地面积 | m²/kw | 0.237 | |
| 6 | 劳动定员 | | | |
| | 总定员 | 人 | | |
| | 生产工人 | 人 | | |
| | 管理人员 | 人 | | |

续表

| 序号 | 项目 | | 单位 | 指标 | 备注 |
|---|---|---|---|---|---|
| 7 | 综合能耗（当量值） | | tce | 512197.73 | |
| | 投入 | 原煤 | tce | 975252 | 976733.32 |
| | | 柴油 | tce | 1481.32 | |
| | | 水 | tce | — | |
| | 产出 | 热能 | tce | 88877.88 | 464535.59 |
| | | 电能 | tce | 375657.71 | |
| 8 | 财务评价指标 | | | | |
| | 项目总投资 | | 万元 | 256047 | |
| | 建设投资 | | 万元 | 251986 | |
| | 购买小火电容量费 | | 万元 | 4061 | |
| | 发电单位生产成本 | | 元/Mwh | 297.38 | |
| | 供热单位生产成本 | | 元/GJ | 35.23 | |
| | 上网电价（不含税） | | 元/Mwh | 337.65 | |
| | 上网电价（含税） | | 元/Mwh | 394.75 | |
| | 供热价格（不含税） | | 元/GJ | 45.00 | |
| | 供热价格（含税） | | 元/GJ | 50.83 | |
| | 电厂运营期 | | a | 20 | |
| | 全部投资 内部收益率 | | % | 6.88 | |
| | 财务净现值 | | 万元 | 1547.94 | |
| | 投资回收期 | | 年 | 12.80 | |
| | 项目资本金内部收益率 | | % | 9.53 | |
| | 财务净现值 | | 万元 | 20123 | |
| | 投资回收期 | | 年 | 14.44 | |
| | 投资方内部收益率 | | % | 8 | |
| | 财务净现值 | | 万元 | 9607 | |
| | 投资回收期 | | 年 | 18.26 | |
| | 资本金净利润率 | | % | 13.61 | |
| | 总投资收益率 | | % | 5.71 | |

表 2-3　　　　　　　　　项目主要能耗指标一览表

| 指标 | | 单位 | 数量 |
|---|---|---|---|
| 项目工业产值（2005年可比价） | | 万元/年 | 110388.68 |
| 项目工业增加值（2005年可比价） | | 万元/年 | 54089.98 |
| 项目能源消费 | 等价值 | tce/年 | 977558.74 |
| | 当量值 | tce/年 | 976733.32 |
| 单项能耗指标 | 发电标准煤耗 | gce/kwh | 274.22 |
| | 供电标准煤耗 | gce/kwh | 291.38 |
| | 供热标准煤耗 | kgce/GJ | 36.93 |
| 百万千瓦用水量 | | m³/s.G | 0.768 |
| 项目单位工业产值能耗当量值（折2005年可比价计算） | | tce/万元 | 4.47 |
| 项目单位工业增加值能耗当量值（折2005年可比价计算） | | tce/万元 | 9.12 |

续表

| 指　　标 | | 单位 | 数量 |
|---|---|---|---|
| 项目能源利用率 | | % | 48.94 |
| 项目能量利用率 | | % | 48.98 |
| 变压器损耗率 | | % | 0.20 |
| 总线损率 | | % | 1.23 |
| 余热回收率 | | % | 100 |
| 循环水重复利用率 | | % | 98.14 |
| 回用水率 | | % | 17.92 |
| 节能量 | | tce/a | 237040.82 |
| 建筑面积能耗 | 能耗（等价值） | tce/m$^2$ | 0.009 |
| | 能耗（当量值） | tce/m$^2$ | 0.003 |

9. 项目进度计划

本项目规划建设 1×600MW 机组。

根据投资方的计划和建设条件，本期工程计划 2012 年投产。

本工程项目的设计工作进度：

表 2－4　　　　　　　　　　　项目实施进度表

| 项目内容 ＼ 年份 | 2008 年 1—12 月 | 2009 年 1—12 月 | 2010 年 1—12 月 | 2011 年 1—12 月 | 2012 年 1—12 月 |
|---|---|---|---|---|---|
| 可研编制、审查、核准申报 | | | | | |
| 初步设计及审查 | | | | | |
| 施工图设计 | | | | | |
| 开工建设 | | | | | |
| 试运转 | | | | | |

10. 原料质量指标

（1）原煤质量：本项目用原煤按照《煤炭质量分级》（GB/T 15224—2004）进行分析。采用烟煤，是三低一高（低灰、特低磷、特低硫，高发热量）的优质动力煤。

主要成分分析如下：

表 2－5　　　　　　　　　　　原煤成分与特性

| 序号 | 项　　目 | 符号 | 单位 | 设计煤种 | 校核煤种 |
|---|---|---|---|---|---|
| | 燃料品种 | | | | 目前用煤 |
| 一 | 工业分析 | | | | |
| 1 | 收到基全水分 | Mar | % | 16 | 12.7 |
| 2 | 空干基水分 | Mad | % | 4.25 | 2.75 |
| 3 | 收到基灰分 | Aar | % | 11.78 | 20.56 |
| 4 | 空干基灰分 | Aad | % | 13.43 | 22.90 |
| 5 | 空干基挥发分 | Vad | % | 23.44 | 21.35 |
| 6 | 干燥无灰基挥发分 | Vdaf | % | 28.47 | 28.72 |
| 7 | 收到基低位发热量 | Qnet.ar | MJ/kg | 21.33 | 18.82 |
| | | Qnet.ar | kcal/kg | 5094.33 | 4494.87 |

续表

| 序号 | 项　目 | 符号 | 单位 | 设计煤种 | 校核煤种 |
|---|---|---|---|---|---|
| 二 | 元素分析 | | | | |
| 1 | 收到基碳 | Car | % | 56.36 | 46.68 |
| 2 | 收到基氢 | Har | % | 3.60 | 4.62 |
| 3 | 收到基氧 | Oar | % | 10.6 | 13.95 |
| 4 | 收到基氮 | Nar | % | 0.97 | 0.80 |
| 5 | 收到基硫 | St, ar | % | 0.69 | 0.68 |
| 6 | 可磨指数 | | | | |
| 7 | 哈氏可磨指数 | HGI | / | 50 | 50 |
| 三 | 磨损指数 | Ke | / | 1.98 | |
| 四 | 灰熔融性 | | | | |
| 五 | 灰变形温度 | DT | ℃ | 1135 | 1130 |
| 六 | 灰软化温度 | ST | ℃ | 1150 | 1155 |
| 七 | 灰半球温度 | HT | ℃ | 1260 | 1280 |
| 八 | 灰流动温度 | FT | ℃ | 1300 | 1350 |

（2）柴油质量：项目助燃用0#柴油按照相关规范进行分析。指标如下：

表 2 - 6　　　　　　　　　　　　0#柴油规范指标

| 项　目 | 单位 | 数据 |
|---|---|---|
| 水分 | % | 痕迹 |
| 灰分 | % | ≤0.01 |
| 硫分 | % | ≤0.5 |
| 机械杂质 | % | 无 |
| 实际胶质 | mg/L | 无 |
| 十六烷值 | | >45 |
| 闭口闪点 | °C | ≥55 |
| 凝点 | °C | ≤0 |
| 运动粘度（20°C 时） | mm2/s | 3.0 ~ 8.0 |
| 恩氏粘度（20°C 时） | °E | 1.20 ~ 1.67 |
| 10% 蒸发物残碳 | % | ≤0.3 |
| 酸度 | mgKOH/L | 70 |
| 20°C 比重 | kg/m3 | 820 ~ 850 |
| 低位发热量 | kJ/kg | 42600 |

（3）热力产品质量：本项目热力产品质量及分级执行电力行业标准 DL/T 891—2004。

11. 项目改扩建前后基本情况

本报告仅对已拆除机组进行简单叙述，对目前厂内现存机组、设施及厂区布置和工艺进行主要特征性叙述。

（1）原有机组及扩建机组（略）。

本期 1×600MW 燃煤机组为#7 机组，以及规划预留的 1×600MW 燃煤机组（#8 机组）均采用超临界机组。采用东方锅炉厂生产的超临界变压运行直流炉、一次中间再热、前后墙对冲燃烧方式、单炉膛、平衡通风、露天布置、固态排渣、全钢结构、全悬吊结构Ⅱ型锅炉。汽轮机型式为：冲动式、超临界、一次中间再热、三缸（1×高中压缸+2×低压缸）四排汽、单轴、双背压抽汽凝汽式。发电机采用东方电机厂生产的产品，水氢氢冷汽轮发电机，自并励静止励磁。

（2）原有变压器情况（略）。

（3）原有电气系统（略）。

本期1×600MW超临界机组在已拆除机组的位置上建设，并配合新上机组改造电厂升压站。由于电厂原有公用负荷——化学水处理、办公楼、净水站、制氢站、点火油泵房等均由旧机组供电。因此本期工程除新上机组配套的电气系统以外，还要考虑老厂的电气系统的改造。

本期利用原有4回220KV出线，不新增出线，但220KV线路需进行改造。

（4）原有及扩建供热系统。

本期#7机组1×600MW抽凝汽式机组建成后，拟扩建两路蒸汽管网至热用户，第一路干管管径为DN300的中压供汽管网，第二路干管管径为DN500的低压供汽管网。

（5）原有及扩建厂区总体布置。

原电厂采用常规两列布置，主厂房布置在厂区中部，固定端在东，由东向西依次布置机组。主厂房的东面是电厂的综合楼、食堂和辅助生产建筑区（包括化水楼、制氢站、仓库等）。主厂房的北面是电厂的油罐区和水煤浆灌区。主厂房西面是电厂的储煤场。主厂房西南面是冷却塔区，共有四个冷却塔。主厂房的南面是电厂的配电装置区（包括110kV配电装置和220kV配电装置），全厂向南出线。储灰场位于电厂东北方向，距电厂直线距离约7km。电厂南面有净水站，补给水经预处理后由钢管引至厂区内的补水池。整个厂区现状占地约35.9hm$^2$。

电厂竖向采用台阶式布置，主厂房区和附属建筑区场地标高为31.35m，油罐区场地标高为33.0m，水煤浆罐区场地标高为35.4m，储煤场区场地标高为32.0m，冷却塔区场地标高为30.0m，配电装置区场地标高为34.5m。

本期规划1×600MW燃煤机组，布置场地在旧机组主厂房和整个油罐区、水煤浆罐区及制浆车间、部分冷却塔及烟囱等区域，场地标高31.35m左右。并在此区域内预留扩建一台同类型机组的主厂房场地。

（6）原有及扩建燃煤、辅助材料及运输情况。

原有机组燃煤厂外采用铁路和水路运输，燃煤经茂石化的铁路工业编组站由厂区的西面进入厂区（电厂距茂石化的铁路工业编组站1.5km），然后由输煤栈桥运输送至除氧煤仓间。

原有厂内卸车设施：电厂运煤列车整列40节车皮，每节车皮载重60t。在×××石化厂编组站进行编组解列，由调度机车头将煤车顶推到电厂铁路卸车线。厂编组站有二条铁路专用线接至电厂卸车线，二股铁路线一次共可同时停放40节车皮，每股停放20节车皮。

电厂内二股铁路线分为三段，第一段 150m 为卸车线，下面布置双侧缝隙煤槽，主要用于卸煤；第二段 150m 为重车停车线，主要用于未卸煤列车的重车停放；第三段 150m 为原制浆精煤卸车段。

缝隙煤槽上方共布置有三台桥式螺旋卸车机，每台卸车机出力为 360t/h。卸车线的下方设置有双侧缝隙煤槽，缝隙煤槽底部布置有双路带式输送机，带宽 B = 1000mm，出力 Q = 600t/h，每条带式输送机配置二台门式叶轮给煤机，每台给煤机出力为 600t/h。

原有厂内带式输送系统：厂内运煤系统设为双路布置，一路运行，一路备用，并且亦具备双路同时运行的条件。

原有厂内储煤场及设备：三个露天储煤场，煤堆堆高 12m，其中一号、三号煤场分别可储存煤量 15000t；二号煤场可储存煤量 27000t，总储煤量为 57000t。

煤场设备为二台悬臂长为 25m 的悬臂式斗轮堆取料机，斗轮堆取料机为通过式布置，其堆料出力为 600t/h，取料出力为 400t/h。另外，在煤场还配有 3 台 TY220 型推煤机作为煤场辅助作业设备。

本期工程燃煤采用 × 烟煤，校核煤种为目前机组用煤。设计用煤量为 127.89 万吨。本期工程用煤由铁路运输至秦皇岛或黄骅港，通过海上运输到湛江港，再通过铁路运输至电厂。利用电厂原有卸煤铁路线及增加储煤场和干煤棚。

原有烟气脱硫用石灰石粉，产出石膏等辅助材料通过厂区西南侧的陈新路公路运输进、出电厂。

由于本期工程同步建设烟气脱硝装置，除烟气脱硫用石灰石粉个，还需用液氨，同时产出石膏仍按原有运输形式进出电厂。厂外公路按电厂原规划，本期不进行改造。

（7）原有及扩建除渣除灰系统及储灰场情况。

除灰均采用正压气力输灰工艺。

×××热电厂北排土场储灰场位于电厂东北方向、油页岩矿北排土场处，距电厂直线距离约 7km，有现成运灰道路通往灰场。

该灰场建于上个世纪 90 年代，利用北排土场的低洼地，四周筑土堤而成，灰场底部已铺防渗土工膜，已满足环保灰水防渗的要求。灰场占地约 42.4 公顷，土堤高 11m，容积约 $466.4 \times 10^4 m^3$，作为热电厂的备用灰场。由于当地灰渣综合利用率达 100%，该灰场目前无灰可堆，灰场仍空置。

本期工程除灰渣系统采用灰渣分除、干式除渣、正压气力除灰工艺，本期灰渣及石子煤量约 $16.47 \times 10^4 t$，脱硫石膏量 $4.54 \times 10^4 t$，不考虑综合利用时，北排土场灰场可供 $1 \times 600MW$ 机组贮灰约 19.75 年。所以本期工程不需新建灰场。

（8）原有及扩建燃烧制粉系统。

原有机组采用中速磨煤机正压直吹制粉系统，其中 4 台运行，1 台备用。锅炉燃用设计煤种煤粉细度 R90 = 18.14%，

本 ZGM113 ~ Ⅲ型磨期工程制粉采用中速磨正压冷一次风机直吹式制粉系统。配备 6

台煤机，其中5台运行，1台备用。

（9）原有及扩建脱硫脱硝系统。

企业原有机组均有脱硫系统，均为石灰石制浆湿法脱硫工艺。

本期机组同步建设脱硫脱硝系统。脱硫仍采用湿法石灰石制浆脱硫工艺，保证脱硫效率不低于91%。本期脱硫脱硝按一台600MW机组，100%烟气脱硫脱硝建设，但是公用系统按2台600MW统一规划。

（10）原有及扩建取水情况。

企业原有生活用水取自市政自来水，生产用水取自工业渠。

已建成的净水站，现有处理能力为4000 m³/h。

净水站建有取水泵房一座，内设置水泵三台，单泵流量为及1450m³/h，扬程16～10m。同时建有四个处理量均为1000 m³/h斜管预处理池。经预处理后的清水通过2×D$_N$1000输水钢管（一用一备）自流引至厂区，已建1×D$_N$1000补给水管线长约1500m，全线沿早期电厂进水明渠地面敷设至厂内。

根据工业渠水质情况，补给水进入净化站的澄清预处理装置，经过澄清处理后的水，大部分直接补给冷却塔，另一小部分经过滤处理后进入清水池、综合给水泵房，为工业用水和消防用水等提供服务。

本期工程生活用水仍然为市政自来水，生产用水来源于工业渠。补充水量初步的设计约为1627m³/h，现有净水站规模能满足本期工程总用水的初步净化要求。

（11）原有及扩建化学水处理系统。

锅炉补给水处理系统：原有机组分别为超高压和亚临界机组，锅炉补给水处理工艺为：高效纤维过滤+一级除盐+混床。详细流程如下：

工业河来水→补水泵→斜管沉淀池→生水泵→无阀滤池→清水箱→清水泵→高效纤维过滤器→阳离子交换器→除碳器→中间水箱→中间水泵→阴离子交换器→混合离子交换器→除盐水箱→除盐水泵→主厂房。

表2－7　　　　　　　　　原有化水主要设备

| 序号 | 设备名称 | 设备规范 | 单位 | 数量 | 备注 |
|---|---|---|---|---|---|
| 1 | 补水泵 | Q = 1450m³/h　P = 0.14MPa | 台 | 3 | |
| 2 | 斜管沉淀池 | V = 1240 m³　Q = 1000m³/h | 台 | 4 | |
| 3 | 无阀滤池 | Q = 200m³/h | 台 | 3 | |
| 4 | #1、2 清水泵 | Q = 170m³/h　P = 0.476MPa | 台 | 2 | |
| 5 | #3 清水泵 | Q = 216 – 355m3/h　P = 0.49 – 0.676MPa | 台 | 1 | |
| 6 | 高效纤维过滤器 | Φ2500　S = 4.9 ㎡<br>Q = 172m³/h　P = 0.63MPa | 台 | 3 | |
| 7 | 过滤器反洗泵 | Q = 280m³/h，P = 0.285MPa | 台 | 1 | |
| 8 | 阳离子交换器 | DN2500　H$_r$ = 2000 | 台 | 4 | |
| 9 | 中间水泵 | Q = 180m³/h，P = 0.45MPa | 台 | 4 | |
| 10 | #1、2、3 中间水箱 | V = 50m³ | 台 | 3 | |

续表

| 序号 | 设备名称 | 设备规范 | 单位 | 数量 | 备注 |
|------|---------|---------|------|------|------|
| 11 | #4 中间水箱 | $V = 28m^3$ | 台 | 1 | |
| 12 | 阴离子交换器 | DN3000　$H_r = 2000$ | 台 | 4 | |
| 13 | 混合离子交换器 | DN2200　$H_{阳} = 500$　$H_{阴} = 1000$ | 台 | 3 | |
| 14 | #1、2 除盐水箱 | $V = 520m^3$ | 台 | 2 | 本期拆除 |
| 15 | #3、4 除盐水箱 | $V = 500m^3$ | 台 | 2 | |
| 16 | #5 除盐水箱 | $V = 800m^3$ | 台 | 1 | |
| 17 | #1、2 除盐水泵 | $Q = 170m^3/h$，$P = 0.686MPa$ | 台 | 2 | |
| 18 | #3 除盐水泵 | $Q = 280m^3/h$，$P = 0.686MPa$ | 台 | 1 | |
| 19 | 自用除盐水泵 | $Q = 40m^3/h$，$P = 0.31MPa$ | 台 | 1 | |
| 20 | 酸液贮存罐 | $V = 30m^3$ | 台 | 3 | |
| 21 | 酸液贮存罐 | $V = 50m^3$ | 台 | 2 | |

原有机组没有凝结水处理装置。原有机组给水有加氨和加联氨处理装置各一套，以防止热力系统的腐蚀。同时考虑闭式循环冷却水系统的加药和停炉保护措施。同时给水还有加氧装置一套，以降低给水的铁含量，减缓炉前系统及炉管的腐蚀和结垢速率，延长机组化学清洗的周期。原有机组设置汽水取样分析装置。

本期机组为超临界机组，对水质要求严格，锅炉补给水在原有工艺基础上增加活性炭过滤和部分设备。处理工艺为：高效纤维过滤 + 活性炭过滤 + 一级除盐 + 混床。同时本期化学水处理增加凝结水处理装置，设置全流量的凝结水前置除铁过滤器及精处理混床系统。给水、凝结水设有加氨和加联按装置各一套，以及加氧装置一套。新建机组也设置一套集中式汽水取样分析装置，自动分析和监测机炉汽水质量，以保证机组安全、经济运行。

（12）原有及扩建循环水系统。

电厂原机组均采用带自然通风冷却塔的二次循环供水系统。循环水系统流程为：冷却塔集水池→自流回水沟→进水前池→循环水泵房→压力进水管→凝汽器→排水管→冷却塔→冷却塔集水池。

本期工程 $1 \times 600MW$ 机组仍采用带自然通风冷却塔的二次循环供水系统。循环水流程与原有机组相同。机组冷却塔冷却面积为 $9000m^2$。

原有装置和本期工程为了防止循环冷却水系统的生物附着和生长，保证冷却水系统的热交换效率，均对循环冷却水系统进行加药处理。均采用加复合二氧化氯和加阻垢剂对循环冷却水进行处理。

（13）原有建构筑物及采暖情况。

企业处于夏热冬暖地区，冬季不采暖。

（14）原有点火油、氢站情况。

×××热电厂现有 $2 \times 500m^3$ 轻油罐，本期工程用柴油量较少，利用老厂 $2 \times 500m^3$ 轻油罐可满足锅炉点火及助燃要求，不需设置新油罐。仅增加炉前供回油母管。

利用原有制氢站可以满足本期工程需用。

### 三、项目用能概况

1. 本项目改扩建后用能种类及数量

表 2-8                项目使用能源种类及数量

| 序号 | 种类 | 单位 | 数量 | 来源 | 备注 |
|------|------|------|------|------|------|
| 1 | 原煤 | 万吨 | 134.00 | | 机组燃料 |
| 2 | 柴油 | 吨 | 1016.62 | 当地石油公司 | 机组锅炉引燃 |
| 3 | 新水 | 万吨 | 912.86 | 工业渠及市政供水 | 本期生产及生活 |

2. 本项目原有机组用能情况

根据企业原有机组近两年的能源使用情况，核算各机组的用能指标。

（1）用煤总量：

（2）柴油总量：

（3）用水量：

（4）供电量：

（5）各机组供电量标准煤耗指标：

通过机组在 2008—2009 年供电煤耗的核算数据可知，现在运行的超高压机组和亚临界机组供电煤耗不符合《常规燃煤发电机组单位产品能源消耗限额》（GB 21258—2007）中规定的超高压 200MW 供电煤耗≤375gce/kwh 和亚临界 300MW 供电煤耗≤340gce/kwh 的要求。

由此可知，企业淘汰落后产能，"上大压小"工作迫切，本项目的尽快实施也势在必行。


# 第三章　能源供应情况分析评估


### 一、项目使用能源种类及其来源，并对其合理性、可行性分析评价

1. 项目使用能源种类

项目使用能源的主要原则是"按需供能，按质用能"。根据可行性研究报告，项目使用的能源和资源品种为原煤、电力、柴油和水。

2. 项目使用能源来源及合理性、可行性分析评价

（1）原煤来源及分析评价。

本项目原煤来源于内蒙古×××煤炭股份有限公司，主要用于机组锅炉燃料。

内蒙古×××煤炭股份有限公司目前是内蒙古最大的地方煤炭产运销实体，位于内蒙古×××境内。×××集团现有五大矿区，拥有 15 个大中型煤矿，井田面积 220hm²。年生产能力 1560 万 t。煤炭年生产加工能力超过 800 万 t，年输出能力 1100 万 t。规划在 2010 年产量达 5000 万 t。所生产经营煤炭具有三低一高（特低灰、特低磷、特低硫、高发热量）等特点，是典型的"环保型"优质动力煤。

×××集团原煤需先经铁路运输，再以水路运输，再经铁路运输到达本项目所在地热

电厂区。

煤矿至港口的铁路运输：本项目原煤主要来源于×××集团矿区。距离×××集团煤炭发运站—集装（发运）站15~40km，×××集团在此发运站年发运量近1000万t原煤。集装（发运）站距离秦皇岛港口铁路运距为950km，距离天津港铁路运距为828km。

海上运输：目前北方沿海运煤港口主要有天津港、秦皇岛港、黄骅港、青岛港等。根据本工程煤源情况，本工程拟将秦皇岛港或黄骅港作为煤炭的下水港口，煤炭从煤矿经铁路运输到港口后通过海轮直接运到煤码头，再经通过铁路运输到达电厂。

秦皇岛港目前有13个可停泊5000~100000t级海船的煤炭专用泊位，综合通过能力为10500万t/a，2001年和2002年煤炭吞吐量分别为10000万t和9792万t。该港2004年煤炭输出量13050万t。

黄骅港位于河北省沧州市以东约90km的渤海之滨，漳卫新河与宣惠河交汇的大河口以北海域，该港投产于2001年年底，是与神黄铁路配套建设的现代化大港和"西煤东运"第二条大通道的出海口，目前有2个50000t级和1个35000t级的泊位及与之相配套的港池、航道、堆场、铁路、设备等设施，堆煤能力为237万t，设计年外运煤炭3000万t，2002年的吞吐量为1653万t，该港二期工程新建的2个50000t级和1个100000t级的泊位计划于2004年10月投入使用，届时黄骅港煤炭的年吞吐能力将达到6000万t。黄骅港至湛江港的海运距离1400 n mile（海里），航路气象影响为10%。

港口至电厂铁路运输：煤炭经过上述海运后到达港口，再通过铁路，经铁路工业编组站由厂区的西面进入厂区。

以上分析可知，本项目年用煤量为134.00万吨，对内蒙古×××集团年产煤量没有较大影响，对煤炭运输的影响也较小，本项目目前已与×××集团签订供煤协议，因此，本项目的主要燃料原煤的供应及运输是有保障的、可行的。同时本项目的建设对加速内蒙古当地煤炭资源的加工转换和"西煤东送"也起到积极的推动作用。

（2）新水来源及分析评价。

项目新水用量较大的是生产用水，来源于工业渠。项目生活用水来源市政自来水。

市工业用水的设计保证率是99%，四十年来达100%，即使遇到干旱年份，也是首先保证工业用水，工业渠对市区工农业及生活用水均可满足要求。

目前工业渠可向××热电厂供水水量约为15000m³/h。本项目用水量为1659.75 m³/h（流量为0.4m³/s），对于工业渠目前供水量21.8 m³/s和水库向××市供水量21.7 m³/s不会产生影响。

因此，本项目利用原有工业渠作为改扩建后工业用水是合理的、有保障的。

（3）电力来源及分析评价。

1）电源。

本期项目电厂自用电来源于本期发电机发出的电力。

本期高压厂用变压器由发电机与主变低压侧之间引接，采用离相封闭母线连接，厂用分支回路不设断路器及隔离开关，但装设可拆连接片。

本项目用电主要为一级负荷，因此设置柴油发电机作为保安电源。

2）厂用高压电压确定。

本期工程厂用高压电源电压采用6KV。

根据《火力发电厂厂用电设计技术规定》（DL/T 5153—2002）第4.1.1规定"火力发电厂可采用3KV、6KV、10KV作为高压厂用电的电压"。"容量为600MW的机组可根据具体条件采用6KV一级或3KV、10KV两种高压厂电电压"。在我国已投产的600MW机组中平圩、北仑港、沙角C、扬州第二发电厂等采用了3KV、10KV两级高压厂用电电压，其他电厂采用6KV一级高压电压。

本项目采用6KV一级高压厂用电源电压。主要原因：

①采用两级厂用高压电压，接线较复杂，共箱封闭母线多，电源开关柜、PT柜多，配电室面积大，布置困难，造价高。

②设备型号多，相应增加了两级电压的开关柜、电动机、电缆，并由此带来备品备件多，检修、运行和维护工作量大。

③由于3KV电动机需求量小，且报价与6KV电动机相同，有的制造厂家3KV电动机只有JS老系列，达不到节能的目的。

④3KV电缆与6KV电缆价格相同，采用3KV电缆并不能降低电缆造价。

⑤采用6KV电压能与原有厂用电压保持一致，便于统一管理。

由此分析可知，本期工程采用6KV高压厂用电压等级是能够达到降低投资、节约电力能源的，是合理的。

其他用电电压等级如下：

低压配电电压　　　　　　　0.4kV

低压电动机电压　　　　　　380V

一般动力、照明电压　　　　380/220V

检修照明电压　　　　　　　36V、12V

3）高压厂用电接线方式。

本台机组设一台50/32—32MVA的厂用工作变压器，同时设置一台50/32—32MVA的起动/备用变压器作为工作变压器的备用，每台机组设两段6.3kV工作母线，每台机组脱硫负荷分别接入两段6.3kV工作母线，所有公用负荷分散接入本台机组的两段工作母线上。

高压厂用电系统采用经中阻接地的方式，低压厂用电采用中性点直接接地方式。

4）供配电方案。

主厂房低压厂用电接线采用动力中心（PC）和电动机控制中心（MCC）的供电方式。动力中心和电动机控制中心成对设置，建立双路电源通道。

动力中心采用单母线分段，每段母线由一台干式变压器供电，两台低压变压器间互为备用。

电动机控制中心和容量为75kW及以上的电动机由动力中心供电，75kW以下的电动机由电动机控制中心供电。成对的电动机分别由对应的动力中心或电动机控制中心供电。

本台机组设置2台容量为1000kVA汽机低压厂用工作变压器，2台容量为1250kVA锅炉低压厂用工作变压器，2台2500kVA电除尘变压器。

2台对应的低压厂用变压器互为备用，电除尘变两运一备。电除尘变压器同时供电给除灰区域等附近低压负荷。

本台机组设置2台容量为1000kVA低压脱硫变压器，2台变压器互为备用。

本台机组设置一台照明变及一台检修变，检修变作为照明变的备用，分别对主厂房区照明和检修供电。

本台机组设置两台容量为1000kVA的低压公用变压器，互为备用。

辅助车间按照各工艺系统和厂区分区设置低压变压器。

表 3-1 　　　　　　　　　　　　　本期项目变压器表

| 序号 | 名　称 | 型　号 | 数量 | 运用情况 |
|------|--------|--------|------|----------|
| 一 | 高压变压器 | | | |
| 1 | 主变变压器 | $SFP_{10} - 720000/220$ | 1 | 机组 |
| 2 | 高压厂用变压器 | $SFF_{10} - 42000/22$ | 1 | 机组 |
| 3 | 起动备用变压器 | $SFFZ_{10} - 42000/220$ | 1 | |
| 二 | 厂用低压变压器 | | | |
| 4 | 汽机变压器 | $SC10 - 1000/10$ | 2 | 机组 |
| 5 | 锅炉变压器 | $SC10 - 1250/10$ | 2 | 机组 |
| 6 | 照明变压器 | $SC10 - 630/10$ | 1 | 机组主厂房 |
| 7 | 检修变压器 | $SC10 - 630/10$ | 1 | 与照明变互为备用 |
| 8 | 除尘变压器 | $SC10 - 1600/10$ | 2 | 一用一备 |
| 9 | 灰库输煤变压器 | $SC10 - 1600/10$ | 2 | 机组，一用一备 |
| 10 | 煤场变压器 | $SC10 - 1600/10$ | 2 | 机组，一用一备 |
| 11 | 脱硫变压器 | $SC10 - 1000/10$ | 2 | 一用一备 |
| 12 | 循环水变压器 | $SC10 - 250/10$ | 2 | 一用一备 |
| 13 | 公用变压器 | $SC10 - 1250/10$ | 2 | 机组一用一备 |

5）功率因数补偿。

在厂用高压变压器6KV母线上集中装设移相电容器组，设有电容器室，使6KV母线功率因素达到0.9。

在各厂用低压变压器低压外线上装设低压电容器或无功功率自动补偿装置，使低压变压器进线侧功率因素达到0.93。

对部分大容量设备设置就地补偿。

6）继电保护。

变压器保护：装设差动保护、过电流保护和温度保护。

车间配电柜保护：装设电流速断、过电流和温度保护。

500KW及以上主电机回路的保护：装设电流速断、过负荷保护。

进线回路的保护：装设电流速断和过电流保护。

母联柜的保护：装设电流速断和过电流保护。

低压电机主回路采用自动空气开关作短路保护，热继电器作过负荷保护，交流接触器作失压保护。

7）电力拖动及控制。

项目电动机等于大于200kW，采用6kV高压电源供电。低于200kW，采用380V电压。

8）配电线路。

主厂房、输煤、燃油、制氢站及其他易燃易爆场所的动力电缆和控制电缆采用阻燃型电缆，其他场所选用普通电缆。

在外部火势作用一定时间内仍需维持通电的重要场所或回路，如消防系统、报警、应急照明、不停电电源、直流跳闸回路和事故保安电源的所用的动力和控制电缆采用耐火电缆。

动力电缆一般选用多芯铝导体电缆，6.3kV电缆采用铜导体电缆。

1kV电缆截面小于或等于25mm$^2$的采用铜导体电缆，1kV电缆截面大于或等于185mm$^2$的采用铜导体电缆，其他电源回路和当采用铝芯电缆根数为多根时，选用铜导体电缆，以减少电缆根数。耐火电缆及控制电缆均采用铜导体电缆。

全程由电缆桥架和穿管敷设的电缆采用不带铠装电缆，其余电缆均采用带铠装电缆。

动力电缆截面的选择根据回路电流，并按环境温度、多层多根的敷设条件、短路热稳定、允许电压降等进行验算。

主厂房电缆采用架空桥架敷设，6.3kV配电室下设置电缆夹层，汽机房零米配电室采用电缆沟，集控楼锅炉配电室下设置电缆夹层，其他配电室采用架空桥架或电缆沟。

厂区电缆通道主要采用电缆综合管架架空，部分采用电缆沟道。

电除尘电缆是通过电除尘配电室下电缆夹层设置架空通道到本体，每个电除尘器两侧有竖向电缆通道直通至顶层，并与各设备层下电缆通道连通。

电缆桥架一般采用钢质热镀锌桥架，锅炉、电除尘本体等环境温度较高的地方采用有机阻燃桥架。本工程电缆桥架、支架选型考虑到户外环境条件比较差，对桥架腐蚀严重，户外电缆桥架选用铝合金桥架，户内电缆桥架选用热浸镀锌钢制桥架，立柱、托臂等由于受力的原因，采用热镀锌处理的钢制件。

9）电气测量。

本工程220kV、6kV电流互感器二次侧额定电流均选用1A。220kV电压互感器选用带四个次级线圈的电压互感器，以便将测量、计量及继电保护负载分隔开来，并满足继电保护双重化的要求。

本设计按规程在发电机、高厂变、高压启/备变等处设置计量。

变压器回路：装设电流表、有功电度表。

进线回路：装设电流表、有功电度表。

电容器回路：装设电流表、无功电度表。

母联柜：装设电流表。

10）控制方式及控制水平。

依据《火力发电厂设计技术规程》，本工程考虑发变组和厂用电系统与热工自动化共用一套 DCS，二机合用一个集中控制室即两机一控模式，实现机炉电一体化控制，以 LCD 和键盘（鼠标）为监视和控制手段，取消常规仪表控制屏台，采用大屏幕显示器，并与 LCD 共同承担对机组的过程监视和控制。不设置网控室，值长设在集控室内。集控室内控制的电气设备有：发电机—变压器组，高压厂用工作变压器、高压启动/备用变压器，低压厂用工作、公用、照明变压器，主厂房高、低压厂用电源及电动机等。

结合热工 DCS 系统在集控楼集中的布置方式，本工程将与机组有关的电控及继电保护、安全自动装置等集中布置于集控楼 6.9m 层电气保护室内。与升压站有关的系统保护装置、220kV 断路器保护装置、远动装置、关口计量等布置在 GIS 旁的网络继电器室内。

根据以上叙述、分析，项目在配电方案、配电线路、电力拖动与控制和电气设备选型均合理可行，能够保证系统正常运行。

**二、项目使用的各种能源年总消耗量（实物量）**

表 3-2　　　　　　　　　　　　　　项目能源消耗种类及总量表

| 序号 | 种类 | 单位 | 数量 | 来源 | 备注 |
|---|---|---|---|---|---|
| 1 | 原煤 | 万吨 | 134.00 | | 机组燃料 |
| 2 | 柴油 | 吨 | 1016.62 | 当地石油公司 | 机组锅炉引燃 |
| 3 | 新水 | 万吨 | 912.86 | 工业渠及市政供水 | 本期生产及生活 |

1. 原煤用量核算

项目原煤主要用于本期机组锅炉燃料。设计煤种为内蒙古×××集团烟煤。本项目目用煤量如下：

表 3-3　　　　　　　　　　　　　　原煤用量表

| 序号 | 项　目 | 单位 | 1×600MW 设计煤种 | 1×600MW 校核煤种 |
|---|---|---|---|---|
| 1 | 小时耗煤量 | t/h | 243.64 | 248.70 |
| 2 | 日耗煤量 | t/d | 4872.73 | 4974.00 |
| 3 | 年耗煤量 | $10^4$t/a | 134.00 | 136.78 |

注：日运行按 20 小时，年运行按 5500 小时计。

（1）原煤购入储存损失。

本项目原煤总量 134.00 万 t，考虑到原煤堆存时由于风吹、日晒、雨淋、厂内卸车和倒运时的洒落等原因，在原煤购入储存时，损失量按 1%～1.5% 估算。

储存损失量：134×（1%～1.5%）=1.34 万～2 万 t

根据项目提供煤质分析，原煤低位发热量为 21.33MJ/kg，原煤折标系数为 0.7278kgce/kg。则原煤购入总量为 975252tce，购入贮存损失 9752.52 万～1.4629 万 tce。

（2）原煤加工转换损失。

原煤的加工转换即是在锅炉内的燃烧，也是最终使用损失，因此，加工转换损失不考虑，在最终使用时考虑。

（3）原煤输送分配损失。

原煤输送分配损失也在储存损失中考虑。

（4）原煤最终使用损失。

根据已订货锅炉技术参数，锅炉热效率为93.71%，则原煤在最终使用时损失为：

（134－2）×（1－93.71%）＝8.30 万 t

折标煤量：114042.3tce。

2. 新水用量核算

根据本期项目淡水用量平衡表（表3－4），用水量为1659.75m³/h，项目机组年利用小时5500h，可知本期改扩建项目生产生活总用水量为912.86 万吨。其中生产用水量905.71 万吨，生活用水量为7.15 万吨。

新水用量不包括消防用水量。

表3－4 1×600MW 机组工程淡水用量表

| 序号 | 用水项目 | 用水量（m³/h） | 回收水量（m³/h） | 损耗水量（m³/h） | 备注 |
|---|---|---|---|---|---|
| 1 | 化学用水 | 64.75 | 20 | 44.75 | |
| 2 | 湿法脱硫工艺用水 | 90 | 10 | 80 | 回用水 |
| 3 | 实验用水 | 1 | 1 | 0 | 自来水 |
| 4 | 厂区生活用水 | 12 | 8 | 4 | 自来水 |
| 5 | 油罐喷洒冲洗用水 | 14 | 10 | 4 | |
| 6 | 空调补充水 | 6 | 0 | 6 | 自来水 |
| 7 | 化学水处理用水 | 30 | 30 | 0 | |
| 8 | 凝结水精处理用水 | 10 | 8 | 2 | |
| 9 | 制氢站用水 | 2 | 0 | 2 | |
| 10 | 煤场喷淋及栈桥冲洗用水 | 10 | 3 | 7 | 回用水 |
| 11 | 生活污水处理损耗 | 8 | 6 | 2 | |
| 12 | 含油废水处理损耗 | 10 | 8 | 2 | |
| 13 | 工业废水处理损耗 | 101 | 89 | 12 | |
| 14 | 脱硫废水处理损耗 | 10 | 7 | 3 | |
| 15 | 灰库搅拌用水 | 60 | 0 | 60 | 回用水 |
| 16 | 渣仓搅拌用水 | 60 | 0 | 60 | 回用水 |
| 17 | 冷却塔损耗 | 1109 | 150 | 959 | |
| 18 | 厂区绿化清扫用水 | 6 | 0 | 6 | 回用水 |
| 19 | 原水预处理损耗 | 17 | 0 | 17 | |
| 20 | 管网损失 | 30 | 0 | 30 | |
| 21 | 未预见工业用水 | 30 | 0 | 30 | |
| 22 | 未预见生活用水 | 3 | 0 | 3 | 自来水 |
| 23 | 对外供热 | 300 | 0 | 300 | |
| 24 | 冷却塔排污 | 26 | 0 | 26 | |
| 25 | 合　计 | 2009.75 | 350 | 1659.75 | |

3. 自用电量核算

（1）电力负荷计算：根据本期项目新增的设备装机容量，采用需用系数法进行变压器的负荷计算。

表 3 – 5　电力负荷计算表

| 序号 | 设备名称 | 380V 设备功率（kW） | 10kV 设备功率（kW） | 安装台数（台） | 工作台数（台） | 工作容量（kW） | 需用系数（kc） | 功率因数（cosΦ） | tgΦ | 有功功率（kW） | 无功功率（kvar） | 视在功率（kVA） |
|---|---|---|---|---|---|---|---|---|---|---|---|---|
| （一） | 煤场工序 | | | | | | | | | | | |
| （1） | 翻车机室 MMC | | | | | | | | | | | |
| 1 | 活化给煤机 | 8 | — | 4 | 4 | 32 | 0.70 | 0.70 | 1.02 | 22.40 | 22.85 | |
| 2 | 斜煤算 | 30 | — | 2 | 2 | 60 | 0.70 | 0.70 | 1.02 | 42.00 | 42.84 | |
| 3 | 火车煤取样装置 | 50 | — | 1 | 1 | 50 | 0.70 | 0.70 | 1.02 | 35.00 | 35.70 | |
| 4 | 排污泵 | 7.5 | — | 2 | 2 | 15 | 0.70 | 0.75 | 0.88 | 10.50 | 9.24 | |
| 5 | 翻车机远程站远程控电源 | 15 | — | 1 | 1 | 15 | 0.70 | 0.70 | 1.02 | 10.50 | 10.71 | |
| 6 | 照明 | 20 | — | 1 | 1 | 20 | 0.80 | 0.90 | 0.48 | 16.00 | 7.68 | |
| 7 | 道路照明 | 10 | — | 1 | 1 | 10 | 0.80 | 0.90 | 0.48 | 8.00 | 3.84 | |
| 8 | 火灾报警控制器电源（一） | 3 | — | 1 | 1 | 3 | 0.40 | 0.50 | 1.73 | 1.20 | 2.08 | |
| | 小　计 | | | 13 | 13 | 205 | | | | 145.60 | 134.93 | |
| （2） | 1#转运站 MMC | | | | | | | | | | | |
| 1 | 二工位伸缩头 | 5.5 | — | 2 | 2 | 2.75 | 0.70 | 0.70 | 1.02 | 1.93 | 1.96 | |
| 2 | #2 带盘式除铁器 | 25 | — | 2 | 2 | 50 | 0.70 | 0.70 | 1.02 | 35.00 | 35.70 | |
| 3 | 排污泵 | 7.5 | — | 4 | 4 | 15 | 0.70 | 0.75 | 0.88 | 10.50 | 9.24 | |
| 4 | 机械振打布袋除尘机组 | 5.5 | — | 2 | 2 | 11 | 0.70 | 0.70 | 1.02 | 7.70 | 7.85 | |
| 5 | 照明 | 15 | — | 2 | 2 | 30 | 0.80 | 0.90 | 0.48 | 24.00 | 11.52 | |
| 6 | 道路照明 | 10 | — | 1 | 1 | 10 | 0.80 | 0.90 | 0.48 | 8.00 | 3.84 | |
| | 小　计 | | | 13 | 13 | 118.75 | | | | 87.13 | 70.12 | |
| （3） | 2#转运站 MMC | | | | | | | | | | | |
| 1 | 三工位伸缩头 | 5.5 | — | 2 | 2 | 2.75 | 0.70 | 0.70 | 1.02 | 1.93 | 1.96 | |
| 2 | #4 带盘式除铁器 | 25 | — | 2 | 2 | 50 | 0.70 | 0.70 | 1.02 | 35.00 | 35.70 | |
| 3 | 刮水器 | 1.5 | — | 4 | 4 | 0.75 | 0.70 | 0.70 | 1.02 | 0.53 | 0.54 | |
| 4 | 排污泵 | 7.5 | — | 4 | 4 | 15 | 0.70 | 0.75 | 0.88 | 10.50 | 9.24 | |
| 5 | 屋顶通风机 | 1.5 | — | 1 | 1 | 1.5 | 0.70 | 0.80 | 0.75 | 1.05 | 0.79 | |
| 6 | 脉冲布袋除尘器 1 | 1.5 | — | 2 | 2 | 3 | 0.70 | 0.80 | 0.75 | 2.10 | 1.58 | |
| 7 | 脉冲布袋除尘器 2 | 1.5 | — | 2 | 2 | 3 | 0.70 | 0.80 | 0.75 | 2.10 | 1.58 | |

续表

| 序号 | 设备名称 | 380V设备功率(kW) | 10kV设备功率(kW) | 安装台数(台) | 工作台数(台) | 工作容量(kW) | 需用系数(kc) | 功率因数(cosΦ) | tgΦ | 有功功率(kW) | 无功功率(kvar) | 视在功率(kVA) |
|---|---|---|---|---|---|---|---|---|---|---|---|---|
| 8 | 离心通风机 | 11 | | 2 | 2 | 22 | 0.70 | 0.80 | 0.75 | 15.40 | 11.55 | |
| 9 | 照明 | 20 | | 1 | 1 | 20 | 0.80 | 0.90 | 0.48 | 16.00 | 7.68 | |
| 10 | 刮水器 | 1.5 | | 4 | 4 | 1.5 | 0.70 | 0.70 | 1.02 | -1.05 | 1.07 | |
| | 小　计 | | | 24 | 24 | 119.50 | | | | 85.65 | 71.68 | |
| (4) | 3#转运站 MMC | | | | | | | | | | | |
| 1 | 排污泵 | 7.5 | | 4 | 4 | 15 | 0.70 | 0.75 | 0.88 | 10.50 | 9.24 | |
| 2 | 屋顶通风机 | 3 | | 2 | 2 | 6 | 0.70 | 0.80 | 0.75 | 4.20 | 3.15 | |
| 3 | 脉冲布袋除尘器 | 1.5 | | 2 | 2 | 3 | 0.70 | 0.80 | 0.75 | 2.10 | 1.58 | |
| 4 | 离心通风机 | 7.5 | | 2 | 2 | 15 | 0.70 | 0.80 | 0.75 | 10.50 | 7.88 | |
| 5 | 照明 | 20 | | 1 | 1 | 20 | 0.80 | 0.70 | 1.02 | 16.00 | 16.32 | |
| 6 | 道路照明 | 10 | | 1 | 1 | 10 | 0.80 | 0.70 | 1.02 | 8.00 | 8.16 | |
| 7 | 推煤机库配电箱 | 10 | | 1 | 1 | 10 | 0.70 | 0.75 | 0.88 | 7.00 | 6.16 | |
| | 小　计 | | | 13 | 13 | 79 | | | | 58.30 | 52.48 | |
| (5) | 4#转运站 MMC | | | | | | | | | | | |
| 1 | 排污泵 | 7.5 | | 4 | 2 | 15 | 0.70 | 0.75 | 0.88 | 10.50 | 9.24 | |
| 2 | 脉冲布袋除尘器 | 1.5 | | 2 | 2 | 3 | 0.70 | 0.80 | 0.75 | 2.10 | 1.58 | |
| 3 | 离心通风机 | 7.5 | | 2 | 2 | 15 | 0.70 | 0.80 | 0.75 | 10.50 | 7.88 | |
| 4 | 照明 | 20 | | 1 | 1 | 20 | 0.70 | 0.70 | 1.02 | 14.00 | 14.28 | |
| | 小　计 | | | 9 | 7 | 53 | | | | 37.10 | 32.97 | |
| (6) | 5#转运站 MMC | | | | | | | | | | | |
| 1 | 排污泵 | 7.5 | | 4 | 4 | 15 | 0.70 | 0.75 | 0.88 | 10.50 | 9.24 | |
| 2 | 脉冲布袋除尘器 | 1.5 | | 2 | 2 | 3 | 0.70 | 0.80 | 0.75 | 2.10 | 1.58 | |
| 3 | 离心通风机 | 7.5 | | 2 | 2 | 15 | 0.70 | 0.80 | 0.75 | 10.50 | 7.88 | |
| 4 | 照明 | 20 | | 1 | 1 | 20 | 0.70 | 0.70 | 1.02 | 14.00 | 14.28 | |
| 5 | 道路照明 | 10 | | 1 | 1 | 10 | 0.70 | 0.70 | 1.02 | 7.00 | 7.14 | |
| | 小　计 | | | 10 | 10 | 63 | | | | 44.10 | 40.11 | |
| (7) | 拉紧小室 MMC | | | | | | | | | | | |

续表

| 序号 | 设备名称 | 380V 设备功率 (kW) | 10kV 设备功率 (kW) | 安装台数 (台) | 工作台数 (台) | 工作容量 (kW) | 需用系数 (kc) | 功率因数 (cosΦ) | tgΦ | 有功功率 (kW) | 无功功率 (kvar) | 视在功率 (kVA) |
|---|---|---|---|---|---|---|---|---|---|---|---|---|
| 1 | 刮水器（动控箱） | 1.5 | | 1 | 1 | 0.75 | 0.70 | 0.80 | 0.75 | 0.53 | 0.39 | |
| 2 | 潜污泵 | 4 | | 2 | 2 | 8 | 0.70 | 0.80 | 0.75 | 5.60 | 4.20 | |
| 3 | 照明配电箱 | 10 | | 1 | 1 | 10 | 0.70 | 0.70 | 1.02 | 7.00 | 7.14 | |
| 4 | 照明配电箱 | 10 | | 1 | 1 | 10 | 0.70 | 0.70 | 1.02 | 7.00 | 7.14 | |
| 5 | 喷雾除尘装置（厂家成套） | 5 | | 1 | 1 | 5 | 0.70 | 0.80 | 0.75 | 3.50 | 2.63 | |
| 6 | 暖通配电箱 | 3 | | 1 | 1 | 3 | 0.70 | 0.70 | 1.02 | 2.10 | 2.14 | |
| | 小　计 | | | 7 | 7 | 36.75 | | | | 25.73 | 23.64 | |
| （8） | 含煤废水 MMC | | | | | | | | | | | |
| 1 | 煤水提升泵 | 5.5 | | 3 | 3 | 5.5 | 0.70 | 0.80 | 0.75 | 3.85 | 2.89 | |
| 2 | 煤场煤水提升泵 | 5.5 | | 4 | 4 | 5.5 | 0.70 | 0.80 | 0.75 | 3.85 | 2.89 | |
| 3 | 含煤废水污泥泵 | 5.5 | | 2 | 2 | 2.75 | 0.70 | 0.80 | 0.75 | 1.93 | 1.44 | |
| 4 | 潜水排污泵 | 4 | | 2 | 2 | 4 | 0.70 | 0.80 | 0.75 | 2.80 | 2.10 | |
| 5 | 栈桥冲洗水泵 | 2.2 | | 2 | 2 | 2.2 | 0.70 | 0.80 | 0.75 | 1.54 | 1.16 | |
| 6 | 混凝剂计量泵 | 0.75 | | 2 | 2 | 0.75 | 0.70 | 0.80 | 0.75 | 0.53 | 0.39 | |
| 7 | 助凝剂计量泵 | 0.75 | | 2 | 2 | 0.75 | 0.70 | 0.80 | 0.75 | 0.53 | 0.39 | |
| 8 | 搅拌机 | 0.55 | | 6 | 6 | 1.65 | 0.70 | 0.70 | 1.02 | 1.16 | 1.18 | |
| 9 | 刮泥机 | 5 | | 2 | 2 | 5 | 0.70 | 0.70 | 1.02 | 3.50 | 3.57 | |
| 10 | 照明 | 20 | | 1 | 1 | 20 | 0.70 | 0.70 | 1.02 | 14.00 | 14.28 | |
| 11 | 道路照明 | 10 | | 1 | 1 | 10 | 0.70 | 0.70 | 1.02 | 7.00 | 7.14 | |
| | 小　计 | | | 27 | 27 | 58.10 | | | | 40.67 | 37.43 | |
| （9） | 其他设备 | | | | | | | | | | | |
| 1 | #1 翻车机系统 | 280 | | 1 | 1 | 280 | 0.70 | 0.75 | 0.88 | 196.00 | 172.48 | |
| 2 | #2 翻车机系统 | 280 | | 1 | 1 | 280 | 0.70 | 0.75 | 0.88 | 196.00 | 172.48 | |
| 3 | #1AB 胶带机 | 75 | | 1 | 1 | 75 | 0.70 | 0.75 | 0.88 | 52.50 | 46.20 | |
| 4 | #4AB 胶带机 | 75 | | 1 | 1 | 75 | 0.70 | 0.75 | 0.88 | 52.50 | 46.20 | |
| 5 | #5AB 胶带机 | 132 | | 1 | 1 | 132 | 0.70 | 0.75 | 0.88 | 92.40 | 81.31 | |
| 6 | 冲洗水泵 | 75 | | 1 | 1 | 75 | 0.70 | 0.80 | 0.75 | 52.50 | 39.38 | |

续表

| 序号 | 设备名称 | 380V设备功率(kW) | 10kV设备功率(kW) | 安装台数(台) | 工作台数(台) | 工作容量(kW) | 需用系数(kc) | 功率因数(cosΦ) | tgΦ | 有功功率(kW) | 无功功率(kvar) | 现在功率(kVA) |
|---|---|---|---|---|---|---|---|---|---|---|---|---|
| 7 | 其他 | 50 | | 1 | 1 | 50 | 0.70 | 0.70 | 1.02 | 35.00 | 35.70 | |
| 8 | 输煤程控电源 | 20 | | 1 | 1 | 20 | 0.70 | 0.70 | 1.02 | 14.00 | 14.28 | |
| 9 | 输煤火灾报警电源 | 3 | | 1 | 1 | 3 | 0.70 | 0.70 | 1.02 | 2.10 | 2.14 | |
| 10 | 220V直流充电电源 | 10 | | 1 | 1 | 10 | 0.70 | 0.70 | 1.02 | 7.00 | 7.14 | |
| 11 | UPS电源 | 5 | | 1 | 1 | 5 | 0.70 | 0.70 | 1.02 | 3.50 | 3.57 | |
| 12 | 配电室高温排烟风机 | 2 | | 1 | 1 | 2 | 0.70 | 0.70 | 1.02 | 1.40 | 1.43 | |
| 13 | 干变高温轴流风机 | 0.25 | | 1 | 1 | 0.25 | 0.70 | 0.70 | 1.02 | 0.18 | 0.18 | |
| 14 | 煤场变温控电源 | 0.5 | | 1 | 1 | 0.5 | 0.70 | 0.70 | 1.02 | 0.35 | 0.36 | |
| | 小 计 | | | 14 | 14 | 1007.75 | | | | 705.43 | 622.84 | |
| | 380V 设备小计 | | | 130 | 128 | 1740.85 | | | | 1229.71 | 1086.2 | |
| | 乘以同时系数后 K∑P=0.90 K∑q=0.97 | | | 130 | 128 | 1740.85 | | 0.85 | | 1106.74 | 1031.89 | 1302.05 |
| | 煤场低压变压器：2×SC10-1600/10，一用一备，本期工程负荷率：1302.05/1600=81.38% | | | | | | | | | | | |
| 1 | 环锤碎煤机 | | 400 | 2 | 1 | 400 | 0.65 | 0.70 | 1.02 | 260.00 | 265.20 | |
| 2 | 推煤机 | | 560 | 3 | 2 | 1120 | 0.65 | 0.70 | 1.02 | 728.00 | 742.56 | |
| | 6KV 设备小计 | | | 5 | 3 | 1520 | | | | 988.00 | 1007.76 | |
| | 乘以同时系数后 K∑P=0.90 K∑q=0.97 | | | 5 | 3 | 1520 | | | | 889.20 | 957.37 | |
| | 煤场工序合计 | | | 135 | 132 | 3260.85 | | | | 1995.94 | 1989.26 | |
| (二) | 灰库输煤工序 | | | | | | | | | | | |
| (1) | 化学废水 MMC | | | | | | | | | | | |
| 1 | 排水泵 | 22 | | 3 | 3 | 66 | 0.70 | 0.80 | 0.75 | 46.20 | 34.65 | |
| 2 | PH调整槽搅拌机 | 5.5 | | 1 | 1 | 5.5 | 0.75 | 0.80 | 0.75 | 4.13 | 3.09 | |
| 3 | 混合槽搅拌机 | 5.5 | | 1 | 1 | 5.5 | 0.75 | 0.80 | 0.75 | 4.13 | 3.09 | |
| 4 | 氧化槽搅拌机 | 5.5 | | 1 | 1 | 5.5 | 0.75 | 0.80 | 0.75 | 4.13 | 3.09 | |

续表

| 序号 | 设备名称 | 380V 设备功率（kW） | 10kV 设备功率（kW） | 安装台数（台） | 工作台数（台） | 工作容量（kW） | 需用系数（kc） | 功率因数（cosΦ） | tgΦ | 有功功率（kW） | 无功功率（kvar） | 视在功率（kVA） |
|---|---|---|---|---|---|---|---|---|---|---|---|---|
| 5 | 最终中和槽搅拌机 | 5.5 | | 1 | 1 | 5.5 | 0.75 | 0.80 | 0.75 | 4.13 | 3.09 | |
| 6 | 清水排水泵 | 15 | | 2 | 1 | 15 | 0.70 | 0.80 | 0.75 | 10.50 | 7.88 | |
| 7 | 污泥输送泵 | 7.5 | | 2 | 1 | 7.5 | 0.75 | 0.80 | 0.75 | 5.63 | 4.22 | |
| 8 | 加酸装置就地控制柜 | 2 | | 1 | 1 | 2 | 0.50 | 0.60 | 1.33 | 1.00 | 1.33 | |
| 9 | 加碱装置就地控制柜 | 2 | | 1 | 1 | 2 | 0.50 | 0.60 | 1.33 | 1.00 | 1.33 | |
| 10 | 加凝聚剂装置就地控制柜 | 4 | | 1 | 1 | 4 | 0.50 | 0.60 | 1.33 | 2.00 | 2.66 | |
| 11 | 加次氯酸钠装置就地控制柜 | 3 | | 1 | 1 | 3 | 0.50 | 0.60 | 1.33 | 1.50 | 2.00 | |
| 12 | 加助凝剂装置就地控制柜 | 3 | | 1 | 1 | 3 | 0.50 | 0.60 | 1.33 | 1.50 | 2.00 | |
| 13 | 加脱水助剂装置就地控制柜 | 3 | | 2 | 1 | 3 | 0.50 | 0.60 | 1.33 | 1.50 | 2.00 | |
| 14 | 罗茨风机 | 27.5 | | 2 | 1 | 27.5 | 0.70 | 0.80 | 0.75 | 19.25 | 14.44 | |
| 15 | 电动污泥斗 | 2 | | 1 | 1 | 2 | 0.70 | 0.80 | 0.75 | 1.40 | 1.05 | |
| 16 | 污泥脱水机 | 8.75 | | 1 | 1 | 8.75 | 0.70 | 0.80 | 0.75 | 6.13 | 4.59 | |
| 17 | 卸酸泵 | 0.55 | | 1 | 1 | 0.55 | 0.75 | 0.80 | 0.75 | 0.41 | 0.31 | |
| 18 | 卸碱泵 | 0.75 | | 1 | 1 | 0.75 | 0.75 | 0.80 | 0.75 | 0.56 | 0.42 | |
| 19 | 热工电源 | 15 | | 2 | 1 | 15 | 0.50 | 0.60 | 1.33 | 7.50 | 9.98 | |
| 20 | 含油污水处理热工电源 | 10 | | 2 | 1 | 10 | 0.50 | 0.60 | 1.33 | 5.00 | 6.65 | |
| 21 | 车间照明 | 10 | | 1 | 1 | 10 | 0.70 | 0.70 | 1.02 | 7.00 | 7.14 | |
| 22 | 化学废水配电间风机 | 0.37 | | 2 | 2 | 0.74 | 0.70 | 0.80 | 0.75 | 0.52 | 0.39 | |
| 23 | 道路照明 | 10 | | 1 | 1 | 10 | 0.70 | 0.70 | 1.02 | 7.00 | 7.14 | |
| 24 | 脱硫废水酸液输送泵 | 4 | | 2 | 1 | 4 | 0.70 | 0.80 | 0.75 | 2.80 | 2.10 | |
| | 小　计 | | | 34 | 27 | 216.79 | | | | 144.89 | 124.63 | |
| (2) | 化学水处理 MMX | | | | | | | | | | | |
| 1 | 无泄漏立式自吸泵 | 37 | | 2 | 1 | 37 | 0.70 | 0.80 | 0.75 | 25.90 | 19.43 | |
| 2 | 过滤器反洗水泵 | 37 | | 1 | 1 | 37 | 0.70 | 0.80 | 0.75 | 25.90 | 19.43 | |
| 3 | 除盐水泵 | 55 | | 2 | 1 | 55 | 0.70 | 0.80 | 0.75 | 38.50 | 28.88 | |
| | 小　计 | | | 5 | 3 | 129 | | | | 90.30 | 67.73 | |
| (3) | 灰库 MMC | | | | | | | | | | | |

续表

| 序号 | 设备名称 | 380V设备功率（kW） | 10kV设备功率（kW） | 安装台数（台） | 工作台数（台） | 工作容量（kW） | 需用系数（kc） | 功率因数（cosΦ） | tgΦ | 有功功率（kW） | 无功功率（kvar） | 视在功率（kVA） |
|---|---|---|---|---|---|---|---|---|---|---|---|---|
| 1 | 双轴搅拌机系统 | 22 | | 3 | 3 | 66 | 0.70 | 0.80 | 0.75 | 46.20 | 34.65 | |
| 2 | 干灰散装机系统 | 8 | | 6 | 4 | 32 | 0.70 | 0.80 | 0.75 | 22.40 | 16.80 | |
| 3 | 灰库热工电源 | 15 | | 1 | 1 | 15 | 0.70 | 0.70 | 1.02 | 10.50 | 10.71 | |
| 4 | 0.00m层配电室轴流风机 | 0.37 | | 1 | 1 | 0.37 | 0.70 | 0.80 | 0.75 | 0.26 | 0.19 | |
| 5 | 灰场洒水水源泵 | 15 | | 2 | 1 | 15 | 0.70 | 0.80 | 0.75 | 10.50 | 7.88 | |
| 6 | 灰场生活水泵 | 5.5 | | 2 | 1 | 5.5 | 0.70 | 0.80 | 0.75 | 3.85 | 2.89 | |
| 7 | 灰场洒水泵 | 7.5 | | 2 | 1 | 7.5 | 0.70 | 0.80 | 0.75 | 5.25 | 3.94 | |
| 8 | 照明 | 20 | | 1 | 1 | 20 | 0.70 | 0.70 | 1.02 | 14.00 | 14.28 | |
| | 小 计 | | | 18 | 12 | 161.37 | | | | 112.96 | 91.33 | |
| (4) | 碎煤机室 MMC | | | | | | | | | | | |
| 1 | #8 带盘式除铁器 | 25 | | 2 | 2 | 50 | 0.70 | 0.70 | 1.02 | 35.00 | 35.70 | |
| 2 | 带式除铁器 | 25 | | 2 | 2 | 50 | 0.70 | 0.70 | 1.02 | 35.00 | 35.70 | |
| 3 | 人炉煤取样装置 | 22 | | 1 | 1 | 22 | 0.70 | 0.70 | 1.02 | 15.40 | 15.71 | |
| 4 | 滚轴筛 | 30 | | 2 | 2 | 60 | 0.70 | 0.70 | 1.02 | 42.00 | 42.84 | |
| 5 | 循环链码校验装置 | 10 | | 2 | 2 | 20 | 0.70 | 0.70 | 1.02 | 14.00 | 14.28 | |
| 6 | 电子皮带秤 | 1 | | 2 | 2 | 1 | 0.70 | 0.70 | 1.02 | 0.70 | 0.71 | |
| 7 | 排污泵 | 15 | | 2 | 2 | 15 | 0.70 | 0.80 | 0.75 | 10.50 | 7.88 | |
| 8 | 布袋除尘器（离心通风机） | 25 | | 2 | 2 | 50 | 0.70 | 0.80 | 0.75 | 35.00 | 26.25 | |
| 9 | 照明 | 20 | | 1 | 1 | 20 | 0.70 | 0.70 | 1.02 | 14.00 | 14.28 | |
| 10 | 道路照明 | 10 | | 1 | 1 | 10 | 0.70 | 0.70 | 1.02 | 7.00 | 7.14 | |
| 11 | 控制电源 | 10 | | 1 | 1 | 10 | 0.70 | 0.70 | 1.02 | 7.00 | 7.14 | |
| | 小 计 | | | 18 | 18 | 308 | | | | 215.60 | 207.63 | |
| (5) | 其他 | | | | | | | | | | | |
| 1 | 灰库气化风机 | 75 | | 2 | 2 | 150 | 0.70 | 0.70 | 1.02 | 105.00 | 107.10 | |
| 2 | 灰库电加热器 | 90 | | 2 | 2 | 180 | 0.70 | 0.70 | 1.02 | 126.00 | 128.52 | |
| 3 | 照明 | 30 | | 1 | 1 | 30 | 0.70 | 0.70 | 1.02 | 21.00 | 21.42 | |
| 4 | 灰库热工电源 | 30 | | 1 | 1 | 30 | 0.70 | 0.70 | 1.02 | 21.00 | 21.42 | |

续表

| 序号 | 设备名称 | 380V 设备功率 (kW) | 10kV 设备功率 (kW) | 安装台数 (台) | 工作台数 (台) | 工作容量 (kW) | 需用系数 (kc) | 功率因数 (cosΦ) | tgΦ | 有功功率 (kW) | 无功功率 (kvar) | 视在功率 (kVA) |
|---|---|---|---|---|---|---|---|---|---|---|---|---|
| 5 | 220V 直流充电电源 | 10 | | 1 | 1 | 10 | 0.70 | 0.70 | 1.02 | 7.00 | 7.14 | |
| 6 | 灰库输煤变温控电源 | 0.5 | | 1 | 1 | 0.5 | 0.70 | 0.70 | 1.02 | 0.35 | 0.36 | |
| 7 | 氨蒸发电源 | 200 | | 1 | 1 | 200 | 0.70 | 0.70 | 1.02 | 140.00 | 142.80 | |
| 8 | 脱硝电源 | 55 | | 1 | 1 | 55 | 0.70 | 0.70 | 1.02 | 38.50 | 39.27 | |
| | 小　计 | | | 10 | 10 | 655.50 | | | | 458.85 | 468.03 | |
| | 380V 设备小计 | | | 85 | 70 | 1470.66 | | | | 1022.60 | 849.72 | |
| | 乘以同时系数后 KΣP=0.90 KΣq=0.97 | | | 85 | 70 | 1470.66 | | 0.85 | | 920.34 | 807.23 | 1082.75 |
| | 灰库输煤低压变压器：2×SC10-1600/10，一用一备，本期工程负荷率：1082.75/1600=67.67% | | | | | | | | | | | |
| 1 | #2AB 胶带输送机 | | 280 | 2 | 1 | 280 | 0.65 | 0.70 | 1.02 | 182.00 | 185.64 | |
| 2 | #3AB 胶带输送机 | | 500 | 2 | 1 | 500 | 0.65 | 0.70 | 1.02 | 325.00 | 331.50 | |
| 3 | #6AB 胶带输送机 | | 200 | 2 | 1 | 200 | 0.65 | 0.70 | 1.02 | 130.00 | 132.60 | |
| 4 | #7AB 胶带输送机 | | 220 | 2 | 1 | 220 | 0.65 | 0.70 | 1.02 | 143.00 | 145.86 | |
| 5 | #8AB 胶带输送机 | | 280 | 2 | 1 | 280 | 0.65 | 0.70 | 1.02 | 182.00 | 185.64 | |
| | 6KV 设备小计 | | | 10 | 5 | 1480 | | | | 962.00 | 981.24 | |
| | 乘以同时系数后 KΣP=0.90 KΣq=0.97 | | | 10 | 5 | 1480 | | | | 865.80 | 932.18 | |
| | 输煤工序合计 | | | 95 | 75 | 2952.66 | | | | 1786.14 | 1739.41 | |
| （三） | 循环水工序 | | | | | | | | | | | |
| 1 | 液控蝶阀 | 5.5 | | 2 | 2 | 5.5 | 0.70 | 0.80 | 0.75 | 3.85 | 2.89 | |
| 2 | 排污水泵 | 11 | | 1 | 1 | 11 | 0.70 | 0.80 | 0.75 | 7.70 | 5.78 | |
| 3 | 潜水排污泵 | 11 | | 1 | 1 | 11 | 0.70 | 0.80 | 0.75 | 7.70 | 5.78 | |
| 4 | 热工电动门配电箱 | 30 | | 1 | 1 | 30 | 0.70 | 0.70 | 1.02 | 21.00 | 21.42 | |
| 5 | 循环水泵房 DCS | 15 | | 1 | 1 | 15 | 0.70 | 0.70 | 1.02 | 10.50 | 10.71 | |
| 6 | 冷却水泵 | 22 | | 1 | 1 | 22 | 0.70 | 0.80 | 0.75 | 15.40 | 11.55 | |

续表

| 序号 | 设备名称 | 380V设备功率（kW） | 10kV设备功率（kW） | 安装台数（台） | 工作台数（台） | 工作容量（kW） | 需用系数（kc） | 功率因数（cosΦ） | tgΦ | 有功功率（kW） | 无功功率（kvar） | 视在功率（kVA） |
|---|---|---|---|---|---|---|---|---|---|---|---|---|
| 7 | 刷式过滤器 | 0.18 | | 2 | 2 | 0.18 | 0.70 | 0.70 | 1.02 | 0.13 | 0.13 | |
| 8 | 压力式滤油机 | ·1.1 | | 1 | 1 | 1.1 | 0.70 | 0.70 | 1.02 | 0.77 | 0.79 | |
| 9 | 照明 | 20 | | 1 | 1 | 20 | 0.70 | 0.70 | 1.02 | 14.00 | 14.28 | |
| 10 | 二氧化氯发生器 | 9 | | 1 | 1 | 9 | 0.70 | 0.70 | 1.02 | 6.30 | 6.43 | |
| 11 | 卸酸泵 | 1.1 | | 1 | 1 | 1.1 | 0.70 | 0.80 | 0.75 | 0.77 | 0.58 | |
| 12 | 加阻垢剂装置 | 4 | | 1 | 1 | 4 | 0.70 | 0.70 | 1.02 | 2.80 | 2.86 | |
| 13 | 动力水泵 | 15 | | 1 | 1 | 15 | 0.70 | 0.80 | 0.75 | 10.50 | 7.88 | |
| | 380V设备小计 | | | 15 | 15 | 144.88 | | | | 101.42 | 91.05 | |
| | 乘以同时系数后 KΣP=0.90 KΣq=0.97 | | | 15 | 15 | 144.88 | | 0.85 | | 91.28 | 86.50 | 107.39 |
| | 循环水变压器：2×SC10－250/10，一用一备，本期工程负荷率：107.39/250=42.96%，二期工程总负荷率：85.91% | | | | | | | | | | | |
| 1 | 循环水泵 | | 2500 | 3 | 3 | 7500 | 0.8 | 0.8 | 0.75 | 6000 | 4500 | |
| | 乘以同时系数后 KΣP=0.90 KΣq=0.97 | | | 3 | 3 | 7500 | | | | 5400.00 | 4275.00 | |
| | 循环水合计 | | | 18 | 18 | 7644.88 | | | | 5501.42 | 4366.05 | |
| （四） | 除尘工序 | | | | | | | | | | | |
| （1） | 除尘 | | | | | | | | | | | |
| 1 | 除尘器高压硅整流设备 | 132 | | 4 | 4 | 528 | 0.75 | 0.70 | 1.02 | 396.00 | 403.92 | |
| 2 | 除尘器绝缘子电加热器 | 1 | | 32 | 32 | 32 | 0.75 | 0.70 | 1.02 | 24.00 | 24.48 | |
| 3 | 除尘器灰斗电加热器 | 0.5 | | 160 | 160 | 40 | 0.70 | 0.70 | 1.02 | 28.00 | 28.56 | |
| 4 | 除尘器振打控制柜 | 7.5 | | 1 | 1 | 7.5 | 0.70 | 0.70 | 1.02 | 5.25 | 5.36 | |
| 5 | 电除尘本体照明 | 18 | | 1 | 1 | 18 | 0.70 | 0.70 | 1.02 | 12.60 | 12.85 | |
| 6 | 灰斗气化风机 | 37 | | 1 | 1 | 37 | 0.70 | 0.70 | 1.02 | 25.90 | 26.42 | |
| 7 | 灰斗电加热器 | 80 | | 1 | 1 | 80 | 0.70 | 0.70 | 1.02 | 56.00 | 57.12 | |
| 8 | 压缩空气干燥器 | 12 | | 2 | 2 | 24 | 0.70 | 0.70 | 1.02 | 16.80 | 17.14 | |

续表

| 序号 | 设备名称 | 380V 设备功率 (kW) | 10kV 设备功率 (kW) | 安装台数 (台) | 工作台数 (台) | 工作容量 (kW) | 需用系数 (kc) | 功率因数 (cosΦ) | tgΦ | 有功功率 (kW) | 无功功率 (kvar) | 视在功率 (kVA) |
|---|---|---|---|---|---|---|---|---|---|---|---|---|
| 9 | 地面冲洗排水泵 | 5.5 | | 2 | 1 | 5.5 | 0.70 | 0.80 | 0.75 | 3.85 | 2.89 | |
| 10 | 柜式空调机 | 0.75 | | 1 | 1 | 0.75 | 0.70 | 0.70 | 1.02 | 0.53 | 0.54 | |
| 11 | 除灰渣热工电源 | 40 | | 1 | 1 | 40 | 0.70 | 0.70 | 1.02 | 28.00 | 28.56 | |
| 12 | 玻璃钢轴流风机 | 0.37 | | 3 | 3 | 0.37 | 0.70 | 0.70 | 1.02 | 0.26 | 0.26 | |
| | 小　计 | | | 209 | 208 | 813.12 | | | | 597.18 | 608.09 | |
| (2) | 全厂空调 | | | | | | | | | | | |
| 1 | 组合式空调机组 | 24.2 | | 4 | 4 | 96.80 | 0.55 | 0.7 | 1.02 | 53.24 | 54.30 | |
| 2 | 柜式空调器 | 0.75 | | 7 | 7 | 5.25 | 0.55 | 0.7 | 1.02 | 2.89 | 2.95 | |
| 3 | 柜式空调器 | 1.5 | | 4 | 4 | 6.00 | 0.55 | 0.7 | 1.02 | 3.30 | 3.37 | |
| 4 | 柜式空调器 | 3 | | 1 | 1 | 3 | 0.55 | 0.7 | 1.02 | 1.65 | 1.68 | |
| 5 | 小　计 | | | 16 | 16 | 111.05 | | | | 61.08 | 62.30 | |
| | 380V 设备小计 | | | 225 | 224 | 924.17 | | | | 658.26 | 670.39 | |
| | 乘以同时系数后 KΣP=0.90 KΣq=0.97 | | | 225 | 224 | 924.17 | | 0.85 | | 592.43 | 636.87 | 696.98 |
| | 除尘变压器：2×SC10-1600/10，一用一备，本期工程负荷率：696.98/1600=43.56%，二期工程总负荷率：87.12% | | | | | | | | | | | |
| (五) | 公用工序 | | | | | | | | | | | |
| 1 | 螺杆冷水机组 | 195 | | 1 | 1 | 195 | 0.70 | 0.80 | 0.75 | 136.50 | 102.38 | |
| 2 | 汽机 0 米公用 MCC | 61.18 | | 1 | 1 | 61.18 | 0.70 | 0.80 | 0.75 | 42.83 | 32.12 | |
| 3 | 汽机运行层 MCC | 157.7 | | 1 | 1 | 157.7 | 0.70 | 0.80 | 0.75 | 110.39 | 82.79 | |
| 4 | 煤仓间 MCC | 119.5 | | 1 | 1 | 119.5 | 0.70 | 0.80 | 0.75 | 83.65 | 62.74 | |
| 5 | 凝结水精处理 MCC | 101 | | 1 | 1 | 101 | 0.70 | 0.80 | 0.75 | 70.70 | 53.03 | |
| 6 | 化水加药 MCC | 7.95 | | 1 | 1 | 7.95 | 0.70 | 0.80 | 0.75 | 5.57 | 4.17 | |
| 7 | 制冷站 MCC | 151.56 | | 1 | 1 | 151.56 | 0.70 | 0.80 | 0.75 | 106.09 | 79.57 | |
| 8 | 集控楼 MCC | 92.9 | | 1 | 1 | 92.9 | 0.70 | 0.80 | 0.75 | 65.03 | 48.77 | |
| 9 | 网络继电器室 MCC | 111 | | 1 | 1 | 111 | 0.70 | 0.80 | 0.75 | 77.70 | 58.28 | |
| 10 | 生活污水 MCC | 37.6 | | 1 | 1 | 37.6 | 0.70 | 0.80 | 0.75 | 26.32 | 19.74 | |

续表

| 序号 | 设备名称 | 380V设备功率(kW) | 10kV设备功率(kW) | 安装台数(台) | 工作台数(台) | 工作容量(kW) | 需用系数(kc) | 功率因数(cosΦ) | tgΦ | 有功功率(kW) | 无功功率(kvar) | 视在功率(kVA) |
|---|---|---|---|---|---|---|---|---|---|---|---|---|
| 11 | 消防泵房MCC | 77.68 | | 1 | 1 | 77.68 | 0.70 | 0.80 | 0.75 | 54.38 | 40.78 | |
| 12 | 机组排水废水排放泵 | 90 | | 1 | 1 | 90 | 0.70 | 0.80 | 0.75 | 31.50 | 23.63 | |
| 13 | 再循环水泵 | 75 | | 1 | 1 | 75 | 0.70 | 0.80 | 0.75 | 52.50 | 39.38 | |
| 14 | 热水罐 | 160 | | 1 | 1 | 160 | 0.70 | 0.80 | 0.75 | 56.00 | 42.00 | |
| 15 | 变压器温控电源 | 2 | | 1 | 1 | 2 | 0.70 | 0.70 | 1.02 | 1.40 | 1.43 | |
| 16 | 补充水泵 | 85 | | 1 | 1 | 85 | 0.70 | 0.80 | 0.75 | 59.50 | 44.63 | |
| | 380V设备小计 | | | 16 | 16 | 1400.07 | | | | 980.05 | 735.41 | |
| | 乘以同时系数后 KΣP=0.90 KΣq=0.97 | | | 16 | 16 | 1400.07 | | 0.85 | | 882.05 | 698.64 | 1037.70 |
| | 公用变压器: 2×SC10-1250/10, 一用一备, 本期工程负荷率: 1037.70/1250=83.02% | | | | | | | | | | | |
| (六) | 脱硫工序 | | | | | | | | | | | |
| 1 | 吸收塔搅拌器 | 45 | | 4 | 2 | 90 | 0.8 | 0.70 | 1.02 | 72.00 | 73.44 | |
| 2 | 吸收塔排出泵 | 37 | | 2 | 1 | 37 | 0.8 | 0.8 | 0.75 | 29.60 | 22.20 | |
| 3 | 排水坑搅拌器 | 3 | | 1 | 1 | 3 | 0.8 | 0.70 | 1.02 | 2.40 | 2.45 | |
| 4 | 排水坑泵 | 11 | | 2 | 1 | 11 | 0.8 | 0.8 | 0.75 | 8.80 | 6.60 | |
| 5 | 事故浆液搅拌器 | 22 | | 1 | 1 | 22 | 0.8 | 0.70 | 1.02 | 17.60 | 17.95 | |
| 6 | 事故浆液泵 | 45 | | 1 | 1 | 45 | 0.8 | 0.8 | 0.75 | 36.00 | 27.00 | |
| 7 | 真空泵 | 30 | | 1 | 1 | 30 | 0.8 | 0.8 | 0.75 | 24.00 | 18.00 | |
| 8 | 滤布冲洗水泵 | 11 | | 2 | 1 | 11 | 0.8 | 0.8 | 0.75 | 8.80 | 6.60 | |
| 9 | 滤液搅拌器 | 3 | | 1 | 1 | 3 | 0.8 | 0.70 | 1.02 | 2.40 | 2.45 | |
| 10 | 滤液泵 | 10 | | 2 | 1 | 10 | 0.8 | 0.8 | 0.75 | 8.00 | 6.00 | |
| 11 | 废水旋流器给料泵 | 5.5 | | 2 | 1 | 5.5 | 0.8 | 0.8 | 0.75 | 4.40 | 3.30 | |
| 12 | 石膏浆液缓冲搅拌器 | 3 | | 1 | 1 | 3 | 0.8 | 0.70 | 1.02 | 2.40 | 2.45 | |
| 13 | 废水泵 | 15 | | 2 | 1 | 15 | 0.8 | 0.8 | 0.75 | 12.00 | 9.00 | |
| 14 | 废水搅拌器 | 3 | | 1 | 1 | 3 | 0.8 | 0.70 | 1.02 | 2.40 | 2.45 | |
| 15 | 仓底流化风机 | 0.75 | | 2 | 1 | 0.75 | 0.65 | 0.70 | 1.02 | 0.49 | 0.50 | |

续表

| 序号 | 设备名称 | 380V 设备功率 (kW) | 10kV 设备功率 (kW) | 安装台数 (台) | 工作台数 (台) | 工作容量 (kW) | 需用系数 (kc) | 功率因数 (cosΦ) | tgΦ | 有功功率 (kW) | 无功功率 (kvar) | 视在功率 (kVA) |
|---|---|---|---|---|---|---|---|---|---|---|---|---|
| 16 | 皮带称重给料机 | 7.5 | | 2 | 1 | 7.5 | 0.65 | 0.70 | 1.02 | 4.88 | 4.97 | |
| 17 | 石灰石浆液搅拌器 | 22 | | 1 | 1 | 22 | 0.8 | 0.70 | 1.02 | 17.60 | 17.95 | |
| 18 | 工艺水泵 | 75 | | 2 | 1 | 75 | 0.8 | 0.8 | 0.75 | 60.00 | 45.00 | |
| 19 | 冲洗水泵 | 37 | | 2 | 1 | 37 | 0.8. | 0.8 | 0.75 | 29.60 | 22.20 | |
| 20 | 电动单梁起重机 | 9.1 | | 1 | 1 | 9.1 | 0.55 | 0.70 | 1.02 | 5.01 | 5.11 | |
| 21 | 电动葫芦 | 4.9 | | 1 | 1 | 4.9 | 0.55 | 0.70 | 1.02 | 2.70 | 2.75 | |
| 22 | 电动葫芦 | 4.9 | | 1 | 1 | 4.9 | 0.55 | 0.70 | 1.02 | 2.70 | 2.75 | |
| | 380V 设备小计 | | | 35 | 21 | 449.65 | | | | 353.76 | 301.11 | |
| | 乘以同时系数后 KΣP=0.90 KΣq=0.97 | | | 35 | 21 | 449.65 | | 0.93 | | 318.38 | 286.05 | 342.34 |
| | 脱硫低压变压器：2×SC10-1000/10，一用一备，本期工程负荷率：342.34/1000=34.23%，二期工程总负荷率：68.47% | | | | | | | | | | | |
| 23 | 浆液循环水泵 | | 800 | 1 | 1 | 800 | 0.8 | 0.8 | 0.75 | 640.00 | 480.00 | |
| 24 | 浆液循环水泵 | | 900 | 1 | 1 | 900 | 0.8 | 0.8 | 0.75 | 720.00 | 540.00 | |
| 25 | 浆液循环水泵 | | 1000 | 1 | 1 | 1000 | 0.8 | 0.8 | 0.75 | 800.00 | 600.00 | |
| 26 | 氧化风机 | | 200 | 3 | 2 | 400 | 0.8 | 0.7 | 1.02 | 320.00 | 326.40 | |
| | 6KV 设备小计 | | | 6 | 5 | 3100 | | | | 2480.00 | 1946.40 | |
| | 乘以同时系数后 KΣP=0.90 KΣq=0.97 | | | 6 | 5 | 3100 | | | | 2232.00 | 1848.70 | |
| | 脱硫工序合计 | | | 41 | 26 | 3439.56 | | | | 2550.38 | 2134.75 | |
| （七） | 锅炉工序 | | | | | | | | | | | |
| 1 | 制粉系统密封风机 | 185 | | 1 | 1 | 185 | 0.70 | 0.80 | 0.75 | 129.50 | 97.13 | |
| 2 | 锅炉底层 MCC | 157.42 | | 1 | 1 | 157.42 | 0.70 | 0.7 | 1.02 | 110.19 | 112.40 | |
| 3 | 锅炉运行层 MCC | 88.29 | | 1 | 1 | 88.29 | 0.70 | 0.7 | 1.02 | 61.80 | 63.04 | |
| 4 | 锅炉热工配电箱 | 100 | | 1 | 1 | 100 | 0.70 | 0.7 | 1.02 | 70.00 | 71.40 | |
| 5 | 锅炉火检控制柜 | 30 | | 1 | 1 | 30 | 0.70 | 0.7 | 1.02 | 21.00 | 21.42 | |

续表

| 序号 | 设备名称 | 380V 设备功率 (kW) | 10kV 设备功率 (kW) | 安装台数 (台) | 工作台数 (台) | 工作容量 (kW) | 需用系数 (kc) | 功率因数 (cosΦ) | tgΦ | 有功功率 (kW) | 无功功率 (kvar) | 视在功率 (kVA) |
|---|---|---|---|---|---|---|---|---|---|---|---|---|
| 6 | 锅炉吹灰控制柜 | 10 | | 1 | 1 | 10 | 0.70 | 0.7 | 1.02 | 7.00 | 7.14 | |
| 7 | 锅炉点火控制柜 | 10 | | 1 | 1 | 10 | 0.70 | 0.7 | 1.02 | 7.00 | 7.14 | |
| 8 | 等离子冷却风机控制柜 | 11 | | 1 | 1 | 11 | 0.70 | 0.7 | 1.02 | 7.70 | 7.85 | |
| 9 | 锅炉保安 MCC | 542.8 | | 1 | 1 | 542.8 | 0.70 | 0.7 | 1.02 | 379.96 | 387.56 | |
| 10 | 脱硝 MCC | 150 | | 1 | 1 | 150 | 0.70 | 0.7 | 1.02 | 105.00 | 107.10 | |
| 11 | 脱硝热工电源 | 10 | | 1 | 1 | 10 | 0.70 | 0.7 | 1.02 | 7.00 | 7.14 | |
| 12 | 变压器温控电源 | 1 | | 1 | 1 | 1 | 0.70 | 0.7 | 1.02 | 0.70 | 0.71 | |
| | 380V 设备小计 | | | 12 | 12 | 1295.51 | | | | 906.86 | 890.03 | |
| | 乘以同时系数后 KΣP=0.90 KΣq=0.97 | | | 12 | 12 | 1295.51 | | 0.85 | | 816.17 | 845.53 | 960.20 |
| | 锅炉低压变压器：2×SC10-1250/10，一用一备，本期工程负荷率：960.20/1250=76.82% | | | | | | | | | | | |
| 13 | 中速磨煤机 | | 740 | 6 | 5 | 3700 | 0.8 | 0.7 | 1.02 | 2960.00 | 3019.20 | |
| 14 | 动叶可调送风机 | | 1100 | 2 | 2 | 2200 | 0.8 | 0.7 | 1.02 | 1760.00 | 1795.20 | |
| 15 | 动叶可调引风机 | | 5000 | 2 | 2 | 10000 | 0.8 | 0.7 | 1.02 | 8000.00 | 8160.00 | |
| 16 | 动叶可调一次风机 | | 2550 | 2 | 2 | 5100 | 0.8 | 0.7 | 1.02 | 4080.00 | 4161.60 | |
| | 6KV 设备小计 | | | 12 | 11 | 21000.00 | | | | 16800.00 | 17136.00 | |
| | 乘以同时系数后 KΣP=0.90 KΣq=0.97 | | | 12 | 11 | 21000.00 | | | | 15120.00 | 14279.20 | |
| | 锅炉工序合计 | | | 24 | 23 | 22295.51 | | | | 15936.17 | 15124.73 | |
| （八） | 汽机工序 | | | | | | | | | | | |
| 1 | 水环式真空泵 | 132 | | 1 | 1 | 132 | 0.60 | 0.8 | 0.75 | 79.20 | 59.40 | |
| 2 | 汽机 MCC1 | 136.85 | | 1 | 1 | 136.85 | 0.60 | 0.7 | 1.02 | 82.11 | 83.75 | |
| 3 | 汽机 MCC2 | 82.1 | | 1 | 1 | 82.1 | 0.60 | 0.7 | 1.02 | 49.26 | 50.25 | |
| 4 | 汽机 MCC3 | 87.96 | | 1 | 1 | 87.96 | 0.60 | 0.7 | 1.02 | 52.78 | 53.83 | |
| 5 | 汽机单台 MCC | 156 | | 1 | 1 | 156 | 0.60 | 0.7 | 1.02 | 93.60 | 95.47 | |

续表

| 序号 | 设备名称 | 380V设备功率（kW） | 10kV设备功率（kW） | 安装台数（台） | 工作台数（台） | 工作容量（kW） | 需用系数（kc） | 功率因数（cosΦ） | tgΦ | 有功功率（kW） | 无功功率（kvar） | 视在功率（kVA） |
|---|---|---|---|---|---|---|---|---|---|---|---|---|
| 6 | 汽机热工配电箱 | 100 | | 1 | 1 | 100 | 0.60 | 0.7 | 1.02 | 60.00 | 61.20 | |
| 7 | 汽机保安7AMCC | 302.5 | | 1 | 1 | 302.5 | 0.60 | 0.7 | 1.02 | 181.50 | 185.13 | |
| 8 | 汽机保安7BMCC | 278 | | 1 | 1 | 278 | 0.60 | 0.7 | 1.02 | 166.80 | 170.14 | |
| 9 | 变压器温整电源 | 2 | | 1 | 1 | 2 | 0.60 | 0.7 | 1.02 | 1.20 | 1.22 | |
| | 380V小计 | | | 9 | 9 | 1277.41 | | | | 766.45 | 760.39 | |
| | 乘以同时系数后 KΣP=0.90 KΣq=0.97 | | | 9 | 9 | 1277.41 | | 0.85 | | 689.81 | 722.37 | 811.54 |
| | 汽机低压变压器：2×SC10-1000/10，一用一备，本期工程负荷率：811.54/1000=81.15% | | | | | | | | | | | |
| 10 | 凝结水泵 | | 2100 | 2 | 1 | 2100 | 0.8 | 0.8 | 0.75 | 1680.00 | 1260.00 | |
| 11 | 汽动给水泵前置泵 | | 560 | 2 | 2 | 1120 | 0.8 | 0.8 | 0.75 | 896.00 | 672.00 | |
| 12 | 电动起动调速给水泵 | | 3600 | 1 | 1 | 3600 | 0.3 | 0.8 | 0.75 | 1080.00 | 810.00 | |
| 13 | 电动泵前置泵 | | 560 | 1 | 1 | 560 | 0.3 | 0.8 | 0.75 | 168.00 | 126.00 | |
| 14 | 开式水泵 | | 280 | 2 | 1 | 280 | 0.8 | 0.8 | 0.75 | 224.00 | 168.00 | |
| | 6KV设备小计 | | | 8 | 6 | 7660.00 | | | | 4048.00 | 3036.00 | |
| | 乘以同时系数后 KΣP=0.90 KΣq=0.97 | | | 8 | 6 | 7660.00 | | | | 3643.20 | 2884.20 | |
| | 汽机工序设备合计 | | | 17 | 15 | 8937.41 | | | | 4447.97 | 3726.96 | |
| （九） | 锅炉、汽机照明 | | | | | | | | | | | |
| 1 | 汽机房底层照明箱 | 20 | | 1 | 1 | 20 | 0.9 | 0.7 | 1.02 | 18.00 | 18.36 | |
| 2 | 汽机房6.9米照明箱 | 20 | | 1 | 1 | 20 | 0.9 | 0.7 | 1.02 | 18.00 | 18.36 | |
| 3 | 汽机房运行层照明箱 | 20 | | 1 | 1 | 20 | 0.9 | 0.7 | 1.02 | 18.00 | 18.36 | |
| 4 | 锅炉房底层照明箱 | 20 | | 1 | 1 | 20 | 0.9 | 0.7 | 1.02 | 18.00 | 18.36 | |
| 5 | 锅炉房运行层照明箱 | 20 | | 1 | 1 | 20 | 0.9 | 0.7 | 1.02 | 18.00 | 18.36 | |
| 6 | 锅炉本体照明箱 | 40 | | 1 | 1 | 40 | 0.9 | 0.7 | 1.02 | 36.00 | 36.72 | |

续表

| 序号 | 设备名称 | 380V设备功率(kW) | 10kV设备功率(kW) | 安装台数(台) | 工作台数(台) | 工作容量(kW) | 需用系数(kc) | 功率因数(cosΦ) | tgΦ | 有功功率(kW) | 无功功率(kvar) | 视在功率(kVA) |
|---|---|---|---|---|---|---|---|---|---|---|---|---|
| 7 | 集控室照明箱 | 20 | | 1 | 1 | 20 | 0.9 | 0.7 | 1.02 | 18.00 | 18.36 | |
| 8 | 除氧间照明箱 | 5 | | 1 | 1 | 5 | 0.9 | 0.7 | 1.02 | 4.50 | 4.59 | |
| 9 | 煤仓间照明箱 | 10 | | 1 | 1 | 10 | 0.9 | 0.7 | 1.02 | 9.00 | 9.18 | |
| 10 | 事故照明箱 | 55 | | 1 | 1 | 55 | 0.9 | 0.7 | 1.02 | 49.50 | 50.49 | |
| 11 | 道路照明箱 | 50 | | 1 | 1 | 50 | 0.9 | 0.7 | 1.02 | 45.00 | 45.90 | |
| | 380V小计 | | | 11 | 11 | 280 | | | | 252.00 | 257.04 | |
| | 乘以同时系数后 $K\Sigma P=0.90$ $K\Sigma q=0.97$ | | | 11 | 11 | 280 | | 0.7 | | 226.80 | 244.19 | 324.00 |
| | 照明汽轮机低压变压器：$1 \times SC10-630/10$，与检修变压器 $1 \times SC10-630/10$ 互为备用，本期工程负荷率：324/630=51.43% | | | | | | | | | | | |
| | 高压厂用变压器：$1 \times SFF_{10}-42000/22$ 负荷率：36472.36 42000=86.84% | | | | | | | | | | | |
| (十) | 全厂合计 | | | 582 | 540 | 51135.11 | | 0.93 | | 33919.30 | 30660.86 | 36472.36 |

（2）生产用电量计算。

全厂生产用电量：33919. 30×5500 = 18655. 62（万 kWh）

（3）加工转换损失。

电力的加工转换损失即是生产中各变压器损耗的电量。通过计算各变压器损耗的电量，即可核算出电力加工转换损耗量。各变压器损耗电量计算如下：

1）煤场变压器型号为 $2 \times SC_{10} - 1600KVA/10$ 一用一备，负荷率 $\beta = 81.38\%$

①变压器有功功率损耗。

有功功率损耗 $\Delta P = P_0 + \beta^2 P_k$

其中 $P_0 = 2400W$，$P_k = 11600W$

$$\Delta P = 2400 + 0. 8138^2 \times 11600 = 10. 08（kW）$$

②变压器无功功率损耗。

无功功率损耗 $\Delta Q = \Delta Q_0 + \beta^2 \Delta Q_N = I_0 S_N \times 10^{-2} + \beta^2（U_K S_N \times 10^{-2}）$

其中 $I_0 = 0.5\%$，$S_N = 1600$，$U_K = 6\%$

$$\Delta Q = 0. 005 \times 1600 \times 10^{-2} + 0. 8138^2 \times 0. 06 \times 1600 \times 10^{-2}$$
$$= 71. 58 \times 10^{-2} = 0. 72（kVar）$$

③变压器综合有功功率损耗。

$\Delta P_Z = \Delta P + Ka \Delta Q \qquad Ka = 0. 15$

$$\Delta P_Z = 10. 08 + 0. 15 \times 0. 72 = 10. 19（kW）$$
$$10. 19 \times 5500 = 5. 60（万 kWh）$$

2）灰库、输煤变压器型号为 $2 \times SC_{10} - 1600KVA/10$ 一用一备，负荷率 $\beta = 67.67\%$

①变压器有功功率损耗。

有功功率损耗 $\Delta P = P_0 + \beta^2 P_k$

其中 $P_0 = 2400W$，$P_k = 11600W$

$$\Delta P = 2400 + 0. 6767^2 \times 11600 = 7. 71（kW）$$

②变压器无功功率损耗。

无功功率损耗 $\Delta Q = \Delta Q_0 + \beta^2 \Delta Q_N = I_0 S_N \times 10^{-2} + \beta^2（U_K S_N \times 10^{-2}）$

其中 $I_0 = 0.5\%$，$S_N = 1600$，$U_K = 6\%$

$$\Delta Q = 0. 005 \times 1600 \times 10^{-2} + 0. 6767^2 \times 0. 06 \times 1600 \times 10^{-2}$$
$$= 51. 96 \times 10^{-2} = 0. 52（kVar）$$

③变压器综合有功功率损耗。

$\Delta P_Z = \Delta P + Ka \Delta Q \qquad Ka = 0. 15$

$$\Delta P_Z = 7.71 + 0.15 \times 0.52 = 7.79 \ (\text{kW})$$
$$7.79 \times 5500 = 4.28 \ (\text{万 kWh})$$

3）除尘变压器型号为 $2 \times SC_{10} - 1600KVA/10$ 一用一备，负荷率 $\beta = 43.56\%$

①变压器有功功率损耗。

有功功率损耗 $\Delta P = P_0 + \beta^2 P_k$

其中 $P_0 = 2400W$，$P_k = 11600W$

$$\Delta P = 2400 + 0.4356^2 \times 11600 = 4.60 \ (\text{kW})$$

②变压器无功功率损耗。

无功功率损耗 $\Delta Q = \Delta Q_0 + \beta^2 \Delta Q_N = I_0 S_N \times 10^{-2} + \beta^2 (U_K S_N \times 10^{-2})$

其中 $I_0 = 0.5\%$，$S_N = 1600$，$U_K = 6\%$

$$\Delta Q = 0.005 \times 1600 \times 10^{-2} + 0.4356^2 \times 0.06 \times 1600 \times 10^{-2}$$
$$= 26.22 \times 10^{-2} = 0.26 \ (\text{kVar})$$

③变压器综合有功功率损耗。

$\Delta P_Z = \Delta P + Ka \Delta Q \qquad Ka = 0.15$

$$\Delta P_Z = 4.60 + 0.15 \times 0.26 = 4.64 \ (\text{Kw})$$
$$4.64 \times 5500 = 2.55 \ (\text{万 kWh})$$

4）脱硫变压器型号为 $2 \times SC_{10} - 1000KVA/10$ 一用一备，负荷率 $\beta = 34.23\%$

①变压器有功功率损耗。

有功功率损耗 $\Delta P = P_0 + \beta^2 P_k$

其中 $P_0 = 1790W$，$P_k = 8080W$

$$\Delta P = 1790 + 0.3423^2 \times 8080 = 2.74 \ (\text{kW})$$

②变压器无功功率损耗。

无功功率损耗 $\Delta Q = \Delta Q_0 + \beta^2 \Delta Q_N = I_0 S_N \times 10^{-2} + \beta^2 (U_K S_N \times 10^{-2})$

其中 $I_0 = 0.6\%$，$S_N = 1000$，$U_K = 6\%$

$$\Delta Q = 0.006 \times 1000 \times 10^{-2} + 0.3423^2 \times 0.06 \times 1000 \times 10^{-2}$$
$$= 13.03 \times 10^{-2} = 0.13 \ (\text{kVar})$$

③变压器综合有功功率损耗。

$\Delta P_Z = \Delta P + Ka \Delta Q \qquad Ka = 0.15$

$$\Delta P_Z = 2.74 + 0.15 \times 0.13 = 2.76 \ (\text{kW})$$
$$2.76 \times 5500 = 1.52 \ (\text{万 kWh})$$

5）锅炉变压器型号为 $2 \times SC_{10} - 1250KVA/10$ 一用一备，负荷率 $\beta = 76.82\%$

①变压器有功功率损耗。

有功功率损耗 $\Delta P = P_0 + \beta^2 P_k$

其中 $P_0 = 2080W$，$P_k = 9550W$

$$\Delta P = 2080 + 0.7682^2 \times 9550 = 7.72 \ （kW）$$

②变压器无功功率损耗。

无功功率损耗 $\Delta Q = \Delta Q_0 + \beta^2 \Delta Q_N = I_0 S_N \times 10^{-2} + \beta^2 \ （U_K S_N \times 10^{-2}）$

其中 $I_0 = 0.5\%$，$S_N = 1250$，$U_K = 6\%$

$$\Delta Q = 0.005 \times 1250 \times 10^{-2} + 0.7682^2 \times 0.06 \times 1250 \times 10^{-2}$$
$$= 50.51 \times 10^{-2} = 0.51 \ （kVar）$$

③变压器综合有功功率损耗。

$\Delta P_Z = \Delta P + Ka\Delta Q$ 　　$Ka = 0.15$

$$\Delta P_Z = 7.72 + 0.15 \times 0.51 = 7.80 \ （kW）$$
$$7.80 \times 5500 = 4.29 \ （万 \ kWh）$$

6）汽机变压器型号为 $2 \times SC_{10} - 1000KVA/10$ 一用一备，负荷率 $\beta = 81.15\%$

①变压器有功功率损耗。

有功功率损耗 $\Delta P = P_0 + \beta^2 P_k$

其中 $P_0 = 1790W$，$P_k = 8080W$，

$$\Delta P = 1790 + 0.8115^2 \times 8080 = 9.03 \ （kW）$$

②变压器无功功率损耗。

无功功率损耗 $\Delta Q = \Delta Q_0 + \beta^2 \Delta Q_N = I_0 S_N \times 10^{-2} + \beta^2 \ （U_K S_N \times 10^{-2}）$

其中 $I_0 = 0.6\%$，$S_N = 1000$，$U_K = 6\%$

$$\Delta Q = 0.006 \times 1000 \times 10^{-2} + 0.8115^2 \times 0.06 \times 1000 \times 10^{-2}$$
$$= 58.78 \times 10^{-2} = 0.59 \ （kVar）$$

③变压器综合有功功率损耗。

$\Delta P_Z = \Delta P + Ka\Delta Q$ 　　$Ka = 0.15$

$$\Delta P_Z = 9.03 + 0.15 \times 0.59 = 9.12 \ （kW）$$
$$9.12 \times 5500 = 5.02 \ （万 \ kWh）$$

7）公用变压器型号为 $2 \times SC_{10} - 1250KVA/10$，负荷率 $\beta = 83.02\%$

①变压器有功功率损耗。

有功功率损耗 $\Delta P = P_0 + \beta^2 P_k$

其中 $P_0 = 2080W$，$P_k = 9550W$

$$\Delta P = 2080 + 0.8302^2 \times 9550 = 8.66 \quad (kW)$$

②变压器无功功率损耗。

无功功率损耗 $\Delta Q = \Delta Q_0 + \beta^2 \Delta Q_N = I_0 S_N \times 10^{-2} + \beta^2 (U_K S_N \times 10^{-2})$

其中 $I_0 = 0.5\%$，$S_N = 1250$，$U_K = 6\%$

$$\Delta Q = 0.005 \times 1250 \times 10^{-2} + 0.8302^2 \times 0.06 \times 1250 \times 10^{-2}$$
$$= 57.94 \times 10^{-2} = 0.58 \quad (kVar)$$

③变压器综合有功功率损耗。

$\Delta P_Z = \Delta P + Ka\Delta Q \qquad Ka = 0.15$

$$\Delta P_Z = 8.66 + 0.15 \times 0.58 = 8.75 \quad (kW)$$
$$8.75 \times 5500 = 4.81 \quad (万\,kWh)$$

8）循环水变压器型号为 $2 \times SC_{10} - 250KVA/10$ 本期用一台，负荷率 $\beta = 42.96\%$

①变压器有功功率损耗。

有功功率损耗 $\Delta P = P_0 + \beta^2 P_k$

其中 $P_0 = 720W$，$P_k = 2740W$

$$\Delta P = 720 + 0.4296^2 \times 2740 = 1.23 \quad (kW)$$

②变压器无功功率损耗。

无功功率损耗 $\Delta Q = \Delta Q_0 + \beta^2 \Delta Q_N = I_0 S_N \times 10^{-2} + \beta^2 (U_K S_N \times 10^{-2})$

其中 $I_0 = 0.7\%$，$S_N = 1600$，$U_K = 4\%$

$$\Delta Q = 0.007 \times 250 \times 10^{-2} + 0.4296^2 \times 0.04 \times 250 \times 10^{-2}$$
$$= 3.60 \times 10^{-2} = 0.04 \quad (kVar)$$

③变压器综合有功功率损耗。

$\Delta P_Z = \Delta P + Ka\Delta Q \qquad Ka = 0.15$

$$\Delta P_Z = 1.23 + 0.15 \times 0.04 = 1.24 \quad (kW)$$
$$1.24 \times 5500 = 0.68 \quad (万\,kWh)$$

9）照明变压器型号为 $SC_{10} - 630KVA/10$ 本期用一台，与检修变压器互为备用，负荷率 $\beta = 51.43\%$

①变压器有功功率损耗。

有功功率损耗 $\Delta P = P_0 + \beta^2 P_k$

其中 $P_0 = 1340W$，$P_k = 5130W$

$$\Delta P = 1340 + 0.5143^2 \times 5130 = 2.70 \ (kW)$$

②变压器无功功率损耗。

无功功率损耗 $\Delta Q = \Delta Q_0 + \beta^2 \Delta Q_N = I_0 S_N \times 10^{-2} + \beta^2 \ (U_K S_N \times 10^{-2})$

其中 $I_0 = 0.5\%$，$S_N = 630$，$U_K = 4\%$

$$\Delta Q = 0.005 \times 630 \times 10^{-2} + 0.5143^2 \times 0.04 \times 630 \times 10^{-2}$$
$$= 9.82 \times 10^{-2} = 0.10 \ (kVar)$$

③变压器综合有功功率损耗。

$$\Delta P_Z = \Delta P + Ka\Delta Q \qquad Ka = 0.15$$

$$\Delta P_Z = 2.70 + 0.15 \times 0.10 = 2.72 \ (kW)$$
$$2.72 \times 5500 = 1.49 \ (万 \ kWh)$$

项目变压器总损耗电量：

$$5.60 + 4.28 + 2.55 + 1.52 + 4.29 + 5.02 + 4.81 + 0.68 + 1.49 = 30.24 \ (万 \ kWh)$$

折标煤量：等价值：122.17 tce    当量值：37.16 tce

（4）电力输送分配损失。

电力输送分配损失即是厂内各用电线路损耗的电量，通过用电线路损耗电量计算，核算电力输送分配损失量。

根据电气专业通用算法是采用经验估算法，按生产装置、辅助装置和附属装置用电量的 1% ~ 1.5% 进行估算。本报告采用平均 1.25% 进行估算。

线路损耗电量：$\triangle W_L = 18655.62 \times 1.25\% = 233.20$（万 kWh）

项目厂用电总量 = 厂内生产用电量 + 变压器损耗电量 + 线路损耗电量
$$= 18655.62 + 30.24 + 233.20 = 18919.06 \ (万 \ kWh)$$

厂用电率 = 项目总用量/总发电量
$$= 18919.06/321106.50 = 5.89\%$$

线损率 = 用电线路损失电量/总用电量
$$= 233.20/18919.06 = 1.23\%$$

项目线路损耗占项目总用电量的 1.23%。符合《评价企业合理用电技术导则》（GB/T 3485—1998）中规定的一级变电装置电力损耗小于 3.5% 的要求。

（5）电力最终使用损失量。

根据设备效率及所占容量比重，通过加权平均得出全厂平均效率，最终核算出电力最终使用损失量。

由于本项目用电设备较多，本报告采用将设备分类后，按每类设备的平均效率及每类设备容量占装置总容量的比重，加权后得出的加权平均效率来核算电力损失。

表 3-6　　　　　　　　　　　　全厂设备加权平均效率表

| 序号 | 设备名称 | 效率（%） | 功率（kW） | 占总功率比例（%） | 加权平均设备效率（%） | 备注 |
|------|----------|-----------|-----------|------------------|---------------------|------|
| 1 | 输送设备 | 65 | 5218.41 | 12.28 | | |
| 2 | 泵类设备 | 80 | 20145.54 | 47.42 | | |
| 3 | 风机类设备 | 70 | 14297.51 | 33.65 | | |
| 4 | 空调机 | 65 | 111.05 | 0.26 | 74.14 | |
| 5 | 照明 | 55 | 620.00 | 1.46 | | |
| 6 | 其他 | 75 | 2092.60 | 4.93 | | |
| 7 | 合　计 | | 42485.11 | 100.00 | | |

最终使用总效率：74.14%

最终损失电量：18919.06 × （1 - 74.14%）= 4892.47（万 kWh）

4. 柴油用量核算

根据《关于调整和修改火力发电厂工程基建阶段燃油和蒸汽用量标准及其计算公式的通知》（中电联技经〔2007〕7 号），单台 600MW 机组试运行期间的燃油定量为 5083.1t。采用等离子点火方式的机组在投用期间可节油 80% ~ 90%，则整个试运行期间燃油耗量为 1016.62t。

（1）购入储存损失。

项目设置有专门的储油罐，因此，不考虑贮存损失。

（2）加工转换损失。

柴油的加工转换即是柴油在锅炉点火时间的燃烧，也是柴油的最终使用。因此，不考虑加工转换损失。

（3）输送分配损失。

项目有专门的供油及回油管道与锅炉相通，因此，不考虑运输损失。

（4）最终使用损失。

柴油在最终使用时就是在锅炉点火时作为煤粉的引燃燃料，柴油点火燃烧后释放的全部热量，作为煤粉引燃的最低能量，因此，没有损失。

### 三、单项工程能源消耗种类及其年总消耗量

本项目没有节能方面的单项工程，因此，单项工程用能情况即是项目整体用能情况。

表 3-7　　　　　　　　　　　　单项工程使用能源种类

| 序号 | 种类 | 单位 | 数量 | 来　源 | 备　注 |
|------|------|------|------|--------|--------|
| 1 | 原煤 | 万吨 | 134.00 | 内蒙古伊泰集团 | #7 机组燃料 |
| 2 | 柴油 | 吨 | 1016.62 | 当地石油公司 | #7 机组锅炉引燃 |
| 3 | 新水 | 万吨 | 912.86 | 工业渠及市政供水 | 本期生产及生活 |

### 四、水的使用和供应情况

1. 水源

项目生产用水由工业渠供给，为地表水。生活用水由市政自来水供给。供水设施利用

原有供水设施即能满足本项目用水需求。本期项目用水需增加部分管网和设施。

2. 给水系统

项目给水系统包括生产消防给水系统和生活给水系统。

（1）生产消防给水系统：包括净水站、化学水处理、循环水系统和消防水系统。

本期生产给水的初步净化利用原有净水站设施，只需增加一条DN1000总供给管道。本期化学水处理利用原有化学水处理设施，并且在锅炉补水处理中增加了活性炭处理工艺，此由需增加相应的设施。同时本期化学水处理增加了凝结水精处理工艺及相应设施。

1）净水站：电厂原有净水站处理能力为4000 $m^3/h$。

本期机组补充水量1290.50$m^3/h$，因此，根据现有净水站处理能力能够满足电厂本期工程用水量，也能够满足本期工程建成后全厂总用水量的要求。

现有净水站建有取水泵房一座，设置水泵三台，单泵流量为1450$m^3/h$，扬程14m，两用一备。同时设置四个处理量为1000 $m^3/h$斜管池，三用一备。

工业渠来水由取水泵打入斜管池，再经无阀过滤池，预处理后的水通过$2 \times D_N1000$输水钢管（一用一备）自流至厂区综合水泵房的补水池，再由水泵输送到各用水点，大部分供循环水系统，少部分供化学水处理。

在净泵房现在#1～#4机组备用补水泵位置上，改造安装2台给水泵为本期$1 \times 600MW$机组补给循环水，单泵流量 $Q = 1200m^3/h$，扬程 $H = 14m$（一用一备），通过新建$1 \times DN630$向本期机组循环水泵房前池和$2 \times 2000m^3$消防水池补给供水；安装2台工业服务水泵和2台空预器冲洗水泵，为本期机组提供工业服务用水。通过已有化学水水泵向新建2座空气擦洗重力滤池供水，单座空气擦洗重力滤池处理能力为400$m^3/h$，过滤后输送到化学水处理车间。现有化学水泵三台，分别为两台流量 $Q = 216 \sim 351m^3/h$，扬程 $H = 50 \sim 60m$；一台流量 $Q = 288m^3/h$，扬程 $H = 62.5m$，两用一备。

已建的一条 $D_N1000$ 水管线长约1500m，全线沿早期电厂进水明渠地面敷设至厂内。本期新建另一条 $D_N1000$ 水管线。

2）循环水系统：根据×××工业渠水质情况，新水经过预处理后，大部分直接补给冷却塔作循环补水和工业服务水池，作为机组循环冷却补水。本期工程$1 \times 600MW$机组采用带自然通风冷却塔的二次循环供水系统。

本期新建机组冷却塔总循环水量69867$m^3/h$，总补水量为1321 $m^3/h$。根据600MW级汽轮机特性、厂址水文气象、水源条件、冷却塔及系统布置等，初步拟定机组夏季循环冷却水冷却倍率采用65倍。

循环冷却水系统组成：一机配两台循环水泵、一条循环水管和一座自然通风逆流式冷却塔。

循环水系统流程为：冷却塔集水池→自流回水沟→进水前池→循环水泵房→压力进水管→凝汽器→排水管→冷却塔→冷却塔集水池。

为了防止循环冷却水系统的生物附着和生长，保证冷却水系统的热交换效率，拟对循环冷却水系统进行加药处理。采用加复合二氧化氯和加阻垢剂对循环冷却水进行处理。

本期一机配两泵，每台泵按机组最大需水量的 50% 考虑。泵房内设置两台立式斜流泵，每台泵进水流道配置有平板滤网和出口止回阀各一台。循环水系统的主要设备参数见表 3 - 8。

表 3 - 8 　　　　　　　　　　　循环水系统主要设备参数

| 序号 | 项　目 | 型式及规格 | 数量 | 备注 |
|---|---|---|---|---|
| 1 | 循环水泵（国产） | 立式斜流泵，Q = 10.1m³/s，H = 25m | 2 台 | |
| 2 | 循环水泵电动机 | 立轴，3200kW，6000V | 2 台 | |
| 3 | 伸缩节 | $D_N$2400，0.6MPa | 2 个 | |
| 4 | 液控止回蝶阀 | $D_N$2400，0.6MPa | 2 台 | |
| 5 | 平板滤网 | B = 5.5m，H = 8.4m | 2 台 | |
| 6 | 平板液压钢闸门 | 5.5m×4m，配 1 套液压泵站 | 1 台 | |
| 7 | 出口蝶阀井潜水排污泵 | Q = 25m³/h，H = 0.08MPa，N = 0.75kW | 2 台 | |
| 8 | 移动式排水泵 | Q = 70m³/h，H = 0.2MPa，N = 7.5kW | 1 台 | |
| 9 | 电动桥式起重机 | 40/10t，Lk = 13.5m，H = 25m | 1 台 | 户内 |
| 10 | 门式起重机 | 10/5t，Lk = 13m，H = 25m | 1 台 | 户外 |

①循环水泵房。

本工程一机一塔设置一座循环泵房，泵房设于冷却塔东侧，水泵出水管面向升压站。采用一台机组配置两台立式斜流泵，泵出口安装液控止回蝶阀，泵房内设置桥式起重机。拦污设备采用平板滤网，宽度 5.5m，共设置 2 台，泵房进水前池设置平板钢闸门，均为露天布置。

本期 1×600MW 工程初步确定循环水泵房与进水间下部结构几何尺寸为：长 × 宽 × 深 = 31.2m×11m×8.4m，钢筋混凝土箱形结构。泵房地上部分尺寸为：长 × 宽 × 高 = 16.2m×23m×16.8m，钢筋混凝土框排架结构。

进水前池：为使自流引水管与循环水泵房有较好的衔接，保持良好的流态，于两者之间设置进水前池。进水前池平面采用梯形过渡形式，几何尺寸为长（水流方向）×宽（短边×长边）=7.1m×（6m×11m），底部深 8.4m。

②循环水管沟。

循环水泵出口管采用 DN2400 焊接钢管；循环水压力进水干管和压力回水管均采用管径为 DN3200 的焊接钢管，设计流速为 2.49m/s。汽机房循环水压力进水管采用 DN2400 焊接钢管，管内设计流速为 2.22m/s。

从冷却塔自流到循环水泵房的沟道采用沟道断面为 2×2500mm×3000mm 钢筋混凝土结构双孔暗沟，设计流速为 1.34m/s。

③冷却塔。

由于本设计阶段汽机尚未最终确定，根据×××地区水文气象特点并借鉴本地区同类型机组的资料情况，经热力计算，本期 1×600MW 机组暂定配置 1 座淋水面积为 9000m² 的双曲线逆流式自然通风冷却塔，为机组循环冷却水提供散热冷却，冷却塔在原冷却塔基础上新建。

冷却塔为现浇钢筋混凝土结构。零米标高处直径116m，塔高146m，采用管式配水系统，配水管为 PVC 管材，喷溅装置选用旋转型喷溅装置，淋水填料选用国内先进的高效低阻薄膜式塑料淋水填料，除水器选用 BO ~45/160 高效除水器。

在本阶段可行性研究时期，当冷却倍率 m = 65 时，夏季 P = 10% 气象条件下（湿球温度为 27.2℃）的冷却塔出水温度约为 31.61℃，此时的凝汽器出水温度约为 39.92℃，相应背压为 8.37/10.52kPa（折合背压 9.45kPa），小于汽轮机满发所允许的最高背压 11.8kPa。下一阶段将结合本地区自然气象等条件，通过供水系统（冷端）优化计算校核、确定供水系统最佳参数。

3）化学水处理：包括锅炉补水处理、凝结水处理和加药系统。

锅炉补水处理：本期锅炉补水处理利用原有锅炉补水处理设施，由于处理工艺中增加了活性炭过滤，因此需增设两个除盐水箱及活性炭过滤，三台除盐水泵及一台反洗水泵。

锅炉补给水处理系统流程为：高效纤维过滤 + 活性炭过滤 + 一级除盐 + 混床。

全厂锅炉补给水处理系统的设计能力为：700t/h。

表 3 – 9 锅炉补水处理系统的出水质量

| 出水指标 | 标准值 | 期望值 |
|---|---|---|
| 硬度 | ≈0 μmol/L | |
| 电导率（25℃） | ≤ 0.2 μS/cm | ≤ 0.15 μS/cm |
| 二氧化硅 | < 15/L | ≤ 10 μg/L |
| TOC | ≤ 200 μg/L | |

凝结水处理：本工程锅炉为超临界直流炉，凝汽器的冷却水采用预处理后的河水。根据《火力发电厂设计技术规程》（DL 5000—2000）有关规定，设置全流量的凝结水前置除铁过滤器及精处理混床系统。

本工程凝结水精处理混床按中压系统设计，新建机组的前置除铁过滤器按 2×50% 设置，不设备用；精处理混床为 3×50%，其中两台运行，一台备用。配置一套精处理混床体外再生装置，并设置 100% 凝结水旁路系统。

化学加药：本期新建机组设置给水、凝结水加氨和加联氨处理装置各一套，以防止热力系统的腐蚀。同时考虑闭式循环冷却水系统的加药和停炉保护措施。

设置一套给水、凝结水加氧处理装置，以降低给水的铁含量，减缓炉前系统及炉管的腐蚀和结垢速率，延长机组化学清洗的周期和凝结水精处理混床的运行周期。

新建机组设置一套集中式汽水取样分析装置，自动分析和监测机炉汽水质量，以保证机组安全、经济运行。

4）消防水系统：本期工程消防设施仅满足新建 600MW 机组消防供水要求。并且根据不同的保护对象分别采用水消防系统、泡沫灭火系统、气体灭火系统、移动式灭火器等，对重要的建筑物及设备设置火灾监测自动报警系统。

本期工程新设置1000m³消防水池，新建一座消防泵房，安装电动消防水泵1台、柴油机消防水泵1台，以及稳压泵等消防供水设备，消防泵容量为单泵 Q = 418.6～558.1～697.7m³/h，H = 1.31～1.24～1.15MPa。

① 水消防系统：本工程设独立的高压消防给水系统，在厂区设置环形消防给水管网。

a. 消火栓灭火系统：厂区室外设置地上式消火栓，主厂房及主要建筑物设置室内消火栓。

b. 水喷雾灭火系统：主变压器、厂用变压器、启动备用变、汽机润滑油箱、净油箱和污油箱、电液装置、氢密封油装置、汽机运转层下及中间层油管道、给水泵油箱、锅炉本体燃烧器区、磨煤机润滑油箱、柴油发电机房、柴油消防泵等设置水喷雾灭火系统。

c. 自动喷水灭火系统：电缆夹层、输煤栈桥、综合办公楼等处设置自动喷水灭火系统。

d. 水幕防火隔离设施：在输煤栈桥与转运站、碎煤机室、主厂房相连处设水幕防火隔离设施。

②气体灭火系统：集控楼电子设备间、继电器室、计算机房等处设置 IG541 气体灭火系统或惰性气体灭火系统。

③移动式灭火器：主厂房、集控室、电厂辅助及附属建筑物设置一定数量的干粉、二氧化碳或泡沫灭火器。

④火灾检测报警系统：包括主厂房火灾检测报警区域（每台机组为一个报警区域），电除尘、脱硫控制楼及输煤综合楼火灾检测报警区域，升压站网络继电器室火灾报警区域，综合楼火灾报警区域。火灾时在检测区域发出声光报警信号的同时在控制室内也将显示声光报警信号，并接收其反馈信号。

⑤消防车：电厂已设置水消防车和泡沫消防车。

（2）生活给水系统：利用原有生活给水系统，增加部分管网。

电厂已建有独立的生活给水系统，生活用水由×××城市自来水管网供应。厂区外有 $1×D_N75$ 和 $1×D_N100$ 的自来水给水管与厂区内生活给水管网系统相连。

本期生活用水包括：厂区生活用水 4m³/h，全厂空调补充水 6 m³/h，未预见生活用水 3m³/h。

本期生活用水需增加部分管网。

3. 排水系统

×××热电厂原有排水系统为生活污水、雨水及工业废水合流制重力自流排水系统。

本期排水系统按照"清浊分流，一水多用"的原则，采用完全分流制。

未污染的雨水排水并入原有排水系统。生活污水、含油污水、工业废水各自分别排入本期工程新建的生活污水、含油污水、工业废水处理系统，经处理达标后回收利用，以节约淡水。

本期工程按 1×600MW 机组容量建成生活污水处理系统，设计总处理能力为 10m³/h。含油污水处理系统设计总处理能力为 10m³/h。工业废水处理系统规划处理能力 150m³/h，本期建设处理能力100m³/h。

脱硫废水单独处理后供调湿灰、喷洒及灰库冲洗用，如遇到连续阴雨，有部分废水通过标准排放口达标排放。

# 第四章　项目建设方案节能评估

## 一、工艺技术选择原则及其主要内容，并对比分析评价

1. 工艺技术选择原则

本工程设计的指导思想是技术先进、生产可靠、节能降耗，节省投资，提高企业的经济效益和社会效益。

（1）尽可能采用先进成熟的技术，在工艺水平、装备水平上能够保证生产的稳定性、可靠性和节约能源。

（2）所采用的技术与国内及本地区的资源条件、经济发展水平和管理水平相适应，体现在采用技术的可靠性。

（3）采用技术和质量均可靠的设备。

（4）所采用的技术，在正常使用中能保证生产安全运行，力争降低项目投资和生产成本，提高综合经济效益。

2. 工艺技术主要内容

本项目是600MW超临界燃煤火电机组项目。本报告根据工艺流程顺序对主要工艺内容进行叙述。主要从锅炉及辅助设施系统、汽轮机及热力系统、发电机及接入系统进行详细叙述。

（1）锅炉及辅助系统工艺内容。

1）燃料厂内输送系统。

本期工程输煤系统按规划容量1×600MW考虑。

①卸煤系统。

本期工程年耗煤量约134万t。考虑来煤不均衡系数1.3，铁路日最大来煤量为6382t（日耗煤量为4872.73t），日进厂车皮数量为106节（每节按载重60t计），每列车按44节车皮考虑，则日进厂列车约2.4列。

卸煤系统按1×600MW机组容量规划设计，同时暂不考虑汽车来煤量，只设置简易的汽车卸煤平台作为少量汽车来煤的卸车设施。因此翻车机卸车系统本期按两套单车翻车机系统进行规划设计。

卸车设施采用两套"C"型转子式单车翻车机系统。翻车机系统采用折返式布置，卸煤铁路按2股重车线、2股空车线配置，厂内铁路水平段有效长度可达330m（其中含部分弯道），单股道一次可停放22节车皮。整列煤车（约44节）解列后由机车直接顶进重车

线。翻车机下设振动斜煤算，煤算算孔尺寸 300×300mm。单台翻车机受卸煤斗下部设置两个出料口，出料口下通过活化振动给煤机向皮带输送系统给煤，单台振动给煤机出力为400～750t/h，翻车机卸下的煤可转运至储煤场或煤仓间原煤仓。

翻车机系统主要设备组成如下：翻车机本体；重车调车机；空车调车机；迁车台。

重车由重车调车机直接牵引到翻车机平台，重车调车机牵引吨位5000t（平直线路），采用变频调速电机驱动，齿轮齿条传动元。空车调车机推送吨位2500t（平直线路），采用变频调速电机驱动，齿轮齿条传动。迁车台行程11m，事故载重110t，采用变频调速电机驱动，销齿传动。

另外考虑到空车清扫，在每股空车线侧各设一段约50m长的硬化地面便于人工清扫空车。

②储煤场及煤场设备。

全厂拟设置一座条形煤场，煤场宽度120m，有效堆煤长度近320m，堆煤高度14m，最大储煤量约40万t。储量按本期工程20天耗煤量设置干煤棚（宽度120m，长度200m）。煤场上串联布置两台斗轮堆取料机，斗轮堆取料机堆料能力1500t/h，取料能力800t/h，悬臂长45m，站台并列设置两路皮带，分别对应两台斗轮堆取料机。鉴于此方案分期建设时改造相当困难，故本期按1×600MW机组20天耗煤量的容量设置煤场站台及皮带机、拉紧小室等，煤场地面可以分期施工。

另外，在煤场还配有3台TY220型推煤机作为煤场辅助作业设备。

③带式输送机系统。

带式输送机系统分为卸煤系统及厂内上煤系统。卸煤系统选用带宽1400mm，输送能力1500t/h的带式输送机。厂内上煤系统选用带宽1200mm，输送能力800t/h的带式输送机。带式输送机系统均为双路布置，1路运行，1路备用。

运煤系统按三班运行制运行，每班运行6h。

煤仓间带式输送机采用电动双侧卸料器向原煤斗配煤。运煤工艺流程如下：

a. 从翻车机室至煤场。

火车来煤→翻车机→煤斗→活化给煤机→#1A/B带式输送机→#2A/B带式输送机→分流装置→#3A/B带式输送机→#1/2斗轮堆取料机→煤场。

b. 从翻车机室至原煤仓。

火车来煤→翻车机→煤斗→活化给煤机→#1A/B带式输送机→#2A/B带式输送机→分流装置→#4A/B带式输送机→#5A/B带式输送机→#6A/B带式输送机→#7A/B带式输送机→筛分、破碎装置→#8A/B带式输送机→#9A/B带式输送机→犁煤器或头部漏斗→原煤仓。

c. 从煤场至原煤仓。

煤场→#1/2斗轮堆取料机→#3A/B带式输送机→#4A/B带式输送机→#5A/B带式输送机→#6A/B带式输送机→#7A/B带式输送机→筛分、破碎装置→#8A/B带式输送机→#9A/

B 带式输送机→犁煤器或头部漏斗→原煤仓。

④筛碎系统。

本期工程在碎煤机室设两台煤筛，能力 80t/h，筛下物粒度 30mm，设碎煤机两台，能力 600t/h。

⑤辅助设施。

系统中在煤场进口、煤场出口及碎煤机后各设置一级除铁器。碎煤机后煤仓层前的带式输送机上以及进煤场前带式输送机上均设置电子皮带秤，采用动态链码校验装置校验。

系统设有入厂煤和入炉煤取样装置。

系统中设有带式输送机安全保护装置。

本期设有推煤机库一座，内有停车位和检修位。

栈桥内设有水冲洗设施，冲洗水回收再利用。为防止煤场粉尘飞扬和煤堆可能自燃，煤场及火车卸煤系统四周设有喷水装置。

各转运站、卸煤槽、碎煤机室、煤仓间及推煤机库等设有起重设施，用于设备的起吊。

运煤系统中设有照明、通迅、消防、通风、除尘等设施。

运煤综合楼设有程控室。

运煤系统维护检修由全厂统一考虑。

2）煤粉制备系统。

根据本期锅炉采用对冲燃烧方式，制粉系统工艺和磨煤机根据煤种的煤质特性、可能的煤种变化范围、负荷性质、磨煤机的适用条件，并结合炉膛结构和燃烧器结构型式等因素进行确定。

本期工程采用中速磨煤机正压冷一次风机直吹式制粉工艺。

煤粉制备工艺：

原煤通过给煤机输送到中速磨煤机，进行干燥和碾磨后，由干燥剂（一次风）带入磨煤机出口分离器进行分离，细度合格的煤粉进入炉膛燃烧，不合格的煤粉将返回磨煤机继续进行碾磨，不易磨碎的外来杂物进入石子煤收集系统。

一次风出两台一次风机提供，分别分成两路进入磨煤机，一路经空气预热器加热后，作为热一次风，另一路作为压力冷一次风，然后通过磨煤机进口热一次风调节风门和冷一次风调节风门的自动调节，可使磨煤机进口获得满意的混合风温度和流量。磨煤机前设有风量测量装置，用来测量一次风量和进行风煤比调节。

3）烟风系统。

本工程锅炉采用平衡通风方式，每台炉烟风系统配置两台动叶可调轴流式送风机、两台双室两电场两袋电袋复合除尘器和两台动叶可调轴流引风机，新建一座烟囱。

动叶可调轴流式风机具有调节灵活、高效率区范围广、体积小、重量轻等优点，对参与调峰的机组，可有效地降低运行成本，国内 300MW 以上机组的送风机绝大多数采用动叶可调轴流式。本期工程送风机和引风机也按动叶可调轴流式考虑。两台运行，不设备用。同时引风机需克服脱硫装置的阻力。

电袋复合除尘器的选择应使烟气排放的粉尘量及其浓度符合现行的环保标准。电袋复合除尘器保证效率的确定应综合考虑环保要求和设备投资、占地面积等因素。所选电袋除尘器在下列条件下，也能够达到保证效率：

①在电厂的设计条件和气象、地理条件下。

②一个供电区不工作（小分区供电相当于两个小分区不工作）时。

③烟气流量按锅炉最大连续蒸发量工况下的除尘器入口烟气量计算，其裕量宜为 10%。

④烟气温度为设计温度加 $100^{\circ}C$。

本期工程烟气除尘采用高效电袋复合除尘器。

烟囱的型式、高度选择应能符合环保要求及烟囱防腐的要求，并受电厂地质条件、地震烈度等因素的制约，本工程拟采用高度为 240m 的直筒型双钢内筒烟囱。

烟囱是火力发电厂的主要构筑物之一，对电厂的安全运行和工程造价都有较大的影响。合理选择烟囱的出口流速则是烟囱设计的关键环节。确定烟囱出口流速时应综合考虑烟囱投资及运行的经济性、运行安全可靠性和有利于污染物的扩散，降低其地面浓度等因素，主要表现在平衡经济流速、环境保护和烟囱/烟道负压这三者之间的关系。为了便于检修和在一台炉停炉后不影响另一台炉的烟气出口流速，本工程本工程采用一座 240m 高复合钛钢板双内筒烟囱，内筒净内径 6.5m。

4）烟气脱硫脱硝系统。

①烟气脱硫系统。

本期烟气脱硫系统是按建设 1 台 600MW 级燃煤机组，对本期工程一台锅炉 100% 烟气进行脱硫设计。

烟气脱硫是目前世界上控制 $SO_2$ 污染所采用的主要手段，本期工程拟采用石灰石—石膏湿法烟气脱硫。

石灰石—石膏湿法烟气脱硫工艺原理是采用石灰石粉制成浆液作为脱硫吸收剂，与进入吸收塔的烟气接触混合，烟气中的二氧化硫与浆液中的碳酸钙以及鼓入的强制氧化空气进行化学反应，最后生成石膏，从而达到脱除二氧化硫的目的。脱硫后的烟气依次经过除雾器除去雾滴，从烟囱排放。此法脱硫效率高，适用于任何煤种的烟气脱硫。脱硫渣石膏可以综合利用。

本期脱硫设计效率 95%，保证效率不低于 91%。脱硫系统不设置 GGH，脱硫后烟气温度≥50℃。脱硫系统可用率≥98%，脱硫装置年利用小时数按 5500h。脱硫不设烟气旁路，不设置增压风机。石膏浆液采用真空皮带脱水，石膏脱水后含湿量≤10%，采用石膏库储存，按综合利用考虑。

全套烟气脱硫装置的工艺系统利用国外技术，原则上设备及材料国内采购，关键设备或关键零部件考虑进口。

工艺系统主要由烟气系统、吸收剂制备系统、$SO_2$ 吸收系统、石膏处理系统、废水处理系统等组成。

a. 烟气系统。

烟气系统不设置旁路烟道，因此在原烟道与净烟道上无需设置烟气挡板门。

当 FGD 正常运行时，从烟囱入口的水平烟道上引出的未脱硫烟气，经过烟气脱硫系统的原烟道，进入吸收塔。在吸收塔内，烟气自下而上运动，其间与从塔的上部喷淋下来的石灰石浆液充分接触，并发生化学反应，烟气中的二氧化硫被除去，同时烟气温度降至 50℃左右。净化后的烟气经吸收塔顶部的两级除雾器除去雾滴后，离开吸收塔，经净烟道、烟囱排入大气。

b. 吸收塔系统。

本期工程按一炉一塔设置，烟气从吸收塔下部进入塔内与吸收浆液接触，在塔内进行吸收、氧化反应，得到脱硫副产品二水石膏。

脱硫后的清洁烟气，通过除雾器除去雾滴后进入烟囱。为充分、迅速氧化吸收塔浆池内的亚硫酸钙，设置氧化空气系统，每炉配备 2 台氧化风机，1 运 1 备。

考虑检修和脱硫系统快速启动，设置容量满足贮存 1 台吸收塔浆液的事故浆罐一座（2 台炉公用），保留一定数量的晶体颗粒，为启动后在吸收塔浆池内石膏晶体的生长提供晶核。

吸收塔根据具体功能分为除雾区、吸收区和脱硫产物氧化区。烟气中的有害气体在吸收区与吸收液接触被吸收。除雾区将烟气与液滴及灰分分离。吸收 $SO_2$ 后生成的亚硫酸钙产物在氧化区进一步被鼓入塔内的空气氧化为硫酸钙。

本期工程吸收塔型式采用喷淋塔。

c. 吸收剂制备系统。

本期脱硫系统吸收剂制备系统按 1×600MW 机组设一套的吸收剂制备系统考虑，采用外购石灰石粉方案。

石灰石储仓容量可提供两台机组燃用设计煤种在 BMCR 工况下三天所需的石灰石。石灰石储仓的石灰石粉经金属分离器处理后，进入石灰石浆液罐，在搅拌器的作用制成石灰石浆液，然后经石灰石浆液泵送至吸收塔。石灰石浆液的浓度控制在 20%～30%（Wt）之间。

d. 石膏处理系统。

本系统主要是由水力旋流器、真空皮带脱水机、真空泵、石膏输送及石膏库等组成，石膏处理系统定量按 1×600MW 机组脱硫产生的石膏量考虑。

在吸收塔内，烟气中的二氧化硫与石灰石浆液中的碳酸钙反应，生成亚硫酸钙，亚硫酸钙进一步被氧化成硫酸钙（即石膏 $CaSO_4 \cdot 2H_2O$），吸收塔内石膏浆液固体物浓度一般控制在 15%～20%，石膏经一级水力旋流器浓缩至含固量 40%～50% 后，底流进入真空皮带脱水机进行二级脱水。脱水后的石膏，表面水分含量 < 10%，进入石膏仓库储存，由石膏运输车外运，综合利用。水力旋流器的溢流液一部分经废水旋流器浓缩后排入废水系统，一部分则送入吸收塔循环使用。

系统设置两台真空脱水皮带机，每台容量按 2 台锅炉 BMCR 工况设计煤种情况下石膏总量的 75% 设计考虑。石膏仓库的贮存能力按不小于 2 台机组 7 天的脱硫石膏量考虑。

e. 工艺水系统。

1 台机组的工艺水耗量约为 1×90t/h，由主体工程的工业水系统供给，工艺水箱容积考虑两台机组 2 小时的工艺水用量。水箱容积约为 380m³，设工艺水泵 3 台，2 用 1 备，向各供水点供水。工艺水主要用于石灰石制浆用水、石膏脱水系统的真空泵密封水、工艺管道冲洗水等。另设 3 台除雾器冲洗水泵，2 用 1 备。

f. 压缩空气系统。

脱硫岛内阀门及设备执行机构尽量采用电动执行机构，脱硫岛内的杂用气和 CEM 的吹扫用气由主机的压缩空气系统解决。

g. 排放系统。

2 台机组的脱硫设施共用 1 座事故浆液罐。在发生故障或认为有必要时，吸收塔中的浆液可迅速排入事故浆液罐。此事故浆液罐的容量按可容纳一台机组全部的浆液量设计。设 2 台公用的事故浆液返回泵、吸收区设置 1 个排水坑，石膏脱水系统设一个排水坑。事故浆液罐内设置搅拌器。

由每个箱体和泵内排出的冲洗水也通过沟道分别集中到排水坑。排水坑为地下砼结构，并设有防腐内衬。

h. 废水处理系统。

石灰石—石膏湿法烟气脱硫工艺过程中脱硫装置浆液内的水在不断循环的过程中，会富集重金属元素和 Cl⁻ 等，一方面加速脱硫设备的腐蚀，另一方面影响石膏的品质，因此，脱硫装置要排放一定量的废水，进入脱硫废水处理系统，本工程 1×600MW 机组脱硫废水处理系统废水量为约 10m³/h。废水处理系统处理能力按两台机组脱硫产生的废水量考虑。

脱硫废水的水质和水量由脱硫工艺、烟气成分、灰分及吸收剂等多种因素确定。废水中的杂质除了大量的可溶性氯化钙（$CaCl_2$）之外，还包括氟化物、亚硫酸盐等，重金属离子如汞、砷、铅、镉、铬离子等，还有不可溶的硫酸钙及细尘等。根据本工程脱硫废水的水质看：脱硫废水中主要的超标项目为悬浮物、pH 值、化学耗氧量以及砷、铅等属于第一类污染物的重金属离子，必须经过处理达到排放标准后才能排放或者回收利用。

废水处理工艺步骤如下：

用氢氧化钙［$Ca(OH)_2$］进行碱化处理，沉淀氟离子和部分重金属离子。

通过加入树脂螯合剂，使某些重金属，如镉和汞沉淀出来。

通过加入絮凝剂及助凝剂，使沉淀物在下流过程中形成更大的絮凝体。

经浓缩池和澄清池，将悬浮物、絮凝物从废水中分离。再用污泥泵将浓缩污泥送至离心式脱水机脱水，污泥外运。

处理后的废水达到《污水综合排放标准》（GB 8978—1996）一级标准的要求后回用于干灰调湿用水。

②烟气脱硝系统。

本期工程同步建设烟气脱硝装置，氨储存及供应系统按 $1 \times 600MW$ 机组所需液氨考虑。本工程脱硝工艺技术采用选择性催化还原烟气脱氮法（SCR）工艺，本期脱硝系统的设计效率按 $\geqslant 80\%$ 考虑，并预留有远期效率达到 $\geqslant 90\%$ 的空间。

a. SCR 系统及设备。

每炉配置一套烟气脱硝装置。每套脱硝装置（SCR）处理烟气量为每台锅炉 BMCR 工况下 100% 的烟气量，SCR 系统主要由氨的储存和处理系统及 SCR 反应器和辅助系统。

氨的储存和处理系统包括：液氨卸料压缩机、液氨储槽、液氨蒸发槽、氨气缓冲槽及氨气稀释槽、废水泵、废水池等。液氨的供应由液氨槽车运送，利用液氨卸料压缩机将液氨由槽车输入液氨储槽内，储槽输出的液氨在液氨蒸发槽内蒸发为氨气，经氨气缓冲槽送达脱硝系统。氨气系统紧急排放的氨气则排入氨气稀释槽中，经水的吸收排入废水池，再经由废水泵送至废水处理厂处理。液氨储存和供应系统的控制在 DCS 上实现，另外就地安装 MCC 手操。

a）卸料压缩机：卸料压缩机为往复式压缩机，压缩机抽取液氨槽车中的氨气，经压缩后将槽车的液氨推挤入液氨储槽中。

b）液氨储槽：脱硝系统拟设置 2 个 $50m^3$ 液氨储槽，液氨储槽按贮存二台机组的 SCR 系统反应一周所需的氨量考虑。储槽上安装有溢流阀、逆止阀、紧急关断阀和安全阀。储槽还装有温度计、压力表液位计和相应的变送器，变送器发出信号送到机组 DCS 控制系统，当储槽内温度或压力高时报警。储槽四周安装有工业水喷淋管及喷嘴，当储槽槽体温度过高时自动淋水装置启动，对槽体自动喷淋减温。

c）液氨蒸发槽：液氨蒸发槽为螺旋管式。管内为液氨管外为温水浴，以蒸气直接喷入水中，将水加热到 40℃，再以温水将液氨汽化，并加热至常温。蒸气流量根据蒸发槽本身水浴温度控制调节，当水的温度高过 45℃ 时则切断蒸汽来源，并在控制室 DCS 上报警显示。蒸发槽上装有压力控制阀，将氨气压力控制在 $2.1kg/cm^2$，当出口压力达到 $3.8\ kg/cm^2$ 时，则切断液氨进料。在氨气出口管线上也装有温度检测器，当温度低于 10℃ 时切断液氨，使氨气至缓冲槽维持适当温度及压力，蒸发槽也装有安全阀，可防止设备压力异常过高。

d）氨气缓冲槽：从蒸发槽蒸发的氨气流进入氨气缓冲槽，通过调压阀减压至 $1.8\ kg/cm^2$，再通过氨气输送管送到锅炉侧的脱硝系统。缓冲槽的作用在于稳定氨气的供应，避免受蒸发槽操作不稳定所影响。缓冲槽上装有安全阀。

e）氨气稀释槽：氨气稀释槽为立式水槽，水槽的液位由溢流管维持，稀释槽设计成槽顶淋水和槽侧进水。液氨系统各排放点排出的氨气汇集后从稀释槽底部进入，通过分配管将氨气分散入稀释槽水中，利用大量水来吸收安全阀排放的氨气。

f）氨气泄漏检测器：液氨储存及供应系统周边设有 6 只氨气检测器，以检测氨气的泄漏，并显示大气中氨的浓度。当检测器测得大气中氨浓度过高时，在机组控制室会发出警报，提醒操作人员采取必要的措施，以防止氨气泄漏的异常情况发生。电厂液氨储存及供应系统设在远离机组的位置，并采取措施与周围系统隔离。

g）排放系统：液氨储存和供应系统的氨排放管路为一个封闭系统，将经由氨气稀释槽吸收成氨废水后排放至废水池，再经由废水泵送到废水处理站。

h）氨气吹扫：液氨储存及供应系统必须保持系统的严密性，防止氨气泄漏，氨气与空气混合造成爆炸，这是最关键的安全问题。基于此方面的考虑，本系统的卸料压缩机、液氨储槽、氨气温水槽、氨气缓冲槽等都装有氮气吹扫管。在液氨卸料之前通过氮气吹扫管线对以上设备分别进行严格的系统严密性检查和氮气吹扫，防止氨气泄漏和系统中残余的空气与氨混合造成危险。

b. SCR 反应系统。

脱硝反应系统由触媒反应器、氨喷雾系统、空气供应系统所组成。

a）SCR 反应器。

SCR 反应器位于锅炉省煤器出口烟气管线的下游，氨气均匀混合后通过分布及导阀和烟气共同进入反应器入口。脱硝后的烟气经空气预热器热回收后进入静电袋除尘器和 FGD 系统，经烟囱后排入大气。

反应器采用固定床平行通道型式，采用两层，另外预留一层触媒的空间，脱硝效率低于需要值时安装使用。

反应器为自立钢结构型式，带有对机壳外部和内部触媒支撑结构，能承受内部压力、地震负荷、灰尘负荷、触媒负荷和热应力等。机壳外部施以绝缘包裹，支撑所有荷重，并提供风管气密。触媒底部安装气密装置，防止未处理过的烟气泄漏。触媒通过反应器外的触媒及载器从侧门放入反应器内。

b）SCR 触媒（催化剂）。

在 SCR 反应器里催化剂分层布置，一般为 2～3 层。当催化剂活性降低后，依次逐层更换催化剂。催化剂结构一般有蜂巢型、平板型和波纹板型三种。

催化剂是 SCR 系统中的主要设备，其成分组成、结构、寿命及相关参数直接影响 SCR 系统脱硝效率及运行状况。当排烟中氨的浓度升高到一定程度时，表明催化剂需要更换。

本工程采用何种类型的触媒，建议根据 SCR 供货商提供的整套 SCR 系统性能和成本综合比较后决定。

c）氨/空气喷雾系统。

氨和空气在混合器和管路内借流体动力原理将两者充分混合，再将此混合物导入氨气分配总管内。氨/空气喷雾系统含供应函箱、喷雾管格子和喷嘴等。每一供应函箱安装一个节流阀及节流孔板，可使氨/混合物在喷雾管格子达到均匀分布。手动节流阀的设定是靠从烟气风管取样所获得的 $NH_3/NO_x$ 的摩尔比来调整。氨喷雾管位于触媒上游烟气风管内。氨喷雾管里含有喷雾管和雾化喷嘴。氨/空气混合物喷射 $NO_x$ 浓度分布靠雾化喷嘴来调整。

d）SCR 的吹灰和灰输送系统。

为了防止飞灰造成催化剂堵塞，必须去除锅炉燃烧而产生的融化、硬而大直径飞灰颗粒。在 SCR 装置之前设置灰斗，当锅炉低负荷和锅炉检修吹灰时，收集烟道中的飞灰，始终保持烟道中的清洁状态。在每个 SCR 装置之后的出口烟道上也设置灰斗，由于烟气经过 SCR 装置，流速降低，烟气中的飞灰会在 SCR 装置内和 SCR 装置出口处沉积下来，部分自然落入灰斗中，SCR 设置有吹灰装置，根据 SCR 装置的情况，及时进行吹扫，吹扫的积灰落入灰斗中。

由于经过 SCR 反应后，烟气中的飞灰变得有粘性，因而设置单独的正压气力输灰系统，将所设置的 SCR 装置出口灰斗中的灰输送到灰库中。

e）SCR 控制系统。

烟气脱硝系统的控制在本机组的 DCS 系统上实现。所有设备的启停、顺控、连锁保护等都可以从机组 DCS 上软实现，设备及有关阀门启停开关还可通过 MCC 盘柜硬手操。对 SCR 系统故障信号实现中控室报警光字牌显示。此系统所有的监测数据都可以在 CRT 上监视，系统连续采集和处理反映液氨储存和供应系统运行工况的重要测点信号，如储槽、温水槽、缓冲槽的温度、压力、液位显示、报警和控制，氨气检测器的检测和报警等。下列任何一种情况发生，均会使关断阀动作：进口烟气温度低；进口烟气温度高；氨气对空气稀释比高。

5）除灰渣系统

①除渣系统。

每台锅炉设一套干式除渣设备，由渣井、液压大渣破碎装置、一级钢带输渣机、碎渣机、二级钢带输渣机、三通、斗式提升机组成。

炉渣在一级钢带输渣机出口经碎渣机破碎后，二级钢带输渣机，然后再通过斗式提升机进入渣仓储存。每套干式排渣系统设置 2 台斗式提升机，1 台运行，1 台备用。

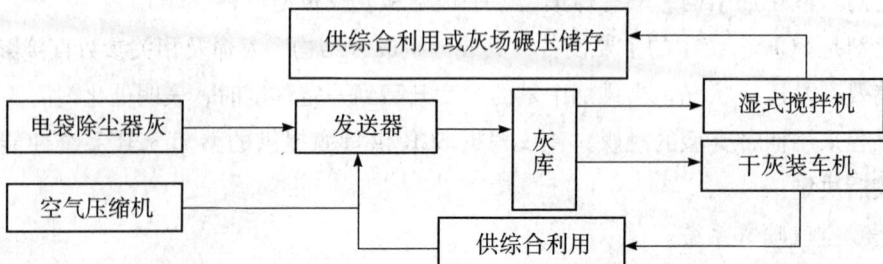

图 4-1

每台锅炉设置 1 座渣仓，渣仓直径 5m，有效容积 50m³，可贮存一台锅炉在 MCR 工况下设计煤种约 12h 的渣量。渣仓出口分别设加湿搅拌机以及干渣散装机，运渣汽车可直接在渣仓下装车。

②除灰系统。

a. 气力除灰系统。

本系统采用正压浓相干除灰系统方式。为电厂综合利用创造条件，干灰采用粗、细分储输送系统，灰库设干灰和湿灰装车接口，采用汽车运灰方式，气力除灰工艺流程如下：

每台炉配高效电袋复合除尘器，每台锅炉 32 个灰斗，每台炉省煤器 7 个灰斗，每台炉共 39 个灰斗，每个灰斗下设 1 套输灰用的发送器。每台炉排灰量燃用设计煤种约为 39.1 t/h。干除灰系统出力按设计煤种灰量的 150% 考虑，按校核煤种的 120% 考虑，取大者，系统能力为 58.7 t/h。

电袋复合除尘器、省煤器灰斗排出的干灰由发送器直接送至粗灰库或细灰库储存。发送器输送介质为压缩空气，由专用空压机提供。

省煤器、电袋复合除尘器一电场粗灰可至 #1 和 #2 粗灰库，运行时，可根据需要或灰库灰位状况进行送灰切换。当 #1 粗灰库储满灰需装灰外运时，粗灰管切换至 #2 粗灰库装灰，反之，则切换至 #1 粗灰库。

电袋复合除尘器二、三、四电场细灰可分别至细灰库和粗灰库，正常运行时，细灰输送至细灰库储存，在细灰库装满灰时，可将细灰切换至粗灰库储存。

b. 灰库系统。

为便于干灰综合利用，干灰采用粗细分储。电袋复合除尘器一电场及省煤器排出的粗灰送至粗灰库，电袋除尘器二、三、四电场的细灰可分别到粗、细灰库。

本期工程设 3 个灰库，2 粗 1 细，直径 12m，高 24m，采用混凝土结构，每个灰库容积为 1200m³，3 个灰库可满足一台炉 72 个小时的储灰量，可满足两台炉 36 个小时的储灰量。

灰库顶部设有布袋除尘器，库底设有加湿搅拌器，粗灰库下安装 2 台干灰装车机和 1 台双轴搅拌机，细灰库下安装 1 台干灰装车机和 2 台双轴搅拌机，用于干灰和干灰加湿外运，然后装车运至综合利用厂或运至灰场堆放。

灰库设有气化风系统，设 4 台气化风机，3 用 1 备，分别向 3 座灰库提供气化风。

c. 空压机系统。

除灰设有空压机房，本期工程设有 3 台空压机，2 用 1 备。

d. 控制部分。

本系统采用程序自动控制，系统设有集控室，除灰渣系统等设备均在控制室控制，为便于除灰集控室能掌握整个系统的运行情况，灰库设备运行信号纳入到集控室，以便集控室能观察到装灰运行状态。

③石子煤系统。

石子煤处理系统采用石子煤缓冲斗 + 移动石子煤斗 + 电瓶叉车的人工处理方式。每台锅炉安装6台中速磨煤机，每台磨煤机下设1台容积约 $0.5m^3$ 石子煤缓冲斗，定时排放到下面的移动石子煤斗，用电瓶叉车定时按顺序把移动石子煤斗运到装车点，将石子煤装车外运。

本期600MW灰渣及石子煤产生量表4-1。

表4-1　　　　　　　　　　　　　　　　　灰渣量表

| 名　称 | 单位 | | 设计煤种 |
|---|---|---|---|
| 小时灰渣量 | t/h | 灰渣量 | 28.78 |
| | | 灰量 | 25.9 |
| | | 渣量 | 2.88 |
| | | 石子煤 | 1.16 |
| 日灰渣量 | t/d | 灰渣量 | 575.59 |
| | | 灰量 | 518.03 |
| | | 渣量 | 57.56 |
| | | 石子煤 | 23.25 |
| 年灰渣量 | 万t/h | 灰渣量 | 15.83 |
| | | 灰量 | 14.25 |
| | | 渣量 | 1.58 |
| | | 石子煤 | 0.64 |

（2）汽轮机热力系统工艺内容。

本系统为原则性热力系统，主要有主蒸汽系统、旁路系统及启动疏水系统、再热蒸汽系统、给水系统、凝结水系统、给水回热系统、抽汽系统、冷却水系统和抽真空系统。

1）主蒸汽系统。

主蒸汽采用单元制系统，锅炉过热器出口为两根管道，中间合为一根，在进入汽机前又分为两根，这样可简化管道布置，节省管道投资，有利于消除主蒸汽由于锅炉可能产生的热偏差，以及由于管道阻力不同产生的压力偏差。

在机组启动和低负荷时，汽机抽汽压力不足以维持主机轴封用汽时，由主蒸汽系统供汽。

2）旁路系统及启动疏水系统。

旁路系统的功能主要表现为：

a. 改善机组启动性能，加快机组启动速度，减少汽轮机寿命损耗。

b. 在启动、停机和甩负荷时保护再热器。

c. 处理机组负荷瞬变工况的剩余蒸汽，改善锅炉运行的稳定性。

d. 回收工质，减少噪音。

根据制造厂的建议，参考国内同类型机组，本工程汽轮机设置40% B—MCR容量的高、低压二级串联旁路。高压旁路从主蒸汽管道接出，经减压、减温后接至低温再热蒸汽管道，高旁减温水来自汽动给水泵和电动给水泵出口的给水系统。低旁减温水来自凝结水精处理装置出口的凝结水系统。高、低压旁路包括蒸汽控制阀、减温水控制阀和关断阀，以及控制装置。

3）再热蒸汽系统。

低温再热管道由高压缸两个排汽口接出，合并成一根，至锅炉再热器前分为两路进入再热器入口联箱。高温再热管道由锅炉再热器出口联箱接出两根后合并成一根管，至汽轮机前分为两路接入汽轮机左右侧中压联合汽门。低温再热蒸汽除供 2 号高压加热器用汽外，在机组低负荷期间还向辅助蒸汽系统供汽。

在锅炉再热器进、出口管道上均设有水压试验用的堵阀，再热器进口管道处还设有事故喷水减温装置。

4）给水系统。

给水系统设置二台 50% 容量的汽动给水泵和一台 30% 容量的电动启动调速给水泵，汽动泵靠调节小汽轮机转速来改变给水流量，电动泵采用液力偶合器的调速。电动泵仅在机组启动或一台汽动给水泵故障而解列时方投入运行。

高压给水主管道上不设调节阀，在省煤器入口管道上设有旁路调节阀，供起动及低负荷时用。

给水泵汽轮机带自动汽源切换装置，正常工作汽源来自主汽轮机的四级抽汽，启动及低负荷时来自高压汽源：主汽或低温再热蒸汽。

给水系统除向锅炉省煤器供水外还向锅炉过热蒸汽减温器、再热蒸汽事故减温器、及汽机高压旁路减温器提供减温水。

5）凝结水系统。

本系统是将凝汽器热井中的凝结水经中压凝结水精处理设备、轴封冷却器、低压加热器输送至除氧器，另外还向汽机本体疏水扩容器，低旁减温器等提供减温水。系统设两台 100% 容量的筒式凝结水泵，四台低压加热器，一台轴封冷却器，一台除氧器及给水箱，一套凝结水精处理设备（详见化水部分）、一台 500m³ 凝结水补给水箱和一台凝补水输送泵。

除氧器水箱有效容积 250m³，容量约为 7 分钟的锅炉最大给水量。

7、8 号低压加热器进口的凝结水管路上设有主、副调节阀，用以调节除氧器水位。

凝结水补给水箱配备一台凝补水输送泵，该泵在机组起动时向系统充水和向锅炉上水，当机组正常运行时，通过凝补水输送泵的旁路管道，靠凝汽器负压向凝汽器补水。在凝汽器补水管道上设有一路调节装置，用以调节凝汽器热井水位。

6）抽汽系统。

汽轮机具有八级非调整抽汽，一、二、三级抽汽供三台高压加热器。四级抽汽供除氧器，给水泵驱动汽轮机和辅助蒸汽系统及低压供热。五、六、七、八级抽汽分别向 5 号、6 号、7 号、8 号低压加热器供汽。中压供热汽源为再热热段蒸汽。

为防止汽轮机超速和进水，除七、八级抽汽管道外，其余抽汽管道上均设有气动止回阀和电动隔离阀。

凡从汽轮机抽汽管道接至各用汽点的支管上也设有止回阀。

为防止汽轮机进水，本系统设计有完善的疏水系统。

7）加热器疏水系统。

正常运行时，高加疏水逐级自流最终去除氧器，每台加热器疏水管道上都装有调节阀以控制加热器水位。当事故及低负荷时，各高加疏水单独经汽机本体疏水扩容器至凝汽器。

5、6、7、8 号低加疏水逐级自流至凝汽器，当事故及低负荷时，5、6 号低加疏水经汽机本体疏水扩容器至凝汽器，7、8 号低加疏水自流入热井。

除氧器给水箱高水位溢放水及水箱放水至凝汽器，事故放水及水质不合格时放水至循环水排水。

8）冷却水系统。

本期工程采用来自自然通风冷却塔的二次循环冷却水系统。在主厂房设两台 100% 容量循环冷却水升压泵（一用一备）。

9）凝汽器有关管道及抽真空系统。

凝汽器抽真空系统设有三台 50% 容量的机械真空泵。机组启动时，三台泵同时投入运行，以加快抽真空过程。正常运行时，在凝汽器安装检修良好，漏汽正常时，两台真空泵投入即可维持凝汽器所要求的真空。

每个凝汽器壳侧接一个真空破坏阀，在机组事故情况下破坏真空，增加凝汽器背压，缩短汽机惰走时间。

10）辅助蒸汽系统。

辅助蒸汽由原有机组提供。本期工程辅助蒸汽初步考虑一种压力母管，0.6 ~ 1.3MPa，~300℃，供除氧器启动用汽、小汽机调试用汽，汽机轴封，磨煤机消防用汽等。启动时供给空气预热器吹灰蒸汽。

（3）发电机接入系统工艺内容。

根据《电力系统技术导则》：发电厂接入系统电压不宜超过两种，单机容量 500MW 及以上机组宜直接接入 330 ~ 500kV 电压电网。但从电力平衡结果看，涉及 ××× 热电厂本期 600MW 机组，不考虑电源备用情况下，×××220kV 电网除机组投产初期略有盈余外，其他年份电力基本平衡，可见，电厂本期机组电力主要送电 ××× 市。

××× 热电厂机组的建设是在电厂原有场地进行，电厂目前最高运行电压为 220kV，若本工程采用 500kV 电压等级进行送电，不但无法充分发挥电厂原有 220kV 通道的送电能力，浪费宝贵的走廊资源，而且从工程实施条件来看，××× 热电厂也较难为本期工程提供新的出线走廊。

××× 热电厂本期"上大压小"1×600MW 超临界机组工程采用 220kV 电压等级接入电厂升压站。

1）电气主接线。

根据可行性研究报告推荐方案二。

本期 1×600MW 机组以发电机—双卷变压器单元接线形式接入新建 220kV 开关站，发电机与主变压器之间，厂用分支均不装设断路器及隔离开关，仅设可拆连接片。

由于厂内部分公用设备已经转移由原有机组供电，因此本期厂用电负荷相对较小。另外本期扩建场地特别狭小，因此本期仅设 1 台高压厂用工作变，电源直接从主变低压侧引接。设 1 台高压启动/备用变，电源从新建 220kV 开关站引接，作为机组的启动/备用电源。

220kV 配电装置在拆除了原有部分 220kV 配电装置的位置上新建。

新建 220kV 配电装置为双母线双分段接线。110kV 配电装置不进行大的改造。

2）厂用电电压等级、接地方式及原则接线。

高低压厂用电分别采用 6kV 和 0.38kV 电压等级供电。

接地方式：6kV 采用中性点不接地，0.38kV 采用中性点直接接地方式。

6kV 系统每台机分 2 段，工作电源来自厂高变，备用电源来自启动/备用变。

3）事故保安电源、交流不停电电源（UPS）及直流系统配置。

①事故保安电源。

每台机组拟设一台 1200kW 的快速柴油发电机组做为事故保安电源。交流保安母线采用单母线接线，按机组分段分别供给本机组的交流保安负荷。正常运行时保安母线段由本机组的低压动力中心供电，当确认本机组动力中心真正失电后切换到交流保安电源供电。

②交流不停电电源。

每台机组设置两台交流不停电电源装置（UPS），每台装置额定输出容量为 60kVA。机组 UPS 系统主要向机组分散控制系统（DCS）、热控自动调节和监视设备、电气保护屏和测量变送器屏等负荷供电。

③直流系统。

220kV 升压站直流系统采用 110V 电压，配两组 500Ah 阀控式密封铅酸蓄电池。

本工程每台机组设置两套直流系统，一套向机组直流动力负荷，另一套向机组直流控制负荷供电。动力用直流系统电压为 220V，配一组 2000Ah 阀控式密封铅酸蓄电池。控制用直流系统电压为 110V，每台机配两组 600Ah 阀控式密封铅酸蓄电池。

3. 工艺技术内容对比评价

（1）燃料厂内输送方案选择对比评价。

本期工程燃料运输系统有两个备选方案。对拟选的方案二已作了详细叙述。

（2）煤粉制备系统工艺选择评价。

本期工程煤粉制备采用中速磨煤机正压冷一次风机直吹式制粉工艺。

本工程燃煤为高挥发分且爆炸特性较强的烟煤，设计煤种和校核煤的哈氏可磨性指数 HGI 分别为 50 和 54，属中等可磨性。虽然燃料特性中缺冲刷磨损性指数 Ke，但根据现有工程类似煤质资料的对比分析可知，其冲刷磨损性指数 Ke 约为 0.95，属于轻微磨损性。

由以上因素可知，本期所采用的煤粉制备工艺是根据直流锅炉采用等离子燃烧方式、所设计煤种的挥发分、哈氏可磨性指数 HGI、水分和灰分等分析数据及可能的煤种变化范围，从防止煤粉自燃、防爆、提高制粉系统安全性和运行经济性等方面综合考虑后选择的制粉工艺，该工艺符合本企业实际燃料情况，适于本期机组锅炉燃烧方式，是可行的、可靠的。

（3）锅炉点火燃烧方式评价。

期工程采用的燃煤为低灰、低硫、高挥发分、中高发热量，易着火稳定、易燃尽的烟煤，适合等离子点火的技术要求。因此，本期锅炉点火方式选择等离子点火方式。

等离子点火技术是我国自主研发，具有自主知识产权的冷电极等离子点火装置，2009年已在石景山电厂投入使用。是世界上继乌克兰、德国之后，第三个能制造并使用此项专利技术的国家。填补了我国在这方面的空白。

等离子点火是直流电在一定介质条件下引弧，并在强磁场的控制下获得稳定功率（150～300kW）的定向流动空气等离子体。该离子体的火核温度可高达 4000K（开尔文），从而达到点火燃烧的目的。

锅炉在燃烧中形成温度 T≥4000K 梯度极大的高温火核。煤粉流经等离子体"火核"时，迅速释放挥发分，使煤粉粒爆裂破碎，挥发分迅速燃烧（目前国内燃煤电厂锅炉点火采用的常规方式为高能电弧点火装置加二级点火系统，由高能电火花点燃轻柴油（或重油），再点燃煤粉。燃油的大量使用，不仅消耗能源，而且在油燃料的采购、运输、存储、处理等方面均需增加许多设施和管理费用，发电成本有所增大。

本期工程机组锅炉选择超临界机组普遍适用的直流煤粉炉，根据本机组采用等离子点火燃烧方式有三大优势，能节约大量点火燃油：

①运行维护简单，仅相当于强力点火重油燃烧费用的 15%～20%。一般情况下重油燃烧点火每台 600MW 巴/威锅炉，年工作期内耗重油量≥1000 吨。假如微油点火燃烧可控制在 150～200 吨/a 水平。按照目前市场燃油价 8000 元/t 计算，重油点火年费用 800 万元，等离子燃烧点火费用仅花费 140 万元，不仅费用低廉，且换能减少排放黑色油烟。

②等离子点火环保，使用燃油极少。

③高效率：等离子体内含有大量化学活性离子，能加速化学转化，加速煅烧充分彻底。并且等离子点火器，使用寿命长，无需频繁停炉更换。

由此可知，本机组锅炉采用等离子微油点火技术目前在国内是先进的生产工艺，是有利于节约能源的全新工艺技术。

等离子点火工艺选择经济评价：

重油燃烧点火年费用：0.8万元×1000＝800万元；

微油燃烧点火年费用：0.8万元×（15%＋20%）/2×1000t＝140万元。等离子体点火相当于强力重油燃烧点火费用的六分之一左右，经济效益相当突出。

（4）脱硫系统工艺评价。

烟气脱硫是目前世界上控制$SO_2$污染所采用的主要手段，燃煤电厂烟气脱硫采用的脱硫工艺多种多样。

本期工程采用石灰石—石膏湿法烟气脱硫工艺。

石灰石—石膏湿法烟气脱硫工艺原理是采用石灰石粉制成浆液作为脱硫吸收剂，与进入吸收塔的烟气接触混合，烟气中的二氧化硫与浆液中的碳酸钙以及鼓入的强制氧化空气进行化学反应，最后生成石膏，从而达到脱除二氧化硫的目的。

湿法脱硫是目前世界上技术最为成熟、应用最多的脱硫工艺，特别在美国、德国和日本应用该工艺的机组容量约占电站脱硫装机总容量的90%，在国内采用湿法脱硫工艺的燃煤火电机组容量比例约在80%以上，国内大部分火电厂如重庆珞璜电厂、杭州半山电厂、广东粤连电厂、广东瑞明电厂和广东台山电厂均采用该脱硫工艺。

本项目采用湿法脱硫工艺主要基于以下原因：

1）技术成熟，安全可靠。

2）原有机组即采用此法，企业有丰富的生产及管理经验。

3）适用范围广，不受燃煤含硫量与机组容量的限制。

4）影响脱硫效率的因素少，脱硫效率高（可达95%以上），适用于任何煤种的烟气脱硫。

5）可利用当地丰富廉价的石灰石原料资源，且利用率高，钙硫比低（一般不超过1.05），产出副产品石膏可以综合利用，增加经济收益。

6）受原有厂区场地局限。

以上分析可知，本项目烟气采用湿法脱硫是经济可行的，生产工艺、设备设施以及管理技术能够保障本机组烟气排放达到环保要求。所采用的工艺技术在目前国内也是较为先进的技术。

（5）脱硝工艺选择评价。

本项目烟气脱硝采用选择性催化还原法（SCR）。

火电厂烟气中除了排放二氧化硫可造成酸雨污染外，氮氧化物的排放对环境的影响也比较严重，它能破坏大气同温层的臭氧层，同时它本身也是一种能产生温室效应的气体，电厂锅炉是氮氧化物的主要排放源之一，所以降低氮氧化物的排放也是本期工程重视的问题。

锅炉燃烧中对$NO_x$的生成与排放的控制，始于20世纪70年代的日本、美国和联邦德国。经过近30多年的发展，$NO_x$的控制总体上分成低$NO_x$燃烧技术和烟气脱硝技术两个方面。

低 $NO_x$ 燃烧技术有二段燃烧法、浓淡燃烧法、烟气再循环燃烧法、燃料分级燃烧法和各种低 $NO_x$ 燃烧器。总体上是通过降低燃烧温度、减少过量空气系数、缩短烟气在高温区的停留时间以及选择低氮燃料来达到控制 $NO_x$ 的目的。这些方法的大部分技术措施均有悖于传统的强化燃烧的思想，在实施这些技术时，会不同程度地遇到下列问题：

1）较低温度、较低氧量的燃烧环境势必以牺牲燃烧效率为代价，因此，在不提高煤粉细度的情况下，飞灰可燃物含量会增加。

2）由于在燃烧器区域欠氧燃烧，炉膛壁面附近的 CO 含量增加，具有引起水冷壁管金属腐蚀的潜在可能性。

3）为了降低燃烧温度，推迟燃烧过程，在某些情况下，可能导致着火稳定性下降和锅炉低负荷燃烧稳定性下降。

4）采取的大部分燃烧调整措施均可能使沿炉膛高度的温度分布趋于平坦，使炉膛吸热量发生不同程度的偏移，可能会使炉膛出口烟温偏高。

尽管如此，采用这类方法运行费用低，也能满足目前环保要求，但其脱硝效率较低（一般为 30% ~ 50%）。

烟气脱硝方法：可分成干法和湿法两类。

干法：选择性催化还原（SCR），选择性非催化还原（SNCR）、非选择性催化还原（NSCR）、分子筛、活性炭吸附法、等离子梯法及联合脱硫脱氮方法等。

湿法：分别采用水、酸、碱液吸收法、氧化吸收法和吸收还原法等。

在这些方法中使用比较多的是选择性催化还原（SCR）和非选择性催化还原（SNCR）。

SNCR 的主要优点是技术含量低和运行费用低。缺点是对温度依赖性强，脱硝率只有 30% ~ 50%。

本项目选择采用 SCR 工艺对烟气进行脱硝处理主要理由是：SCR 方法是目前主流的火电站烟气脱硝技术且在实际工程中应用最多，脱硝率高。

在欧洲已有120多台大型的 SCR 装置得到了成功的应用，其 $NO_x$ 的脱除率达到80% ~ 90%。到目前，日本大约有170套 SCR 装置，接近 100000MW 容量的电厂安装了这种设备。美国政府也将 SCR 技术作为主要的电厂控制 $NO_x$ 技术。因此，SCR 方法成为目前国内外电站脱硝成熟的主流技术。

在众多的控制的 $NO_x$ 技术中，其中低 $NO_x$ 燃烧器可以取得 30% ~ 50% 的脱硝率。空气分级燃烧脱硝率较低，一般为 20% ~ 40%。空气分级燃烧与低 $NO_x$ 燃烧器或再燃烧技术联合使用，可以达到 30% ~ 70% 的脱硝率。再燃烧技术可以取得 40% ~ 70% 的脱硝率。SNCR 的脱硝率有 30% ~ 50%。SCR 技术能够提供高达 70% ~ 90% 的脱硝率。因此，SCR 技术是所有脱硝技术中脱硝率最高的。

此上比较可知，本项目采用 SCR 法脱硝工艺是目前国内外先进的工艺技术，是脱硝效率最高的工艺技术。选择此工艺是符合目前及将来国家环境保护要求的。

**二、设备选择原则及其关键设备情况，并对比分析评价**

1. 设备选择原则

1）选用国内已经成熟运行、安全可靠、先进节能的设备。

2）主辅设备选择技术先进，具有高可靠性、可用率和高效率的产品。

3）机组发电净能耗低，调峰性能好，技术售后服务有保障。

4）建设周期短。

5）满足环境保护要求。

6）不选用已公布淘汰的机电产品。

7）主要设备优先选择国内设备。

2. 关键设备情况

本项目设备较多，本报告仅对主要关键设备的基本情况和主要技术参数进行介绍。

1）锅炉。

锅炉采用东方锅炉厂生产的超临界变压运行直流炉、一次中间再热、采用前后墙对冲燃烧方式、单炉膛、平衡通风、露天布置、固态排渣、全钢结构、全悬吊结构 II 型锅炉，每台炉配两台三分仓回转式空预器。

水冷壁系统：下炉膛螺旋管圈水冷壁和上炉膛垂直管水冷壁的组合方式。

环泵的启动系统，锅炉启动系统需配置锅炉启动疏水扩容器（一体式）及疏水泵。

汽水分离系统：内置式汽水分离器系统

再热汽调温方式：烟气挡板调节

空气预热器：三分仓回转再生式

不投油最低稳燃负荷：≤30%

表 4-2　　　　　　　　　　　　锅炉 BMCR 工况主要技术参数

| 项　目 | 单位 | 数值 |
| --- | --- | --- |
| 最大连续蒸发量 | t/h | 1920 |
| 过热器出口压力 | MPa（g） | 25.4 |
| 过热器出口温度 | ℃ | 571 |
| 再热蒸汽流量 | t/h | 1564.6 |
| 再热器进口压力 | MPa（g） | 4.86 |
| 再热器进口温度 | ℃ | 326 |
| 再热器出口压力 | MPa（g） | 4.67 |
| 再热器出口温度 | ℃ | 569 |
| 锅炉给水（省煤器前）温度 | ℃ | 290.3 |
| 空预器出口排烟温度（修正前） | ℃ | 127 |
| 空预器出口排烟温度（修正后） | ℃ | 122 |
| 锅炉效率（低位发热量） | % | 93.71 |

2）汽轮机。

汽轮机型式为：冲动式、超临界、一次中间再热、三缸（1×高中压缸+2×低压缸）

四排汽、单轴、双背压抽汽凝汽式。汽轮机为东方汽轮机厂生产。

型号：CC600/523-24/4.2/1.0/566/566

额定功率（TRL）：600MW

最大连续保证功率（T MCR）：630MW

最大功率（VWO）：662MW

额定转速：3000r/min

凝汽器压力：6.9Pa（a）

回热系统：三级高加、四级低加、一级除氧

保证热耗：7633kJ/kW·h（THA）；7230 kJ/kW·h（供热）

表4-3　　　　　　　　　　　　　汽轮机主要技术参数

| 项　目 | 单位 | 数值 |
|---|---|---|
| 主蒸汽流量 | t/h | 1707.7 |
| 主汽门前蒸汽压力 | MPa（a） | 24.2 |
| 主汽门前蒸汽温度 | ℃ | 566 |
| 再热蒸汽流量 | t/h | 1411.713 |
| 再热阀前额定蒸汽温度 | ℃ | 566 |
| 保证热（THA） | kJ/kWh | 7633 |
| 额定背压（平均） | kPa（a） | 6.9 |
| 回热抽汽级数 | | 8 |
| 末级叶片长度 | mm | 909 |
| 给水温度（THA） | ℃ | 279.1 |

3）发电机。

发电机采用东方电机厂生产的产品，其主要的技术参数如下：

型号：QFSN-600-2-22A

型式：水氢氢冷汽轮发电机，自并励静止励磁

额定容量：667MVA

额定功率：600MW（对应THA工况）

最人连续输出功率：630MW

功率因数：0.9（滞后）

频率：50Hz

额定转速：3000r/min

额定电压：22kV

额定电流：17495A

额定氢压：0.414MPa（g）

保证效率：99%

冷却方式：水—氢—氢

励磁方式：自并励静止可控硅励磁

4）主变压器。

本工程主变压器选用：三相、风冷、强油循环、双卷变压器，型号：SFP－720000/220 242±2×2.5%/22KV。

5）高压厂用变压器。

本工程高压厂用变压器选用：三相油浸风冷、无载调压分裂式变压器，型号：SFF$_{10}$-42000/22 50/33-33KVA 22±2×2.5%/6.3－6.3KV。

6）启动/备用变压器。

本工程启动/备用变压器选用：三相油浸风冷、有载调压分裂式变压器，型号：SFFZ$_{10}$-42000/220 50/33-33KVA 230±8×1.25%/6.3－6.3KV。

3. 设备对比评价

本项目设备数量较多，本报告根据设备在本项目工程中的重要性，仅对锅炉、汽机进行设备对比分析评价。

（1）锅炉。

本项目锅炉选择了超临界变压运行直流炉、一次中间再热、采用前后墙对冲燃烧方式、单炉膛、平衡通风、露天布置、固态排渣、全钢结构、全悬吊结构Ⅱ型锅炉。采用下炉膛螺旋管圈水冷壁和上炉膛垂直管水冷壁组合方式。

国外超临界600MW锅炉形式分为塔式和Ⅱ型两种。国内三大动力集团中上海和哈尔滨对两种锅炉均生产，东方汽锅炉厂只生产Ⅱ型锅炉，两种锅炉均能满足本项目建设要求，考虑经济和投资方面的原因，本项目已与东方锅炉厂订货，因此，本项目选择Ⅱ型锅炉。

超临界压力火电技术由于参数本身的特点决定了锅炉只能采用直流锅炉。直流锅炉出现的初期，水冷壁有三种相互独立的结构形式：本生型、苏尔寿型和拉姆辛型，随着锅炉向高参数、大容量化发展，按照采用膜式水冷壁和实现变压运行的要求，现代直流锅炉水冷壁结构形式演变为：一次垂直上升管屏、多次垂直上升和下降管屏、螺旋围绕上升管屏和垂直内螺纹管屏四种型式。前两种受热面大多用于带基本负荷的机组，实践证明不适合滑压运行，和我国厂网分开、竞价上网的基本政策不相符，故基本不与考虑，后两种型式的受热各有优劣。

本项目选择螺旋管圈水冷壁和上炉膛垂直管水冷壁的原因有以下几点：

1）工作在炉膛下辐射区的水冷壁同步经过炉膛受热最强区域和受热最弱区域。

2）水冷壁的工质在下辐射区一次性沿着螺旋管圈上升，灵活选择并联物水冷壁管子根数和管径，保证较大质量流速。

3）螺旋管圈使得水冷壁能够工作在热偏差最水和流量念头最小的良好状态，其水动力稳定性较高，不会产生停滞和倒流，可以不装节流圈，最适合变压运行。

由于螺旋管水冷壁需专门的悬吊钢架，所以一般仅布置在炉膛折焰角下部的下辐射区，而在炉膛上辐射区使用垂直管屏。

大型锅炉炉膛火焰的燃烧方式，目前国内有燃烧器四角布置的切圆燃烧方式和前后墙布置的对冲燃烧方式，属于两种不同的技术流派，它涉及炉膛结构尺寸的选择和煤粉在炉膛内的燃烧工况。本工程燃煤为内蒙伊泰煤矿的烟煤，校核煤种为电厂目前用煤，燃煤特性为低硫、高挥发份、高发热值，煤质较好，其着火稳定性及燃尽性能较好，采用两种燃烧方式都可以，本项目采用了前后墙对冲燃烧方式。

对于锅炉启动系统，根据国内外直流锅炉现有实践经验，采用带内置式分离器的启动系统。

内置式分离器启动系统有带再循环泵和不带循环泵两种方式，不带再循环泵的系统在启动时把启动分离器的疏水引至冷凝器或排掉，带循环泵的系统除了上述的回路外还增加一路：把疏水用再循环泵引回省煤器进口。不带循环泵的系统投资省，运行维护简单，但启动时有热量损失。带循环泵的系统投资大，运行维护量大，但回收了热量，效率高。本考虑经济和投资的原因，采用不带循环泵的启动系统。

以上分析可知，项目采用的锅炉型式是适合本厂投资、占地实际情况的，是目前国内外先进节能的锅炉，是应大力推广的。

（2）汽轮机。

本项目汽轮机选择冲动式、超临界、一次中间再热、三缸（1×高中压缸＋2×低压缸）四排汽、单轴、双背压、抽汽凝汽式。

国产 600MW 超临界汽轮机有三缸四排汽和四缸四排汽两种机型。三缸四排汽机型的优势在于轴承、轴封的数量较少，汽机长度较后者短约 4 米，土建费用随之降低，且设备造价、安装费用及运行维护费均较低。高中压合缸，蒸汽呈反向流动，可以平衡轴向推力。转子最高温度工作区集中在中部，汽缸温度向两端平缓下降，减少热应力。四缸四排汽机组的高中压缸效率较高，热耗比三缸四排汽机组略低。

由于国内三大动力集团只有三缸四排汽机组的业绩，因此，根据国内汽轮机生产技术水平局限，本工程汽轮机型式选择三缸四排汽超临界汽轮机。

（3）超临界机组与亚临界机组的比较。

本次"上大压小"改扩建项目选择 600MW 超临界机组，主要有以下几个原因：

1）原煤影响：×××省煤炭储量先天不足，煤炭资源匮乏，原煤采购价高，选用燃烧好、热效率高的超临界机组是节约煤炭用量最有效的方法。

2）电源结构影响：×××省电网的电源结构不合理，燃油及小火电机组比重过大，小火电尤其是凝汽小火电机组热经济性差，煤耗高，污染情况较严重。另外，根据×××省电力需求特点，其峰谷差约49%，电网的调峰问题很严重，而火电机组本身的结构不合理，严重影响电网的整体经济效益和社会效益。选用经济性好、调峰能力好的大容量火电机组参与调峰，以降低机组供电煤耗和改善环境条件势在必行。

3）国内超临界机组的设计制造、运行管理趋于成熟：目前，国内通过引进技术、分包生产、合资经营等方式，国内三大动力集团都已具有生产超临界机组的能力，并且都有600MW超临界机组的销售业绩。国内继上海石洞口二厂首台超临界机组应用以来，南京、营口、盘山、伊敏、后石、沁北、潮州、珠海等电厂超临界机组的投产，为国内运行和管理超临界机组积累了经验。

超临界机组是指蒸汽压力高于临界压力（22.12MPa）的锅炉和汽轮发电机组，其与亚临界相比，有如下优点：

1）热效率高，热耗低。超临界机组比亚临界机组可降低热耗1.25%左右，可节约燃料，降低能源消耗和生产污染物的排放量。

2）超临界压力时水和蒸汽的比热容相同，状态相似，单相流动特性稳定，没有汽水分层和中间集箱处分配不均匀的现象，不需要亚临界压力锅炉复杂的分配系统来保证良好的汽水混合，回路比较简单。

3）超临界锅炉水冷壁管内单相流体阻力比亚临界锅炉双相液体阻力小。

4）超临界压力下工质的导热系数和比热较亚临界压力的高。

5）超临界压力工质的比容和流量较亚临界的小，故锅炉水冷壁管径较细，汽机的叶片可以缩短，汽缸可以变小，降低重量与造价。

6）超临界压力直流锅炉没有大直径厚壁的汽包和下降管，制造时不需要大型卷板机和锻压机，制造、安装和运输较方便，同时取消汽包而采用汽水分离器，汽水分离器比亚临界锅炉汽包小，内部装置也很简单，制造工艺相对容易，成本和造价降低。

7）超临界机组启动、停炉快。超临界压力锅炉不存在汽包上下壁温差汽蚀安全问题，而且其金属重量和储水量小，因而锅炉的储热能力小，所以其增减负荷允许速度快，启动、停炉时间可大大缩短，一般在较高负荷时（80%～100%）其负荷变动率可达10%/min。

8）超临界压力锅炉适于变压运行。

9）变压运行的超临界压力锅炉随机组负荷变化而变化，不需用汽轮机调节门控制机组负荷，而且部分负荷运行时，由于蒸汽体积流量变化小，能够保持较高的汽机效率，并通过改善锅炉过热面和再热面的流量分配，提高机组效率。

以上比较分析，随着我国电力工业的发展及电力结构的调整，600MW火电机组已经成为我国火电的发展方向，并即将成为电网的主力机组，尤其是超临界机组，由于其更低的运行成本和高效益，使得此类型机组在现在的电力市场中更具竞争性。

**三、项目选址、平面布置原则及其主要内容，并对比评价**

1. 选址及总平面布置原则

（1）充分依托原厂，尽量利用原厂的建（构）筑物和设施，如电厂补给水、办公楼、食堂等。

（2）充分利用原厂用地，不新征地。

（3）充分利用原有进厂铁路及煤堆场的条件进行扩建。

（4）在工程建设的期间，保证原有机组安全运行。

2. 选址及平面布置内容

（1）项目选址方案。

本项目是×××热电厂改扩建项目，是利用原有拆除机组的位置进行重新布置，因此，选址仍在原有厂区内。

采用厂内自定高程系统（m）=1985 国家高程基准（m）+15.70m（以下均采用厂内高程系）。

厂址频率 p=1%的最高洪水位换算成厂内高程系统后为 30.371m。

电厂竖向原采用台阶式布置，主厂房区和附属建筑区场地标高为 31.35m，油罐区场地标高为 33.0m，水煤浆罐区场地标高为 35.4m，储煤场区场地标高为 32.0m，冷却塔区场地标高为 30.0m，配电装置区场地标高为 34.5m。

（2）项目平面布置内容。

1）总平面布置内容。

总平面布置内容根据可行性研究报告推荐方案二。

电厂整体布局分四个用地区域，即主厂房区和附属生产区、煤场区、冷却塔区、配电装置区。

①在主厂房东面和东南角是电厂原有的附属建筑，包括综合办公楼、食堂、生产办公楼、化水车间、制氢站等，本期不需新建，只改扩建部分化水设施；本期利用原有净水站和补给水系统，仅需在原有综合泵房内更新安装循环水补给水泵、工业水泵、空预器冲洗水泵等设备，保留原有水池并加以利用作为原有机组的补给水水池。另在水池北面建消防水泵房一座。

②本期工程新建机组煤场及干煤棚，规划的新机组煤场在其西面扩建，只需延长煤场斗轮机皮带。新建煤场及辅助建筑位于原厂机组煤场的西侧，其中翻车机卸煤系统（按两套设备一次建成考虑）位于煤场北面，卸煤铁路线从原厂运煤铁路线原中转煤场铁路专用线出岔点处引接。

卸车设施采用两套"C"型转子式单车翻车机系统。翻车机系统采用折返式布置，卸煤铁路按 2 股重车线、2 股空车线配置，翻车机卸下的煤可转运至储煤场或主厂房煤仓间的原煤仓。

煤场建设需要拆除位于原厂主厂房西面约 600m 处的临时堆煤场，拆迁改建煤场处原有 220kV 和 35kV 输电线路。

③在本期主厂房的西南侧是电厂的自然通风冷却塔区。保留原有冷却塔，保证原有机组正常运行。本期需新建一座 9000m² 冷却塔及循环水泵房，向新建机组供水。循环水管

线主要沿现有汽机房 A 排外的道路布置。

④在主厂房南面新建 220kV 屋内 GIS 配电装置，新建本期工程的网控楼，在改造电厂原 220kV 配电装置的场地上布置。

⑤其他：输煤栈桥从煤场东南角出来后，沿老厂煤场南侧—东侧，再往东到主厂房，由主厂房固定端从炉后上主厂房煤仓间。

表 4－4　　　　　　　　　　　本期工程场地主要技术经济指标

| 序号 | 项　目 | 单位 | 数据 |
|---|---|---|---|
| 1 | 本期厂区用地面积 | 万 m² | 14.20 |
| 2 | 本期建筑物占地面积 | 万 m² | 7.10 |
| 3 | 建筑系数 | % | 50.00 |
| 4 | 本期厂地利用面积 | 万 m² | 10.63 |
| 5 | 利用系数 | % | 74.90 |
| 6 | 道路广场面积 | 万 m² | 2.96 |
| 7 | 道路广场系数 | % | 20.85 |
| 8 | 本期绿化面积 | 万 m² | 2.54 |
| 9 | 厂区绿化率 | % | 17.90 |
| 10 | 厂区围墙长度 | Km | 1.50 |
| 11 | 厂区内铁路长度 | Km | 1.50 |
| 12 | 单位容量用地面积 | m²/kw | 0.237 |

2）主厂房平面布置内容。

主厂房平面布置内容包括汽机房、除氧间、煤仓间、锅炉房以及锅炉尾部至烟囱之间的送风机间、电袋除尘器、引风机间、脱硫装置、烟囱进口水平烟道和烟囱的平面布置。

本工程规划容量为 1×600MW 超临界燃煤机组。主厂房采用汽机房—除氧间—煤仓间—锅炉房顺列布置方式。炉后区布置按送风机—电袋除尘器—引风机—脱硫装置—烟囱顺列布置方式。脱硫系统布置在引风机之后，烟囱之前。脱硝系统布置预留在空预器出口至除尘器进口烟道的上方。

汽机房、除氧间、煤仓间、锅炉房，柱距 10m，汽机房跨度 30.6m。6.40m 为中间层，运行层 13.70m，采用大平台布置，兼做检修场地，配置 2 台 80t/20t 电动桥式吊车，吊车轨顶标高约 26.50m。除氧间跨度 9m，在 6.40m、13.70m 层分别布置高低压加热器，26.00m 层布置除氧器。煤仓间跨度 11.50m，底层配置 6 台磨煤机，17.00m 层为给煤机层，42.00m 层为运煤皮带层，煤斗为支承式圆形钢煤斗。

主厂房横向 A－D 轴宽度 50.5m，纵向长度 90.0m（柱中心线距）。

煤仓间与锅炉岛之间脱开 7m 布置，炉前平台主梁一端支承在 D 轴柱牛腿上，采用铰支座，另一端支承在炉架柱牛腿上，采用滑动支座。炉前结构钢梁只布置在工艺所需的适当位置。

锅炉房为露天独立岛式布置，与炉前结构由滑动支座按防震缝设计要求分开，自成独立体系。炉架采用钢结构，炉顶封闭采用镀锌彩色压型钢板。

主厂房各结构单元在地震作用时的独立性是通过设置防震缝和滑动支座来实现的，汽机间平台与汽机基座间设置防震缝；集控楼与主厂房之间设置防震缝；两独立结构必须相连时，则采用滑动支座来处理。使各结构单元在地震力作用下，能各自自由振动。

①汽机房、除氧间布置。

汽轮发电机组纵向顺列布置，机头朝向扩建端，汽轮发电机中心线距离 A 排柱中心线 15m，钢结构汽机房跨度 30m，柱距为 10m，共 9 个柱距，钢结构除氧间跨度为 9m。

汽机房的高度，按低压上缸起吊高度要求确定。

汽机房分为 0m（底层）、6.4m（中间层）和 13.7m（运转层）三层。汽机房运转层采用大平台结构。

两台汽动给水泵布置在运转层，其中心线距离 B 排柱中心线 4.7m。给水泵汽轮机机头相对，排汽向下接入主凝汽器中。汽动给水泵布置在汽机房运转层，与布置在汽机房底层相比，具有如下优点：

a. 改善了汽动给水泵及汽轮机的运行检修环境；

b. 给水泵汽轮机向下排汽，检修揭盖时，不必拆卸排汽管；

c. 给水泵汽轮机高位布置，排汽向下，可减少给水泵汽轮机进水的机率，有利于安全运行；

d. 可充分利用汽机房运转层和中间层的空间。

汽机房 0m 层，机头部分布置凝结水精处理装置、主机油系统设备、水环式真空泵，发电机端布置发电机油、氢、水设备，凝结水泵、闭式循环冷却水泵，在给水泵汽轮机基座下布置给水泵汽轮机油系统设备。

汽机房中间层（6.4m）主要是管道层，机头布置有高压旁路装置，汽机油系统设备，汽封供汽及汽封冷却器等设备。7、8 号低压加热器布置在凝汽器颈部。

汽机房运转层（13.7m）为大平台结构，机头朝向扩建端。该层布置有汽轮发电机组、汽动给水泵组及低压旁路阀。

除氧间跨距为 10m，柱距同汽机房，设有 0.00m 层、6.40m 层、13.7m 层和 26.00m 层。底层布置有电动给水泵组、汽动给水泵前置泵、除氧器再循环泵等设施，靠近 B 列柱侧留有全厂贯通的运行维护通道。中间层布置有 5、6 号低压加热器。运转层布置有 1、2、3 号高压加热器。26.0m 层为除氧层，布置有除氧器及给水箱。

②煤仓间和锅炉房布置。

磨煤机型式、外形尺寸、检修方式是确定锅炉煤仓间跨距和层高的主要因素。本工程采用 6 台 ZGM113－Ⅲ型中速磨煤机，煤仓间柱距为 10m，跨距为 11.5m。

HP 型磨煤机的检修主要是更换磨煤机内磨损严重的研磨套。检修时将三个磨辊的弹簧加载装置移出,将磨辊从磨煤机内部翻出后转至垂直位置,然后用电动葫芦吊起研磨套,从手动行车移到电动行车上通过行车导轨吊运到检修场地或大门处用汽车运走。对于齿轮箱的检修,只需将齿轮传动装置从磨煤机下面移出即可检修。10m 煤仓间柱距能满足磨煤机及其电机和油站的布置,满足齿轮箱移动检修所需的空间。磨煤机中心线距离煤仓间 C 列柱中心线 7.5m,能满足磨辊装置翻转、磨辊弹簧加载装置和磨辊研磨套移出所需的空间。在磨煤机大修时,若需将分离器(其最大尺寸为 $\Phi 4168mm$)吊走检修或更换,可先用 2 台 12.5 吨手动行车上的电动葫芦将分离器吊起,然后通过过轨装置移到电动行车上,葫芦小车沿纵向移动至检修场地。磨煤机的另一侧距离煤仓间 D 列柱中心线 4m,同样能满足磨辊装置翻转、磨辊液压加载装置和磨辊研磨套移出所需的空间,而且能满足一次风管和密封风管布置的要求。

根据本工程所选的磨煤机本体高度、煤粉管道布置、检修用行车吊钩极限位置等情况,给煤机层标高定为 17m。为了使运行人员通行和给煤机管理方便,锅炉房运转层标高也定为 17m。

根据煤斗储煤量、给煤机本体高度、落煤管长度及煤闸门高度,暂定输煤皮带层的标高为 42 m。

考虑到冷、热一次风管及其测量装置、送粉管道和锅炉零米设备运输通道的布置,锅炉炉前 B1 轴与主厂房 D 列轴中心线距离定为 7 m。

锅炉房采用露天布置,锅炉底层布置捞渣设备、密封风机等。

炉后布置了一次风机和送风机、电袋复合除尘器、吸风机、脱硫装置和烟囱,在电袋复合除尘器左侧布置电袋复合除尘器电气控制楼及灰冲洗水泵房。本阶段在空气预热器出口至除尘器进口的烟道上方预留了脱硝部分。脱硫系统布置在烟囱前面。本工程引风机需克服脱硫设备的阻力,不设置增压风机。

本期工程新建一座烟囱供此台机组用,考虑到脱硫装置,烟囱布置在锅炉中心线的左侧,烟气经过脱硫装置后直接接入烟囱。

表 4-5　　　　　　　　　　主厂房主要尺寸

| 名　称 | | 单位 | 数据 |
|---|---|---|---|
| 主厂房 | 柱距 | m | 10.00 |
| | 长度 | m | 90.00 |
| | 运转层标高 | m | 13.70 |
| | A 排柱至烟囱中心总长 | m | 230.00 |
| 汽机房 | 跨度(A - B) | m | 30.00 |
| | 汽轮发电机中心线距 A 列距离 | m | 15.00 |
| | 屋架下弦标高 | m | 29.00 |
| | 行车轨顶标高 | m | 26.40 |

续表

| 名 称 | | 单位 | 数据 |
|---|---|---|---|
| 除氧间 | 跨度（B－C） | m | 9.00 |
| | 运转层标高 | m | 13.70 |
| | 除氧层标高 | m | 26.00 |
| 煤仓间 | 煤仓间跨距（C－D） | m | 11.50 |
| | 煤仓间柱距 | m | 10.00 |
| | 煤仓间总长 | m | 70.00 |
| | 给煤机层标高 | m | 17.00 |
| | 皮带层标高 | m | 42.00 |
| | 炉前距离（D－B1） | m | 7.00 |
| 锅炉 | 锅炉长度（B1－B6） | m | 49.10 |
| | 锅炉宽度（两钢架中心距） | m | 50.00 |
| | 锅炉大板梁最高点标高 | m | 80.73 |
| 炉后 | 炉后 B6 柱至电袋除尘器第一根柱中心距离 | m | 35.05 |
| | 电袋除尘器第一根至最后一根柱中心距离 | | 21.54 |
| | 电袋除尘器最后一根柱至烟囱中心距离 | m | 66.81 |
| | 烟囱钢内筒出口直径 | m | 6.00 |
| | 烟囱出口标高 | m | 240.00 |

③项目竖向布置内容。

根据可行性研究报告推荐方案二进行竖向布置。

厂址1%洪水位为30.37m（85国家高程基准面+15.7m）。为充分利用现有场地条件、尽量减少土石方工程量，顺应老厂布置格局，竖向设计采用阶梯式布置。

根据场地现状、厂区总平面布置及工艺系统的相互关系、厂址1%洪水位，确定厂区竖向还是采用台阶式布置，主厂房区和附属建筑区、冷却塔区、配电装置区场地标高与原处地坪标高保持一致，即：汽机房零米标高为31.5m；A列外道路至电袋除尘器的场地标高为31.3m，电袋除尘器以北至烟囱（包括脱硫区、灰库、氨贮存场地、供卸油系统等）的场地标高为35.3m；煤场区场地标高为30.5m；冷却塔区场地标高为30.5m；铁路轨顶标高32.0m。

根据总平面布置方案二，厂区、施工区土石方挖方约5.4万 $m^3$，填方约16.2万 $m^3$，浆砌片石挡土墙工程量约0.6万 $m^3$，考虑厂区新建建构筑物基坑余土、建筑垃圾、外购回填砂的情况，本工程将有部分土石方外运，运距约13km。

a. 厂区管线布置。

a）管线敷设的方式以直埋、管沟、地面和架空四种形式相结合，其方式的选择应满足工艺要求且经济合理，按以下原则布设管线：

ⓐ消防给水管、雨水、污水管、循环水进排水管、事故排油管等地下直埋敷设。

ⓑ电缆根据具体情况采用架空、地沟或直埋相结合的敷设方式。

ⓒ除上述情况以外的管线在不影响安全运行的条件下，尽量采用架空敷设。

b）厂区主要管线走廊规划。

ⓐA 列柱外管线走廊规划。

主厂房 A 列外管线走廊宽 30.0m，须布置道路、循环进排水管、雨水管、电缆沟、变压器事故排油管、主变、高压厂变、起动/备用变、化水管、生活水管、公用水管、消防水管等，场地紧张，因此将循环进排水管、雨水管、补充水管等布置在道路下面。

ⓑ主厂房固定端管线走廊规划。

本期主厂房固定端管线走廊宽度 15.35m，布置有雨水管、消防水管、生活污水管、综合管架等；其中主综合管架宽度约 4.0m，布置有蒸汽管、化学废水管、电缆等，主要布置在机组输煤栈桥侧。

ⓒ炉后管线走廊规划。

炉后走廊宽度 7.0m，依次布置污水管、消防水管、道路、雨水管等。

ⓓ脱硫场地后部管线走廊规划。

脱硫场地后部布置有 2.0m 宽综合管架，其上布置蒸汽管，地下支墩上布置化水及化学废水管等。

ⓔ其他。

其它管线如公用水管、含煤废水管等管道尽量采用架空布置方案。

综合管架及架空支架拟采用钢筋混凝土或钢结构型式，净高一般为 5.0m，当管架受到地上建（构）筑物的限制或约束时，在满足通行要求的前提下根据实际情况确定其高度。

除满足电厂本期容量、适当考虑电厂扩建对地下管线布置的要求，除主厂房电缆采用地沟敷设外，厂区管线尽量采用架空布置方式，部分采用地面低支墩布置，而管架下部布置其它埋地管线，做到分层用地。

3. 选址及平面布置分析评价。

项目在厂区平面布置上有两个备选方案。方案二是可行性研究报告抗推荐方案，已在前面作了详细介绍。

表 4-6 方案比较表

| 项目 | 方案一 | 方案二 |
|---|---|---|
| 用地面积 | 12.9hm² | 14.2hm² |
| 土石方量 | 挖方 6.4 万 m³，填方 6.4 万 m³ | 挖方 5.4 万 m³，填方 12.6 万 m³ |
| 输煤系统 | 采用缝隙煤槽、螺旋卸车机、悬臂式斗轮机、长条形煤场方案。新煤场布置在电厂#5、#6 机组煤场的东北面，输煤栈桥从电厂西北面增建的缝隙煤槽、露天煤场的北面至电厂煤仓间，由主厂房固定端上煤，新建的输煤栈桥及增建的缝隙煤槽共长约 650m。 | 采用翻车机卸煤方案，新建煤场及干煤棚位于煤场北面，卸煤铁路线从老厂运煤铁路线原中转煤场铁路专用线出岔点处引接。翻车机卸下的煤可转运至储煤场或主厂房煤仓间的原煤仓。新建输煤栈桥共长约 980m。 |

续表

| 项目 | 方案一 | 方案二 |
|------|--------|--------|
| 供水 | 采用二次循环供水系统，将原#1～#3机组冷却塔拆除，新建9000m²冷却塔。循环水管总长度1.2km。 | 拆除电厂原#0～#4机组冷却塔及其升压泵房，在原#1、#3机组冷却塔的场地上新建一座9000m²冷却塔及循环水泵房。循环水管总长度1.23km。 |
| 出线 | 在拆除电厂原110kV升压站的场地上布置220kV GIS配电装置，同时预留本机组及#5～#6机组的出线接入。 | 在主厂房南面新建220kV屋内GIS配电装置，新建本期工程的网控楼，在改造电厂原220kV配电装置的场地上布置。 |
| 环境 | 电厂布置紧凑，工艺流程分区合理，冷却塔区位于主导风向的下风向，露天煤场和输煤栈桥远离进厂大门及厂前区，厂区环境较优。 | 同方案一。 |
| 建设场地 | 利用拆除#0～#4机组及辅助车间后的场地，向西面扩建时受到周边条件的制约很大，施工难度也大。 | 利用拆除#0～#4机组及辅助车间后的场地，向东面扩建时，不会受到周边条件的制约，扩建条件很好。 |
| 征地 | 不需征地。 | 不需征地。 |

通过比较，两个方案在技术上均可行：两个总平面布置方案均符合总体规划要求，布置紧凑合理，工艺流程顺畅，结合原厂现状，充分利用了原有机组的场地（场地就地解决、不用征地），厂区占地小，拆迁少（保留了生产办公楼、综合车间等），充分利用了电厂内已有场地、设施和外部条件。

但相对而言，总平面布置方案二具有输煤工艺流程更顺畅、煤场运行可靠性更高、投资较省、且煤场用地较省的优点和特点。输煤栈桥长度较短。辅助生产车间集中在主厂房区附近，检修维护方便。利用电厂南面围墙外的施工临建用地及部分升压站内场地设置循环水管廊通道较理想，不受厂内原有循环水管廊位置的限制。拆除原有110kV配电装置，改用220kV GIS配电装置，改建难度小，不影响原机组正常运行。

由此可见，项目选择方案二是较为理想的，利用流畅的工艺流程，可以尽可能的减少输送动力消耗，节约能源。


# 第五章　项目能源消耗和能效水平评估


**一、根据项目能源流向确定项目用能边界、用能工序（单元）**

1. 用能系统边界确定

项目的能源流动主要是原煤、电力和柴油。耗能工质流动主要有新鲜水。

项目的主要能源原煤是作为锅炉燃料消耗。电力能源作为生产和生活用动力设备的驱动电源消耗。柴油作为锅炉点火引燃燃料消耗。新水作为生产和生活使用消耗。

根据项目建设内容，本期项目的能源消费量不包括原有机组生产及生活能源消费量。另外，由于建设单位原有的附属生活设施已建成，不在本期建设内容中，不属于本次报告的评估范围，因此，本次评估不包括原有保留的附属生活能源消费量。但是，本期工程新增加的附属生活能源包括在内。

本报告仅对正常生产时的能源消耗进行核定，因此，在试运行运行期间产生的外购电力不在本评估范围内。

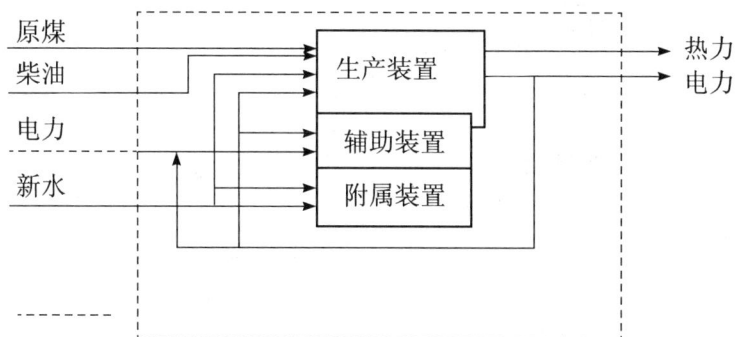

图 5-1 用能系统边界

表 5-1 折标系数表

| 能源品种 | 单位 | 折标系数 | | 备注 |
| --- | --- | --- | --- | --- |
| | | 当量值 | 等价值 | |
| 原煤 | tce/t | 0.7278 | 0.7278 | 原煤低位发热量 21.33MJ/kg |
| 电力 | tce/万 kwh | 1.229 | 4.04 | GB/T 2589—2008 |
| 柴油 | tce/t | 1.4571 | 1.4995 | GB/T 2589—2008. 国家统计局能源司 |
| 新鲜水 | tce/万 t | - | 0.857 | GB/T 2589—2008 |
| 热力 | tce/GJ | 0.03412 | - | GB/T 2589—2008 |

2. 用能工序确定

根据用能边界图所示，项目主要用能单元为生产装置。在生产装置中重点用能工序为输煤、锅炉和汽机工序。

项目的主要产品有两种，一种是热力，一种是电力。

热力产品的产出是由锅炉燃烧消耗原煤产生蒸汽，再经过汽机工序产出。

电力产品的产出是由锅炉产出蒸汽后，再输送给汽轮机，由汽轮机输汽给发电机作功发电产出。

本报告对主要用能单元分工序进行能源消耗核算。对两种产品的能源消耗指标进行核算。

**二、主要用能设备表**

由于本项目用能设备较多，本报告仅对用原煤、柴油及功率较大的设备进行列表明细。

表 5 – 2 主要用能设备明细表

| 序号 | 设备名称 | 规格型号 | 单位 | 数量 | 单机容量（kW） | 运行情况 |
|---|---|---|---|---|---|---|
| 一 | 卸煤 | | | | | |
| 1 | 翻车机 | FZ15 ~ 100 | 台 | 2 | 642 | 1 用 1 备 |
| 2 | 活化给煤机 | 出力 750t/h | 台 | 4 | 7.6 | 2 用 2 备 |
| 3 | 振动斜煤箅 | 7000 × 5900mm | 台 | 2 | 60 | 1 用 1 备 |
| 4 | 斗轮堆取料机 | 回转半径 30m  取料能力 800t/h  堆料能力 1200t/h | 台 | 2 | 157 | 1 用 1 备 |
| 5 | 冲洗水泵 | 流量：108 ~ 193m³/h  扬程：0.8 ~ 0.9MPa | 台 | 2 | 75 | 1 用 1 备 |
| 6 | 环锤碎煤机 | HSZ—600 型  入料≤300mm  出料≤30mm | 台 | 2 | 400 | 1 用 1 备 |
| 7 | 推煤机 | | 台 | 3 | 560 | 2 用 1 备 |
| 二 | 输煤 | | 台 | | | |
| | #1AB 胶带输送机 | B = 1400mm  V = 2.5m/s  Q = 1200t/h  α = 0° ~ 8° LH = 227.6m，H = 1.3m | 台 | 2 | 75 | 1 用 1 备 |
| | #4AB 胶带输送机 | B = 1200mm  V = 2.5m/s  Q = 800t/h α = 0 ~ –4，H = –3.25m° LH = 148.78/151.98m | 台 | 2 | 75 | 1 用 1 备 |
| | #5AB 胶带输送机 | B = 1200mm  V = 2.5m/s  Q = 800t/h  α = 3.5° LH = 506.8/510m  H = 31m | 台 | 2 | 132 | 1 用 1 备 |
| | #2AB 胶带输送机 | B = 1400mm  V = 2.5m/s  Q = 1200t/h  α = 13.5°  LH = 135.7/65.7m  H = 15.7m | 台 | 2 | 280 | 1 用 1 备 |
| | #3AB 胶带输送机 | B = 1400mm  V = 2.5m/s  Q = 1200t/h  α = 0° LH = 380.6m，H = 0m | 台 | 2 | 500 | 1 用 1 备 |
| | #6AB 胶带输送机 | B = 1200mm  V = 2.5m/s  Q = 800t/h  α = 11° ~ 15°  LH = 163.65m，H = 40.5m | 台 | 2 | 200 | 1 用 1 备 |
| | #7AB 胶带输送机 | B = 1200mm  V = 2.5m/s  Q = 800t/h  α = 0° LH = 66m，H = 0m | 台 | 2 | 220 | 1 用 1 备 |
| 三 | 锅炉 | | 台 | | | |
| | 密封风机 | 离心式，10.59m³/s，7500Pa | 台 | 2 | 100 | 1 用 1 备 |
| | 中速磨煤机 | ZGM113G-Ⅲ，55t/h | 台 | 6 | 740 | 5 用 1 备 |
| | 动叶可调送风机 | 245.1m³/s，3717Pa | 台 | 2 | 1100 | |
| | 动叶可调引风机 | 二合一，491.1m³/s，8532Pa | 台 | 2 | 5000 | |
| | 动叶可调一次风机 | 109.1m³/s，19120Pa | 台 | 2 | 2550 | |

续表

| 序号 | 设备名称 | 规格型号 | 单位 | 数量 | 单机容量（kW） | 运行情况 |
|---|---|---|---|---|---|---|
| 四 | 除灰 | | 台 | | | |
| | 灰库气化风机 | 22.6m³/min　120kPa | 台 | 4 | 110 | 2用2备 |
| | 灰库加热器 | 23m³/min　△t=232℃ | 台 | 4 | 90 | 2用2备 |
| | 灰斗加热器 | 18m³/min　△t=232℃ | 台 | 2 | 80 | 1用1备 |
| | 螺杆空压机 | 40m³/min　0.75MPa | 台 | 3 | 250 | 2用1备 |
| 五 | 脱硫 | | 台 | | | |
| | 浆液循环水泵 | Q=10590m³/h　H=29.05m | 台 | 1 | 800 | |
| | 浆液循环水泵 | Q=10590m³/h　H=26.72m | 台 | 1 | 900 | |
| | 浆液循环水泵 | Q=10590m³/h　H=24.4m | 台 | 1 | 1000 | |
| | 多级离心氧化风机 | Q=19030Nm³/h　P=116kPa | 台 | 3 | 200 | 2用1备 |
| 六 | 汽机 | | 台 | | | |
| | 凝结水泵 | 立式筒型泵流量：1635m³/h　扬程：～336.7m H₂O | 台 | 2 | 2100 | 1用1备 |
| | 汽动给水泵前置泵 | 卧式双吸泵流量：～1056.5t/h　扬程 2.296MPa（a） | 台 | 2 | 560 | |
| | 电动起动调速给水泵 | 654t/h，扬程：～30MPa（a） | 台 | 1 | 3600 | |
| | 电动泵前置泵 | | 台 | 1 | 560 | 1用1备 |
| | 开式水泵 | 流量1800m³/h　扬程0.31MPa | 台 | 2 | 280 | 1用1备 |
| 七 | 其他 | | 台 | | | |
| | 水冷型制冷机组 | Q=582.4kW | 台 | 2 | 138 | 1用1备 |
| | 电加热器 | Q=97kW | 台 | 1 | 104 | |
| | 循环水泵 | 64LKXA—25.5，Q=6.47～7.28m3/s，0.255～0.213MPa | 台 | 3 | 2500 | 2用1备 |

### 三、用能工序能量分析及指标核定

生产装置能量分析及指标核定。

1. 输煤工序

输煤工序投入原煤 134 万吨，新水 3.85 万吨。

产出原煤 133.60 万吨。

表 5-3　　　　　　　　　　　　　　　输煤工序能耗分析

| 序号 | | 能源名称 | 实物量 | 等价值（tce） | 当量值（tce） |
|---|---|---|---|---|---|
| 1 | | 原煤（万 t） | 134 | 975252 | 975252 |
| 2 | 投入 | 新水（万 t） | 3.85 | 3.30 | |
| 3 | | 能源消费量 | | 975255.30 | 975252 |
| 4 | 产出 | 原煤（万 t） | 133.60 | 972340.80 | 972340.80 |
| 5 | | 综合能耗 | | 2914.50 | 2911.20 |

2. 锅炉工序

锅炉工序投入原煤 133.60 万吨，柴油 1016.62t。

根据锅炉热效率 93.71%，考虑 1% 管道热损失，可知最终产出标煤：

$133.60 \times 10^4 \times 0.7278 \times 93.71\% \times 99\% = 902068.76$（tce）

产出热量：$902068.76 \times 10^3 \times 29307 = 26436929.09$（GJ）

表 5-4　　　　　　　　　　　　　　　锅炉工序能耗分析

| 序号 | | 能源名称 | 实物量 | 等价值（tce） | 当量值（tce） |
|---|---|---|---|---|---|
| 1 | | 原煤（万 t） | 133.60 | 972340.80 | 972340.80 |
| 2 | 投入 | 柴油（t） | 1016.62 | 1524.42 | 1481.32 |
| 3 | | 能源消费量 | | 973865.22 | 973822.12 |
| 4 | 产出 | 热量（GJ） | 26436929.09 | 902068.76 | 902068.76 |
| 5 | | 综合能耗 | | 71796.46 | 71753.36 |

3. 汽机工序

汽机工序接受锅炉输送来的蒸汽携带热量 26436929.09GJ。

产出供热热量 2604861.60GJ，

产出发电量 321106.50 万 kwh。

供热比 = 供热热量/汽轮机总接受热量

　　　　 = 2604861.60/26436929.09 = 9.85%

热电比 = 供热热量/发电量折热量

　　　　 = 2604861.60/(3211.065 × 3600) = 22.53%

汽机效率 = 汽轮机耗用总热量/汽轮机接受总热量

　　　　 = (2604861.60 + 3211.065 × 3600)/26436929.09

　　　　 = 53.58%

机组效率 = 锅炉效率 × 管道效率 × 汽机效率

　　　　 = 93.71% × 99% × 53.58%

　　　　 = 49.71%

表5-5 汽机发电工序能耗分析

| 序号 | | 能源名称 | 实物量 | 等价值（tce） | 当量值（tce） |
|---|---|---|---|---|---|
| 1 | 投入 | 热量（GJ） | 26436929.09 | 902068.76 | 902068.76 |
| 2 | | 能源消费量 | | 902068.76 | 902068.76 |
| 3 | 产出 | 供热热量（GJ） | 2604861.60 | | 88877.88 |
| 4 | | 发电量（万kwh） | 321106.50 | | 394639.89 |
| 5 | | 能源总量 | | | 483517.77 |
| 综合能耗 | | | | 418550.99 | |

### 四、单项能源的平衡核定及其使用分布情况

1. 原煤平衡核定

本项目原煤投入装置总量为134.00万，在卸煤输煤时损失0.40万t，在锅炉燃烧时，由于锅炉存在热效率，损失8.40万吨。

2. 新水平衡核定

项目新鲜水全年用912.86万t。其中生产用水量905.71万吨，生活用水量为7.15万吨。

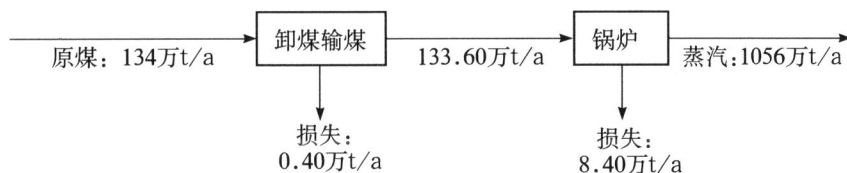

图5-2 原煤平衡图

### 五、项目能量平衡表

表5-6 项目能量平衡表

| | 项目 | 购入储存 | | | 加工转换 | | 输送分配 | 厂内最终使用 |
|---|---|---|---|---|---|---|---|---|
| 能源名称 | | 实物量 | 等价值 | 当量值 | 锅炉 | 汽机 | | |
| | | 1 | 2 | 3 | 4 | 5 | 6 | 7 |
| 供入能量 | 原煤（万t） | 134.00 | 975252 | 975252 | 972340.80 | | | |
| | 热力（tce） | | | | | 902068.76 | 88877.88 | 88877.88 |
| | 电力（tce） | | | | | | 394639.89 | 394368.75 |
| | 柴油（t） | 1016.62 | 1524.42 | 1481.32 | 1481.32 | | | |
| | 新鲜水（t） | 912.86 | 782.32 | | | | | |
| | 合计 | | 977558.74 | 976733.32 | 973822.12 | 902068.76 | 483517.77 | 483246.63 |
| 有效能量 | 原煤（万t） | | | 972340.80 | | | | |
| | 热力（tce） | | | | 902068.76 | 88877.88 | 88877.88 | 88877.88 |
| | 电力（tce） | | | | | 394639.89 | 394368.75 | 389528.36 |
| | 柴油（t） | | | 1481.32 | | | | |
| | 新鲜水（t） | | | | | | | |
| | 合计 | | | 973822.12 | 902068.76 | 483517.77 | 483246.63 | 478406.24 |

续表

| 项目 | 购入储存 | | | 加工转换 | | | |
|---|---|---|---|---|---|---|---|
| | 实物量 | 等价值 | 当量值 | 锅炉 | 汽机 | 输送分配 | 厂内最终使用 |
| 能源名称 | 1 | 2 | 3 | 4 | 5 | 6 | 7 |
| 损失能量 | | | 2911.20 | 71753.36 | 418550.99 | 271.14 | 4839.39 |
| 合　计 | | | 976733.32 | 973822.12 | 902068.76 | 483517.77 | 483246.63 |
| 能量利用率% | | | 99.70 | 92.63 | 51.50 | 99.94 | 98.99 |
| 能源利用率 = 478406.24/977558.74 = 48.94% | | | | 能量利用率 = 478406.24/976733.32 = 48.98% | | | |

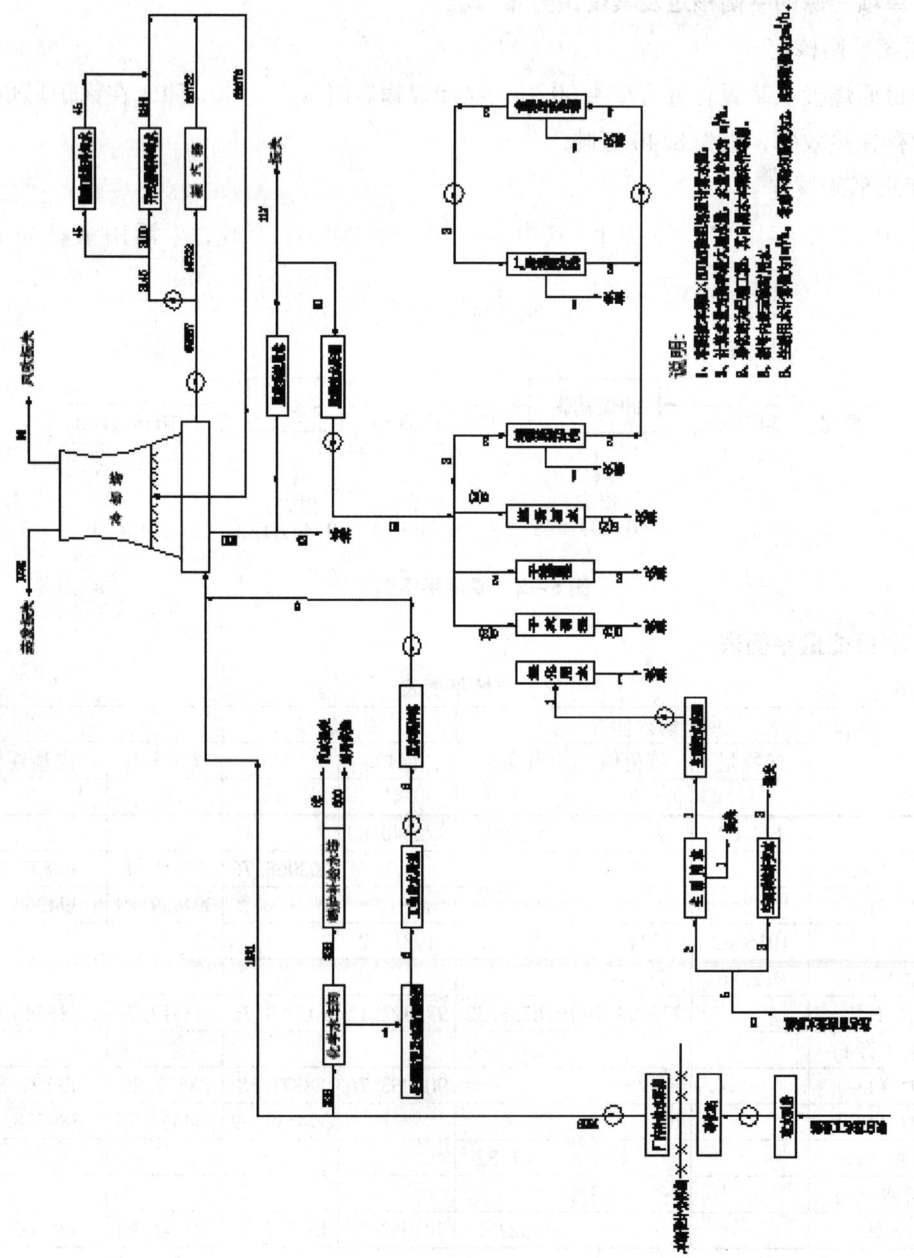

图5-3　水平衡图

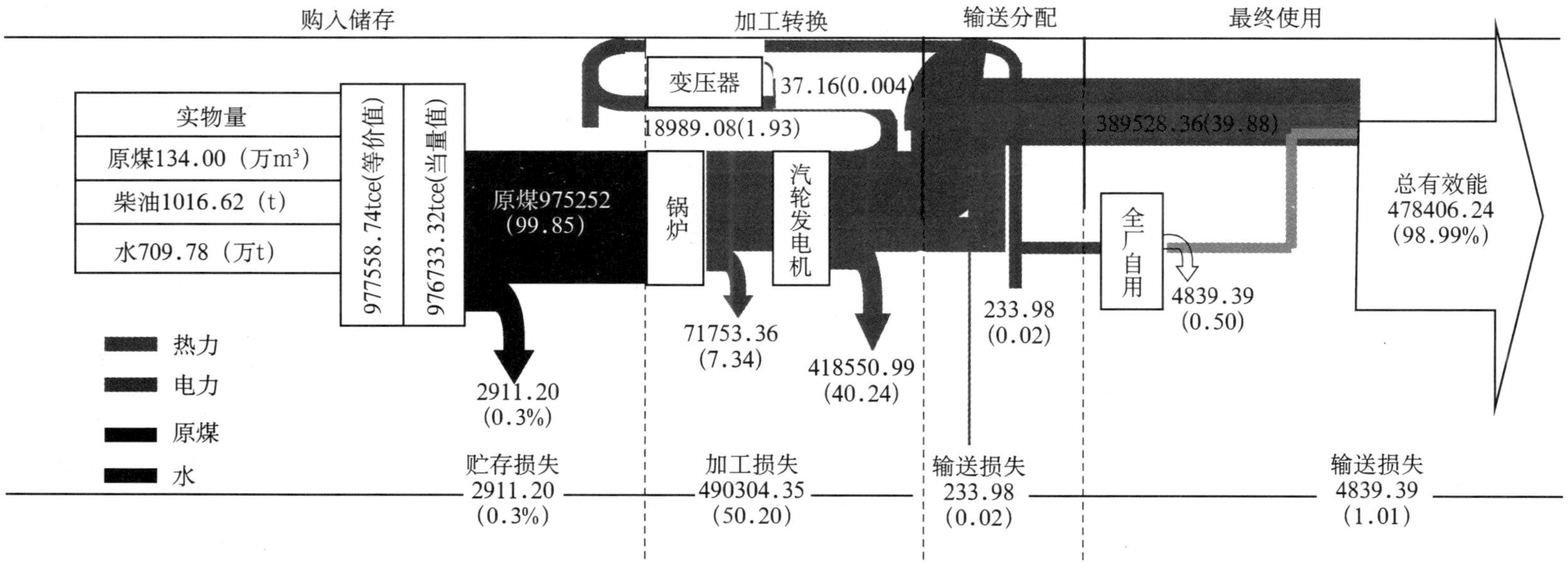

图5-4 项目能流图

购入储存

实物量

原煤134.00（万m³）
柴油1016.62（t）
水709.78（万t）

热力
电力
原煤
水

977558.74tce（等价值）
976733.32tce（当量值）

原煤975252（99.85）

贮存损失 2911.20（0.3%）
2911.20（0.3%）

加工转换

变压器
18989.08(1.93)
137.16(0.004)

锅炉

汽轮发电机

71753.36（7.34）

418550.99（40.24）

加工损失 490304.35（50.20）

输送分配

全厂自用

233.98（0.02）

输送损失 233.98（0.02）

最终使用

389528.36(39.88)

4839.39（0.50）

总有效能 478406.24（98.99%）

输送损失 4839.39（1.01）

# 第六章　项目能耗指标及对标分析

## 一、项目及产品能耗指标核定

### 1. 项目能耗消费总量

表6-1　　　　　　　　　　　　　　　能源消费总量表

| 序号 | 能源名称 | 实物量 | 等价值（tce） | | 当量值（tce） | | |
| --- | --- | --- | --- | --- | --- | --- | --- |
| | | | 折标系数 | 吨标煤 | 折标系数 | 吨标煤 | 比例（%） |
| 1 | 原煤（万t） | 134.00 | 0.7278 | 975252 | 0.7278 | 975252 | 99.85 |
| 2 | 柴油（t） | 1016.62 | 1.4995 | 1524.42 | 1.4571 | 1481.32 | 0.15 |
| 3 | 新水（万t） | 912.86 | 0.857 | 782.32 | | | |
| 4 | 能源消费量 | | | 977558.74 | | 976733.32 | 100 |

### 2. 项目综合能耗

表6-2　　　　　　　　　　　　　　　综合能耗核算表

| 序号 | 能源名称 | | 实物量 | 等价值（tce） | | 当量值（tce） | |
| --- | --- | --- | --- | --- | --- | --- | --- |
| | | | | 折标系数 | 吨标煤 | 折标系数 | 吨标煤 |
| 1 | 投入 | 原煤（万t） | 134.00 | 0.7278 | 975252 | 0.7278 | 975252 |
| 2 | | 柴油（t） | 1016.62 | 1.4995 | 1524.42 | 1.4571 | 1481.32 |
| 3 | | 新水（万t） | 912.86 | 0.857 | 782.32 | | |
| 4 | | 能源消费量 | | | 977558.74 | | 976733.32 |
| 5 | 产出 | 供热热量（GJ） | 2604861.60 | | - | 0.03412 | 88877.88 |
| 6 | | 发电量（万kwh） | 321106.50 | | - | 1.229 | 394639.89 |
| 7 | | 能源总量 | | | - | | 483517.77 |
| 8 | 综合能耗（tce） | | | | | | 493215.55 |

### 3. 各工序能源消耗

卸煤输煤工序综合能耗：2911.20tce。

锅炉工序综合能耗：71753.36tce。

汽轮发电工序综合能耗：418550.99tce。

三个工序综合能耗总量：493215.55 tce

三个工序综合能耗合计与全厂综合能耗数据是一致的，说明各项能源在经过各工序后损失的能量之和，等于全厂总的综合能源消耗量。

### 4. 单位产品能耗指标

本项目产品有两项：一项是供热，一项是电力。

根据《火力发电厂技术经济指标计算方法》（DL/T 904—2004）规定，对两项产品进行能耗指标核算。

发电煤耗＝［能源消费总量×（1－供热比/100）］/总发电量

$$= [976733.32 \times (1 - 9.85/100)]/3211065000$$

$$= 274.22 \ (\text{gce/kwh})$$

供电煤耗 = 发电煤耗/(1 - 发电厂自用电率/100)

$$= 274.22/(1 - 5.89/100) = 291.38 \ (\text{gce/kwh})$$

供热煤耗 = (能源消费总量 × 供热比)/外供热量

$$= 976733.32 \times 9.85\%/2604861.60 = 36.93 \ (\text{kgce/GJ})$$

5. 投资能源消耗

单位投资综合能耗 = 综合能耗/项目投资

$$= 493215.55/256047 = 1.93 \ (\text{tce/万元}) \ (当量值)$$

6. 项目产值综合能耗

(1) 项目产值: 113589.95 万元

(2) 项目增加值: 根据收入法计算: 55658.59 万元

(3) 项目 2005 年可比价产值和增加值。

2005 年全国 CPI 为 101.8%, 2009 年全国 CPI 为 104.8%, 由此计算得出 2009 年相对 2005 年通货膨胀率为: 0.029

项目工业总产值 2005 年可比价为:

$$113589.95/(1 + 0.029) = 110388.68 \ (万元)$$

项目工业增加值 2005 年可比价:

$$55658.59/(1 + 0.029) = 54089.98 \ (万元)$$

(4) 项目产值和增加值综合能耗。

产值综合能源消耗 (当量值) = 4.47 (tce/万元)

工业增加值综合能源消耗 (当量值) = 493215.55/54089.98 = 9.12 (tce/万元)

7. 变压器损耗及总线损率

变压器总损耗率 = 变压器总损失电量/厂自用电量

$$= 30.24/15450.84 = 0.20\%$$

总线损率 = 总线路消耗电量/厂自用电量 = 1.23%

8. 冷凝水回收率及余热回收率

项目汽轮机蒸汽冷凝水全部回收作为锅炉补充水。由于冷凝水全部回收, 其所含热量全部回收。

9. 机组效率及全厂热效率

汽机效率: 53.68%

机组热效率: 49.71%

全厂效率: 48.98%

10. 单位建筑面积能耗

(1) 建筑照明计算。

电力负荷计算表中各场地照明设计功率进行照明用电量计算。

采用均匀和局部照明相结合的方式，以均匀照明为主，局部照明为辅。

汽机房选择块板灯，光源为金属卤化物灯。锅炉房、锅炉本体、输煤系统、煤仓层、灰库采用防水、防尘、防爆的三防灯，光源为金属卤化物灯或钠灯光源。高大辅助车间选择块板灯，光源为金属卤化物灯。办公室、生活类建筑采用电子镇流器荧光灯。配电室、空压机房等采用嵌入式荧光灯。道路及堆场等露天装置采用高压钠灯照明。

表 6 - 3　　　　　　　　　　　　　建筑照明用电核算表

| 序号 | 建筑物名称 | 总负荷（kW） | 需用系数（$K_x$） | 功率因素（cosΦ） | tgΦ | 有功功率P（kW） | 无功功率Q（kva） |
|---|---|---|---|---|---|---|---|
| 1 | 翻车机室照明 | 20 | 0.80 | 0.90 | 0.48 | 16.00 | 7.68 |
| 2 | 翻车机道路照明 | 10 | 0.80 | 0.50 | 1.73 | 8.00 | 13.84 |
| 3 | 1#转运站照明 | 30 | 0.80 | 0.90 | 0.48 | 24.00 | 11.52 |
| 4 | 1#转运站道路照明 | 10 | 0.80 | 0.50 | 1.73 | 8.00 | 13.84 |
| 5 | 2#转运站照明 | 20 | 0.80 | 0.90 | 0.48 | 16.00 | 7.68 |
| 6 | 3#转运站照明 | 20 | 0.80 | 0.90 | 0.48 | 16.00 | 7.68 |
| 7 | 3#转运站道路照明 | 10 | 0.80 | 0.50 | 1.73 | 8.00 | 13.84 |
| 8 | 4#转运站照明 | 20 | 0.80 | 0.90 | 0.48 | 16.00 | 7.68 |
| 9 | 5#转运站照明 | 20 | 0.80 | 0.90 | 0.48 | 16.00 | 7.68 |
| 10 | 5#转运站道路照明 | 10 | 0.80 | 0.50 | 1·73 | 8.00 | 13.84 |
| 11 | 拉紧小室照明 | 20 | 0.80 | 0.90 | 0.48 | 16.00 | 7.68 |
| 12 | 含煤废水照明 | 20 | 0.80 | 0.90 | 0.48 | 16.00 | 7.68 |
| 13 | 含煤废水道路照明 | 10 | 0.80 | 0.50 | 1.73 | 8.00 | 13.84 |
| 14 | 化学废水照明 | 10 | 0.80 | 0.90 | 0.48 | 8.00 | 3.84 |
| 15 | 化学废水道路照明 | 10 | 0.80 | 0.50 | 1.73 | 8.00 | 13.84 |
| 16 | 灰库照明 | 20 | 0.80 | 0.90 | 0.48 | 16.00 | 7.68 |
| 17 | 碎煤机室照明 | 20 | 0.80 | 0.90 | 0.48 | 16.00 | 7.68 |
| 18 | 碎煤机室道路照明 | 10 | 0.80 | 0.50 | 1.73 | 8.00 | 13.84 |
| 19 | 循环水照明 | 20 | 0.80 | 0.90 | 0.48 | 16.00 | 7.68 |
| 20 | 汽机房底层照明箱 | 20 | 0.9 | 0.7 | 1.02 | 18.00 | 18.36 |
| 21 | 汽机房6.9米照明箱 | 20 | 0.9 | 0.7 | 1.02 | 18.00 | 18.36 |
| 22 | 汽机房运行层照明箱 | 20 | 0.9 | 0.7 | 1.02 | 18.00 | 18.36 |
| 23 | 锅炉房底层照明箱 | 20 | 0.9 | 0.7 | 1.02 | 18.00 | 18.36 |
| 24 | 锅炉房运行层照明箱 | 20 | 0.9 | 0.7 | 1.02 | 18.00 | 18.36 |
| 25 | 锅炉本体照明箱 | 40 | 0.9 | 0.7 | 1.02 | 36.00 | 36.72 |
| 26 | 集控室照明箱 | 20 | 0.9 | 0.7 | 1.02 | 18.00 | 18.36 |
| 27 | 除氧间照明箱 | 5 | 0.9 | 0.7 | 1.02 | 4.50 | 4.59 |
| 28 | 煤仓间照明箱 | 10 | 0.9 | 0.7 | 1.02 | 9.00 | 9.18 |
| 29 | 事故照明箱 | 55 | 0.9 | 0.7 | 1.02 | 49.50 | 50.49 |
| 30 | 道路照明箱 | 50 | 0.9 | 0.7 | 1.02 | 45.00 | 45.90 |
| | 合　计 | 620 | | | | 500.00 | 446.08 |

照明有功同时系数 0.90，照明时间全年 3000 小时。则全年照明用电量为：

$500 \times 0.90 \times 3000 = 135.00$（万 kWh）

折标煤为：等价值：545.40 tce，当量值：165.92 tce

（2）建筑采暖计算。

本项目建设地区属夏热冬暖地区，冬季不进行采暖，因此，没有采暖能源消耗。

（3）空调用能计算。

项目设计了大量的通风空调设施，其主要消耗电力。根据电力负荷计算表中全厂空调负荷计算，进行空调用电量核算。

表 6 - 4　　　　　　　　　　　　　　建筑空调用电核算表

| 序号 | 建筑物名称 | 总负荷（kW） | 需用系数（$K_X$） | 功率因素（$\cos\Phi$） | $tg\Phi$ | 有功功率 P（kW） | 无功功率 Q（kva） |
|---|---|---|---|---|---|---|---|
| 1 | 组合式空调机组 | 96.80 | 0.55 | 0.7 | 1.02 | 53.24 | 54.30 |
| 2 | 柜式空调器 | 5.25 | 0.55 | 0.7 | 1.02 | 2.89 | 2.95 |
| 3 | 柜式空调器 | 6.00 | 0.55 | 0.7 | 1.02 | 3.30 | 3.37 |
| 4 | 柜式空调器 | 3 | 0.55 | 0.7 | 1.02 | 1.65 | 1.68 |
| 5 | 合　计 | 111.05 | | | | 61.08 | 62.30 |

空调有功同时系数 0.90，空调时间全年 5500 小时。则全年照明用电量为：

$61.08 \times 0.90 \times 5500 = 30.23$（万 kwh）

折标煤为：等价值：122.13 tce，当量值：37.15 tce

（3）建筑综合能耗总量。

建筑综合能耗总量 = 照明能耗 + 采暖能耗 + 通风空调能耗

$$= 545.40 + 122.13 = 667.53（tce）（等价值）$$

$$= 165.92 + 37.15 = 203.07（tce）（当量值）$$

（4）单位建筑面积能耗。

本项目总建筑面积：7.10 万 $m^2$。

单位建筑面积能耗（等价值）= 667.53/71000 = 0.009（$tce/m^2$）

单位建筑面积能耗（当量值）= 203.07/71000 = 0.003（$tce/m^2$）

## 二、用水指标

本项目全年用水 912.86 万吨，其中利用工业渠新水 905.71 万吨，作为生产用水，利用市政自来水 7.15 万吨，作为生活用水。

项目循环水量为 69867$m^3$/h，本期#7 冷却塔总补水量为 1321 $m^3$/h。

项目循环水重复利用率 = 69867/（69867 + 1321）= 98.14%

根据项目用水量表 P49 ~ 50 页，可知项目总水量 2009.75$m^3$/h，新水补充量 1659.75$m^3$/h，回收水量 350$m^3$/h.

回用水率 = 350/2009.75 = 17.42%

百万千瓦耗用水量 = 9128600/（0.6 × 5500 × 3600）= 0.768 ［$m^3$/（s.GW）］

本项目百万千瓦耗用水量指标符合《取水定额》（GB/T 18916.1—2002）第 1 部分

"火力发电"规定火力发电厂取水定额单机容量 ≥300MW 循环冷却供水系统 ≤0.8 m³/(s.GW) 的要求。

# 第七章　节能措施及效果分析

项目建设方案在工艺设计、设备选型、建筑结构等各环节较好地贯彻了国家的节能政策、方针，严格执行了行业各项设计规范，采取了一系列节能措施。主要有以下几个方面：

**一、节能措施**

1.节能技术措施

（1）主要工艺技术节能措施。

1）本项目采用600MW 超临界火力发电工艺，是目前国内已经成熟应用的，最先进的火力发电技术。

2）本项目根据原煤低硫、低灰、高发热量的特点，选用目前国内最先进的等离子点火技术，节约燃油消耗。

3）本项采用国内普遍应用的湿法脱硫技术对锅炉烟气进行除硫，采用脱硝率最高的选择性催化还原法（SCR）进行烟气脱硝，此法是目前主流的火电烟气脱硝技术。

（2）主要设备节能措施。

1）项目锅炉、汽轮机、发电机均选择超临界机组设备，其中锅炉效率93.71%，汽轮机效率53.68%，发电机效率99%，机组整体效率49.80%。

2）发电机容量选择与汽轮机的参数相匹配，避免了发电机功率不足或过大。选用高效率发电机，降低发电机损耗。采用合理的冷却方式，降低电能损耗。采用合适的励磁方式，节省能量的二次转换造成的损失。

3）主变压器、高压厂用变压器、高压备用变压器、低压厂用变压器，均采用低损耗型变压器，目前国内变压器制造已有9~11型变压器产品，在投资允许下，本项目选择了高型号的变压器，最大限度降低电力损耗。项目主变选择三相变压器，期损耗比三台单相变压器组成的变压器组损耗小，占地小。选择合理的变压器容量，使变压器在高效率区运行，以降低电厂的运行费用。项目选用自然冷却变压器，以节约电能和减少变压器故障机会，提高变压器使用时间。

4）各类泵、风机、压缩机等设备功率在200KW 以上，均采用高压电动机，降低电能损耗。使厂用电率能够保证在6%以下。

5）对连续运行、负荷经常变化的电动机采用变频调速装置，以减小使用其他调节方式造成的电动机能量消耗。部分容量大、起动电流大的电动机采用软起动方式，以减小起动电流和起动过程的能量损失。对重载起动的电动机采用液力偶合器，减小起动力矩，达到节能效果。

6）采用防潮性能好的设备以减少加热干燥器的数量，以节约电能。

7）合理选择辅机备用系数和电动机容量，避免大马拉小车的浪费现象。

8）采用高效率电动机产品以节能，不选用国家淘汰型电动机产品。

（3）主要建筑节能措施。

1）本项目由于是改扩建项目，受厂地制约，项目用地面积较小。

2）为保证二期扩建，两期公用设施及场地统一规划。

3）本期工程在拆除相机组厂地上建设，节约用地，不增加用地。

4）各建筑单体平、立、剖面设计均有利于夏季自然通风和冬季采暖。外窗可开启面积均大于所在房屋面积的10%，外窗的气密性按规范限值要求设计。

5）外窗各朝向的窗、墙面积比基本符合规范要求设计，外窗的传热系数和综合遮阳系数按规范要求设计。

6）选用节能型建筑材料。

7）热力管网选用保温效果好的材料，以减少热力输送损失。

（4）主要节水措施。

1）循环冷却水冷却倍率采用65倍，减少补水量。

2）项目重复用水率达98.14%。

3）生产用水和生活用水分质、分系统用水，减少用水净化处理量，同时减少处理损失量。

4）生活污水、含煤废水、化学污水、含油污水分别处理回收。

5）控制跑、冒、滴、漏现象，节约用水。

（5）资源综合利用情况。

1）灰渣利用情况：

项目对火电厂排出的粉煤灰进行了收集，并集中存放到排灰场。根据企业原有机组粉煤灰已全部综合利用，本期机组的灰渣也将全部外销，进行综合利用。

为了给电厂粉煤灰综合利用创造条件，本项目采用正压浓相干除灰系统。干灰采用粗、细分贮输送系统，灰库设干灰和湿灰装车接口，采用汽车运灰方式。

2）脱硫石膏利用情况：

本项目同步建设烟气脱硫装置，采用湿法石灰石粉制浆液作为脱硫剂，吸收烟气中的硫，同时副产二水石膏。

表7-1　　　　　　　　　　　　　本工程 FGD 系统石膏产生量

| | 小时产生量（t） | 年产生用量（t） |
| --- | --- | --- |
| 设计煤种 | 1×11.7 | 1×64400 |
| 校核煤种 | 1×12.1 | 1×66600 |

注：年利用小时数按5500小时计，脱硫效率按91%计。

产出的石膏外销可作为水泥缓凝剂、也可用于生产纸面石膏板，粉刷石膏，石膏砌块等进行综合利用。

据×××省建筑材料局提供的材料，×××省天然石膏资源贫乏，实际开采能力每年不超过 $100 \times 10^4 t$，而需求量每年近 $1000 \times 10^4 t$，大量的天然石膏需从外省购买。脱硫石膏的综合利用不仅解决了长期堆放可能对环境造成的影响，而且作为资源开发利用将获得一定的经济效益。

（6）新生能源和可再生能源的利用情况。

本项目没有新生能源及可再生能源的利用，也没有产生新能源和可再生能源。

（7）能源计量仪表配置情况。

根据可行性研究报告，项目在生产中，对各种原材料和产成品进行了分类计量，设置了相应的计量设施。

1）原煤的计量。

项目原煤一级计量采用进厂汽车衡。二级计量为入炉皮带秤。

2）柴油的计量。

项目柴油在入厂时以重量进行一级计量。在入炉时以流量进行二次计量。

3）水的计量。

项目用水在进厂时分别对工业渠来水及市政自来水进行一级计量，即生产用水和生活用水分开计量。生产用新水在锅炉、冷却塔、化学水处理等设施主管道上设置流量计进行二次计量。循环水在汽轮机、制冷站等设施主管上设置二次计量。

4）电力计量。

项目发电量，供电量，厂自用电量等均进行计量，计量统一由 DCS 进行统计、计算、显示和控制。

2. 节能管理措施

（1）认真贯彻执行国家有关节约能源、合理利用能源的现行政策、法规、规范、标准；贯彻执行国家有关能源应以开发和节约并重的方针，做到"技术上可行，经济上合理"，合理利用能源，降低单位能耗，提高经济效益及社会效益。

（2）严格执行电力行业内部能源管理规定。

**二、单项节能工程**

本项目没有单项节能工程。

**三、节能措施效果评估**

1. 项目节能量估算

根据本项目改扩建前后能源消耗对比情况，改扩建后供电煤耗为 291.38gce/kwh，改造前原机组供电煤耗为 355.13gce/kwh。则根据《企业节能量计算方法》（GB/T 13234—1991）的规定，相对于原有机组每年可节约标煤为 370460.57tce。

2. 对标分析

（1）与原有机组对比分析。

表 7－2 与原有机组对比

| 序号 | 项 目 | 单 位 | 原有机组 | | 本期工程 |
|------|--------|--------|--------|--------|--------|
| 1 | 供电煤耗 | gce/kwh | 392.64 | 361.90 | 291.38 |
| 2 | 供热煤耗 | kgce/GJ | － | － | 36.93 |
| 3 | 厂用电率 | % | 8.19 | 6.18 | 4.81 |
| 4 | 百万千瓦耗水量 | $m^3/$（s.GW） | 0.745 | | 0.768 |

以上对比可知，除用水指标外，本期机组的其它各项指标均优于原有高压机组和亚临界机组。

（2）与《常规燃煤发电机组单位产品能源消耗限额》（GB 21258—2007）对比分析。

根据计基础《关于发展热电联产的规定》（〔2000〕1268 号）中规定发电机组热效率≥45%、热电比≥50%的抽汽凝汽机组才是热电联产机组，本项目 600MW 机组热效率49.71%、热电比22.53%，为常规抽汽凝汽两用供热机组，机组主要是发电，具备一定供热能力。

因此本期项目能耗指标与常规燃煤发电机组能耗限额进行对比分析。

表 7－3 与（GB 21258—2007）对比

| 序号 | 项目 | 单位 | 本期工程 | 限额 |
|------|------|------|----------|------|
| | | | | 超临界 600MW |
| 1 | 发电煤耗 | gce/kwh | 274.22 | 286 |
| 2 | 供电煤耗 | gce/kwh | 291.38 | ≤300 |

以上对比可知，本期项目达到《常规燃煤发电机组单位产品能源消耗限额》（GB 21258—2007）准入要求。

（3）与《关于燃煤电站项目规划和建设有关要求的通知》（发改能源〔2006〕864 号）对比分析。

表 7－4 与《通知》对比

| 序号 | 项目 | 单位 | 本期工程 | 通知 |
|------|------|------|----------|------|
| | | | | 超临界 600MW |
| 1 | 发电煤耗 | gce/kwh | 274.22 | 275 |

此上对比可知，本期机组发电煤耗指标符合国家发展改革委员会要求的限额。

（4）与《取水定额——火力发电》（GB/T 218916.1—2002）对比分析。

表 7－5 与 GB/T 218916.1—2002 对比

| 序号 | 项目 | 单位 | 本期工程 | 限额 |
|------|------|------|----------|------|
| | | | | 超临界 600MW |
| 1 | 百万千瓦耗用水量 | $m^3/$（s.GW） | 0.768 | ≤0.8 |

以上对比可知，本项目百万千瓦耗用水量小于取水定额中规定的指标。

综合对比可知，项目达到常规燃煤发电机组准入的能耗条件，与原有机组相比在工艺技术上，设备效率上，能源消费上有较大的优势，各项能耗和资源消耗指标达到要求，改造后的能耗水平及环境效益优于改造前。因此，本项目能够降低煤炭资源的消耗，能够减少 $SO_2$、烟尘、煤渣等污染物的排放，实现了清洁生产，符合国家和×××省的能源政策和节能减排的要求。

**四、节能措施经济性评估**

本项目在总规划，平面布置，工艺技术，设备选型，接入方案上都制定了不同方案，并对不同方案的各个方面进行了对比，在对初期投入、运行维护、节约能源、环境保护以及正常生产的经济效益方面作了详细的分析。

在总规划及总平面布置方面，为保证二期工程便于施工建设和正常运行，本期一次性考虑，本期投入虽然较大，但总体效果显著。

在工艺技术方面，尤其在原煤、制粉工艺及点火燃烧方式的选择上，充分体现了节约能源，降低消耗的原则。原煤选择了三低一高的优质煤。选择了高效节油的等离子点火方式，在机组试运行期间，就能达到节油80%～90%。在烟气脱硫脱硝工艺选择上，虽然初期投资较大，但环保效益显著。

在设备方面，炉—机—电配套选择了超临界机组，比亚临界机组降低热耗50～60kJ/kwh。各项参数的选择均以利于提高汽机效率，提高机组整体效率为目的。

综合以上定性分析，本期改扩建项目初期投入较大，长期运行成本较低，正常生产能源消耗能够保持较好水平，实现预期经济效益。

# 第八章　存在问题及建议

**一、项目存在问题及建议**

1. 能源管理机构的问题

项目在能源管理组织机构的问题上还有不足。建议企业在项目建设及生产过程中注重在组织管理上首先建立一套完整的能源管理、监督、检查及考核的机构。

在能源管理机构的设置上根据本企业具体情况，设置长期稳定的机构，在管理、检查及考核中要灵活多样，奖惩结合，有的放矢。

2. 能源计量管理

可研中强调了按照国家标准配备能源计量器具，即按照《用能单位能源计量器具配备和管理通则》（GB 17167—2006）的相关规定进行能源计量。建议企业按照《火力发电企业能源计量器具配备和管理要求》（GB/T 21369—2008）进行能源计量的管理。

能源计量是企业实现科学管理的基础性工作，项目建成后，建议企业在能源计量器具的管理工作中应注意以下几点：

（1）建立能源计量制度。

项目建成后应建立能源计量管理体系，形成文件，并保持和持续改进其有效性，应建立、保持和使用文件化的程序来规范能源计量人员行为、能源计量器具管理和能源计量数据的采集、处理和汇总。

（2）设置专职能源计量管理人员。

项目建成后应设专人负责能源计量器具的管理，负责能源计量器具的配备、使用、检定（校准）、维修、报废等管理工作，由专人负责主要次级用能单位和主要用能设备能源计量器具的管理，能源计量管理人员应通过相关部门的培训考核，持证上岗；用能单位应建立和保存能源计量管理人员的技术档案，能源计量器具检定、校准和维修人员，应具有相应的资质。

（3）能源计量器具的管理。

项目建成后，企业应备有完整的能源计量器具一览表。表中应列出计量器具的名称、型号规格、准确度等级、测量范围、生产厂家、出厂编号、用能单位管理编号、安装使用地点、状态（指合格、准用、停用等）。主要次级用能单位和主要用能设备应备有独立的能源计量器具一览表分类。应建立能源计量器具档案，内容包括：①计量器具使用说明书；②计量器具出厂合格证；③计量器具最近两个连续周期的检定（测试、校准）证书；④计量器具维修记录；⑤计量器具其他相关信息。

能源计量器具应实行定期检定（校准）。凡经检定（校准）不符合要求的或超过检定周期的计量器具一律不准使用。

3. 原煤的管理

本项目能源消费量最大的就是原煤，且燃煤费用占发电成本50%上，加强燃煤管理是企业能源管理的重中之重。

原煤在长途运输，贮存时存在较大的损耗。由于本项目原煤是在入厂进行计量结算的，运输损耗不计入企业内部。但是，由于本项目原煤在贮存时采用露天堆放，期间损失也在1.3%~1.5%之间。这部分原煤在没有真正进入发电生产之前就损失掉，是能源的极大浪费，应该重视。建议企业能够投入一定资金，建设封闭式的煤仓进行贮存管理，就样除了避免了原煤能源的浪费，还能节能煤场用水及相关环保设施的投入及管理费用，一举多得。

4. 百万千瓦耗用水量的问题

本机组百万千瓦耗用水量为 $0.768m^3/(s \cdot GW)$ 虽然达到了取水定额规定的要求，但与原有机组的耗用水量相比，还有差距，建议企业在正常运行生产中，查找原因，尽量减小差距。

5. 产值能耗及增加值能耗的问题

经本次评估，本项目单位 GDP 能耗为 4.47 tce/万元，单位工业增加值能耗为

9.12tce/万元，2009 年×××省单位 GDP 能耗为 0.684tce/万元，单位工业增加值能耗为 0.809tce/万元。由此可知，本期工程两项能耗指标均高于×××省 2009 年水平。建议企业加强内部管理，降低成本，扩大产值，获得更大的营业利润，增大工业增加值水平，降低两项能耗指标。

**二、采纳建议后的节能效果**

企业在采纳上述建议后，应该能够明确各级节能管理职责，将节能工作落实到工序、班组和个人，能够加强对各种能源进行详细的计量和统计，能够有针对性的投入节能资金，用于技术改造和奖励。由此可以降低企业内部各项能源的消耗，降低成本，增加经济效益。

# 第九章 评估结论

通过对该项目的节能技术、工艺、设备、建筑等合理用能状况进行节能评估，得出以下评估结论：

**一、项目符合国家和×××省产业政策**

该项目建设方案为利用已拆除机组厂地建设 $1 \times 600MW$ 超临界机组，属于"上大压小"的改扩建项目。机组发电煤耗为 274.22gce/kwh，供电煤耗为 291.38gce/kwh，厂用电率为 4.81%。本项目热电比 22.53%，机组效率 49.71%。

项目符合《国家发展改革委关于燃煤项目规划和建设有关要求的通知》（发改能源〔2006〕864）中"现阶段，在电站布局中优先考虑利用原有厂址扩建项目和"以大代小"、老厂改造"的规定。

项目符合发改能源〔2006〕864 中"除西藏、新疆、海南地区，其他地区应建设大容量、高参数、高容量，节水环保型燃煤项目，所机组，单机容量原则上应为 600MW 及以上，原则上规划建设超（超）临界机组"的规定。符合发改能源〔2006〕864 中"在缺乏煤炭资源的东部沿海地区，优先规划建设发电煤耗不高于 275 克标准煤/千瓦时的燃煤电站"的规定。

项目符合《中国节能技术政策大纲》（2006 年）中"发展高参数、大容量、高效率发电技术。大型电力系统发展超临界、超超临界压力等级发电技术；推广建设 600MW 及以上高参数大容量燃煤机组"的要求。

项目符合《节能中长期规划》中"大力发展 60 万 KW 及以上超（超）临界机组"的规划要求。

本项目符合《×××省节能中长期规划》中"600MW 机组火电发电煤耗 2010 年达到 325 gce/kwh"和"鼓励新上项目采用 60 万 KW 及以上的超（超）临界机组"的要求。以及符合"实施以大代小，加快小机组淘汰退役"的要求。

## 二、项目使用能源及其来源合理性、可行性的评估结论

经评估该项目年能源消费总量为976733.32吨标煤，综合能耗为493215.55吨标煤。

投入：原煤134.00万t，折标准煤975252吨。

　　　柴油1016.62t，折标煤1481.32吨。

产出：热能2604861.60GJ。

　　　电力321106.50万kWh。

经过对该项目主要用能种类、数量进行评估和分析，认为该项目选择的能源种类适合，用能结构合理。

本项目所选用的原煤、柴油和新水以及用量，经评估对供应地区各类能源的影响不大。

## 三、项目采用先进工艺、技术、设备情况及其所处国内国际水平的评估结论

经过对该项目生产工艺、技术装备的评估和分析，认为该项目选择的生产工艺技术处于国内先进水平，所选设备也是处于国内先进水平，均是国家提供发展的生产技术及装备。

## 四、主要能耗指标达标情况及其所处国际国内水平的评估结论

本项目供电煤耗291.38gce/kwh，达到《常规燃煤火电机组单位产品能源消耗限额》准入条件≤300 gce/kwh的要求。厂用电率为5.89%，符合《中国节能技术政策大纲》（1996年）要求的不超过6%的要求。百万千瓦用水量0.768 $m^3$/s.GW，符合《取水定额》要求的单机容量≥300MW机组，取水量≤0.8 $m^3$/s.GW。

通过对比分析，评估结论是本项目能源消耗水平优于改造前，并且达到国家相关规定的能耗水平，节能效果显著。

## 五、总体评估结论

经过对该项目生产工艺、技术装备的评估和分析，认为该项目选择的工艺方案合理，技术先进可行、高效节能，对实现各项单位产品能耗指标有可靠的技术装备保证。项目设计采用了国内先进的工艺、技术，达到国内先进水平。

综上所述，该项目能源消费量计算准确；各品种能源供应条件均有保证；各项单位能耗指标有较可靠的技术装备保证条件；项目的实施对满足×××省电力需求发展，缓解供电紧张形势，加快×××省电源结构调整，提高电力系统综合经济性能，促进当地乃至整个地区经济发展，都将起到重要作用。尽快审核投入建设。

# ×××××有限公司10万吨/年蜜胺联产60万吨/年 硝基复合肥资源综合利用项目节能评估报告

## 目　录

前　言 ……………………………………………………………………………… 189

第一章　评估依据 ………………………………………………………………… 193
  1.1　评估范围和内容 ………………………………………………………… 193
  1.2　评估依据 ………………………………………………………………… 193

第二章　项目概况介绍 …………………………………………………………… 195
  2.1　项目建设单位概况 ……………………………………………………… 195
  2.2　项目基本情况 …………………………………………………………… 195
  2.3　项目用能情况 …………………………………………………………… 202
  2.4　项目所在地能源供应及消费情况 ……………………………………… 208

第三章　项目建设方案节能评估 ………………………………………………… 209
  3.1　项目选址、总平面布置节能评估 ……………………………………… 209
  3.2　工艺流程、技术方案节能评估 ………………………………………… 211
  3.3　主要用能工艺和工序节能评估 ………………………………………… 216
  3.4　主要耗能设备节能评估 ………………………………………………… 217
  3.5　辅助生产和附属生产设施节能评估 …………………………………… 219
  3.6　本章评估小结 …………………………………………………………… 220

第四章　节能措施评估 …………………………………………………………… 220
  4.1　节能技术措施概述 ……………………………………………………… 220
  4.2　节能管理措施评估 ……………………………………………………… 223
  4.3　单项节能工程 …………………………………………………………… 225
  4.4　能评阶段节能措施评估 ………………………………………………… 225
  4.5　节能措施效果评估 ……………………………………………………… 225
  4.6　节能措施经济性评估 …………………………………………………… 225
  4.7　本章评估小结 …………………………………………………………… 226

第五章　项目能源利用状况核算 ………………………………………………… 226
  5.1　节能评估前项目能源利用情况 ………………………………………… 226
  5.2　能评后项目能源利用情况 ……………………………………………… 228
  5.3　本章评估小结 …………………………………………………………… 230

第六章　项目能源消费及能效水平评估 ………………………………………… 230
  6.1　项目对所在地能源消费增量的影响评估 ……………………………… 230
  6.2　项目对所在地完成节能目标的影响评估 ……………………………… 231

    6.3 项目能源供应条件及落实情况 ………………………………… 232

    6.4 项目能效水平评估 ……………………………………………… 232

    6.5 本章评估小结 …………………………………………………… 233

第七章 存在问题及建议 ……………………………………………………… 233

第八章 结论 …………………………………………………………………… 234

附录1 项目区域交通位置图 ………………………………………………… 236

附录2 能源计量器具配备表 ………………………………………………… 236

附录3 项目总平面布置图 …………………………………………………… 236

附录4 主要设备及附助设备表 ……………………………………………… 236

# 前 言

## 一、概述

近年来，随着我国工业化、城镇化进程的加快，能源消费大幅度增长，原油对外依存度逐年上升，经济社会发展面临的能源约束和环境压力日益突出。这种状况与经济结构不合理、增长方式粗放直接相关。与此同时，应对全球气候变化、控制温室气体排放已成为全球关注的热点。不加快调整经济结构、转变增长方式，资源支撑不住、环境容纳不下、社会承受不起、经济发展难以为继。

为此，国家发展改革委根据《中华人民共和国节约能源法》和《国务院关于加强节能工作的决定》，制定了《固定资产投资项目节能评估和审查暂行办法》。《办法》弥补了我国长期以来存在的对新上项目能源利用缺乏有效约束的问题。

因此，开展固定资产投资节能评估，是进行节能减排的必要步骤，是加强节能工作的重要组成部分，对合理利用能源，提高能源利用效率具有重要推动作用。通过节能评估可以了解企业的能源利用状况，发现企业节能潜力，减少能源损失，降低能源消耗。提高能源利用效率，从源头上减少能源浪费，对促进产业结构调整、遏制能源不合理增长具有重要意义。

在"十一五"时期，我国石油和化工行业以较低的能源消耗增长率支撑了行业较高的增速，这得益于行业节能减排所取得的显著成效。2010年全行业实现总产值8.88万亿元，跃居世界第二；全行业综合能源消耗4.14亿吨标煤，能耗增幅比全国平均水平低32.7个百分点，比工业平均水平低26.4个百分点。

不久前发布的《石油和化工行业"十二五"发展指南》，对节能减排设定了约束性指标：到2015年，万元工业增加值能源消耗和二氧化碳排放量均比"十一五"末下降15%。COD和氮氧化物排放总量均减少10%，氨氮排放量总量减少12%，二氧化硫排放总量减少8%，废水达标排放。化工固体废物综合利用率达到75%、有效处置率达到100%。

尽管石油和化工行业节能减排取得较大进展，但完成"十二五"节能减排任务依然十分艰巨、十分艰难。一方面，我国石油和化工行业目前仍以生产基础原材料产品为主，精细化工产业比重不大，能源消耗较高、污染物排放量较大的特点一时还难以彻底改变；另一方面，近几年石油和化工产业年均增长率均在20%以上，这相当于几年就再造一个同等规模的石化产业。这样一个产业结构，这样一个发展速度，要实现能耗下降 15%、排放减少 10% 的目标，是十分艰难的。

石油化工各子行业根据自身情况持续推动节能减排技术创新。譬如，烧碱、纯碱、化肥、电石等传统高耗能行业应通过开发和研制一批节能新设备，大幅度降低能源消耗；染料、农药、中间体、有机原料等高物耗、高污染行业应通过开发一批清洁生产工艺和技术，大幅度降低污染物排放。虽然节能减排难度大，但化工企业通过科技创新，使得节能减排效果显著。

为加快产业结构调整，促进行业的持续健康发展，加强环境保护，综合利用资源，进一步提高准入门槛，规范化工行业的投资行为，制止盲目投资和低水平重复建设，依据国家有关法律法规和产业政策，严格控制化工项目的审批手续。这就要求建设项目充分考虑淘汰浪费资源、污染环境的落后工艺、技术、设备和产品，在项目建设方案中体现节能、节水、节地、节材等资源节约的相关要求。

根据《国务院关于加强节能工作的决定》（国发〔2006〕28 号）、《国家发展改革委关于加强固定资产投资项目节能评估和审查工作的通知》（发改投资〔2006〕2787 号）、国家发展改革委《固定资产投资项目节能评估和审查暂行办法》（国家发展改革委 2010 年第 6 号令）、《工业和信息化部关于加强工业固定资产投资项目节能评估和审查工作的通知》（工信部节〔2010〕135 号）以及《关于印发××省固定资产投资项目节能评估和审查管理暂行办法的通知》（××经贸环资〔2007〕××号）中关于对工业类固定资产投资项目进行节能评估和审查相关规定，受××××××有限公司委托，××××节约能源监察中心所于 2012年×月××日—×月××日，依据×××工程咨询中心编制的《××××××有限公司 10 万吨/年蜜胺联产 60 万吨/年硝基复合肥资源综合利用项目可行性研究报告》，对本项目的设计方案进行实地考察，并与本项目可研报告编写人员就项目能耗问题进行了专题讨论和技术交流，对本项目的能源利用情况进行了认真评估，并编制了节能评估报告。

**二、评估目的和意义**

1. 评估目的

依据国家和×××省有关法律、法规、相关标准的要求，通过对××××××有限公司申报的《10 万吨/年蜜胺副产 30 万吨/年纯碱 30 万吨/年氯化铵资源综合利用循环经济项目》的审查，从合理用能的角度进行分析评估，通过对该项目用能情况的核定，确定该项目实施后对所在地能源消费的影响程度；通过对该项目建设方案的分析确定该项目是否符合国家产业政策及×××省有关政策，项目设计是否符合中国节能大纲及行业节能设计标准，以避免建设工程低水平、重复和盲目扩张趋势，促进产业结构升级、以推进节能进步和国家有关节能政策的落实；通过对项目用能情况和工艺分析，确定该工程项目建设方案是否采取了先进的节能技术措施，用能结构是否合理；通过对该项目各项能耗指标的核定，并与国内、国际先进水平的比较，判定项目在决策研究过程中是否充分考虑到能源的综合利用，各项设计指标能否达到国家规定要求，以期最大限度地降低能源消耗，减少污染排放，达到合理用能的目的。从而促进经济和环境可持续发展。

2. 评估的意义

加强节能工作是深入贯彻科学发展观，落实节约资源基本国策，建设节约型和谐社会，控制高耗能、高污染行业过快增长的一项重要措施，也是国民经济和社会发展一项长远战略方针和紧迫任务。固定资产投资项目合理用能评估工作是加强节能工作的重要组成部分，是落实国家节能减排任务，对合理利用能源、提高能源利用效率，从源头上杜绝能源的浪费，并促进产业的结构调整和产业升级具有及其重要的意义。

3. 评估原则

开展节能评估工作应遵循以下原则：

（1）专业性原则。节能评估机构应组建专业齐备、能力合格、工程经验丰富的评估团队。评估人员原则上应具有相应的专业技术资格，熟悉节能评估工作的内容深度要求、技术规范、评价标准和程序方法等，具备分析和评估项目能源利用状况，提出有效节能措施，核算项目能源消费总量，判断项目能效水平等专业能力。

（2）真实性原则。从项目实际出发，对项目相关资料、文件和数据的真实性做出分析和判断，本着认真负责的态度对项目用能情况进行研究、计算和分析评估，确保评估结果的客观和真实。

（3）完整性原则。节能评估报告应按照《固定资产投资项目节能评估和审查暂行办法》要求的评估内容对项目进行节能评估，不得遗漏。报告内容和结论应完整地体现项目的能源消费特点和能源效率水平。

（4）实操性原则。节能评估机构应根据项目特点，提出科学、合理、可操作的节能措施及建设方案、用能工艺调整意见等，为下阶段设计、招标及施工等提供具体操作依据，不能仅做原则性、方向性的描述。

**三、评估过程**

1. 前期准备

（1）搜集项目相关资料，内容包括：

1）建设单位基本情况；

2）项目基本情况；

3）项目用能情况；

4）项目所在地的气候区属及其主要特征；

5）项目所在地的社会经济概况。

（2）确定项目评估依据，内容包括：

1）国内外相关法律、法规、规划、行业准入条件、产业政策等；

2）相关标准及规范；

3）节能工艺、技术、装备、产品等推荐目录，国家明令淘汰的用能产品、设备、生产工艺等目录；

4）项目环境影响评价、土地预审等相关资料、项目申请报告、可行性研究报告等立项资料。

2. 选择评估方法：

评估方法主要包括：标准对照法、类比分析法、专家判断法等。

3. 对项目进行节能评估

包括能源供应情况评估、项目设计方案节能评估、项目能源消费和能效水平评估、节能措施评估等。

4. 形成评估结论

评估结论一般包括下列内容：

（1）项目的能源消耗总量及结构；

（2）项目是否符合国家、地方及行业的节能相关法律法规、政策要求、标准规范；

（3）项目有无采用国家明令禁止和淘汰的落后工艺及设备；

（4）项目能源消费和能效指标水平；

（5）项目对所在地能源消费及节能目标完成情况的影响，项目是否符合所在地节能规划的要求；

（6）项目采取的节能措施及效果评价；

（7）主要问题及补充建议，并对采纳建议后可能产生的节能效果进行测算。

5. 编制节能评估报告

6. 根据评审意见对评估报告进行修改完善

工作程序如下图所示：

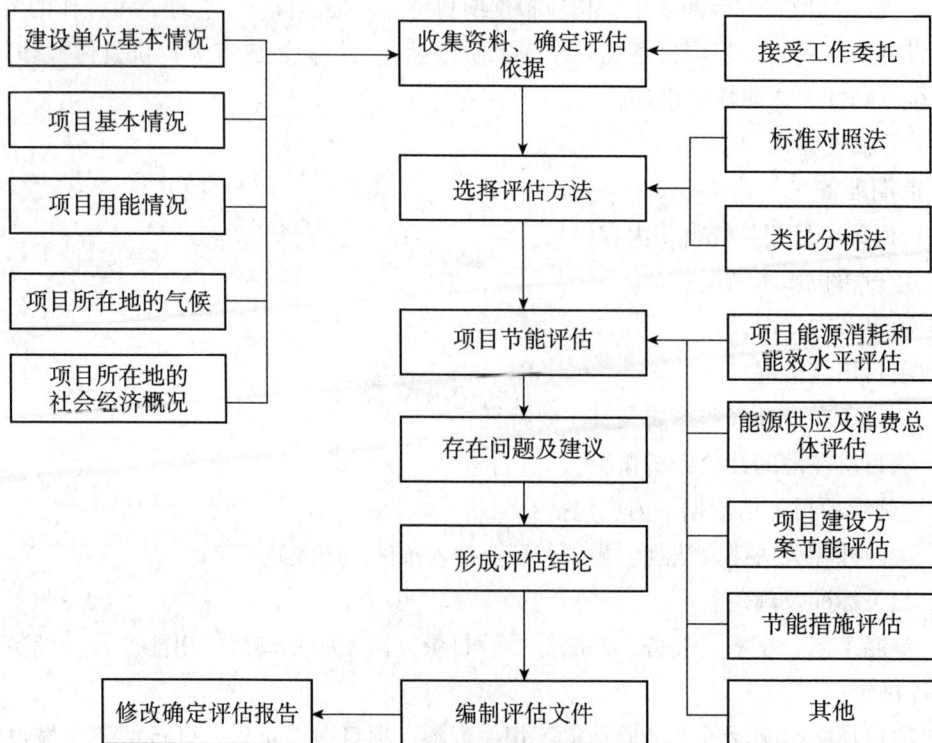

**图 1　节能评估程序图**

# 第一章  评估依据

## 1.1  评估范围和内容

本次节能评估的范围为×××××有限公司10万吨/年蜜胺联产60万吨/年硝基复合肥资源综合利用项目；内容包括新项目能源供应情况评估、项目建设方案节能评估、项目能源消耗和能效水平评估、项目节能措施评估以及项目存在的问题和建议。

## 1.2  评估依据

根据《国家发展改革委关于加强固定资产投资项目节能评估和审查工作的通知》（发改投资〔2006〕2787号）和《关于加强工业固定资产投资项目节能评估和审查工作的通知》（工信部节〔2010〕135号）的有关规定，对该项目的评估的主要依据及标准有：

### 1.2.1  节能评估依据的文件

1. 《国家发展改革委、财政部关于印发〈节能项目节能量审核指南〉的通知》（发改环资〔2008〕704号）

2. 国家发展改革委《固定资产投资项目节能评估和审查暂行办法》（国家发展和改革委员会令2010年第6号）

3. 《关于印发×××省固定资产投资项目节能评估和审查管理暂行办法的通知》（×××经贸环资〔2007〕×××号）

### 1.2.2  相关法律法规、规划和产业政策

一、相关法律法规

1. 《中华人民共和国节约能源法》

2. 《中华人民共和国清洁生产促进法》

3. 《中华人民共和国建筑法》

4. 国务院《关于加强节能工作的决定》（国发〔2006〕28号）

5. 《重点用能单位节能管理办法》（国家经贸委令1999年第7号）

6. 《×××省节约能源条例》

7. 《×××省节能监察办法》

二、产业政策和准入条件

1. 《产业结构调整指导目录》（2011年本）（国家发展改革委令第9号）

2. 《中国节能技术政策大纲》（2006）（发改环资〔2007〕199号）

3. 《国民经济和社会发展第十二个五年规划纲要》

4. 《节能中长期专项规划》（发改环资〔2004〕2505号）

5. 《石化和化学工业"十二五"发展规划》（工信部2012年2月3日发布）

6. 《×××省经济和社会发展第十二个五年规划纲要》

7. 《×××省工商业鼓励发展的重点技术、产品导向目录》（2005）

8.《石油和化工行业"十二五"发展指南》（中国石油和化学工业联合会）

### 1.2.3 相关标准和规范

**一、管理及设计方面的标准和规范**

1.《工业企业能源管理导则》（GB/T 15587—2008）

2.《能源管理体系要求》（GB/T 23331—2009）

3.《用能单位能源计量器具配备和管理通则》（GB 17167—2006）

4.《化工企业能源计量器具配备和管理要求》（GB 21367—2006）

5.《公共建筑节能设计标准》（GB 50189—2005）

**二、产品能耗定（限）额方面的标准**

1.《综合能耗计算通则》（GB/T 2589—2008）

2.《企业能量平衡通则》（GB/T 3484—2009）

3.《用能设备能量测试导则》（GB/T 6422—2009）

**三、合理用能方面的标准**

1.《评价企业合理用电技术导则》（GB/T 3485—1998）

2.《评价企业合理用热技术导则》（GB/T 3486—1993）

3.《节水型企业评价导则》（GB/T 7119—2006）

4.《单位产品能源消耗限额编制通则》（DB 41512—2008）

5.《节能监测技术通则》（GB/T 15316—2009）

6.《设备热效率计算通则》（GB/T 2588—2000）

7.《国家重点行业清洁生产技术导向目录》

8.《三相配电变压器能效限定值及节能评价值》（GB 20052—2006）

9.《绿色建筑评价标准》（GB/T 50378—2006）

**四、原料及产品质量标准**

1.《中华人民共和国国家标准——工业三聚氰胺》（GB/T 9567—1997）

2.《中华人民共和国国家标准——农业用含磷型防爆硝酸铵》（GB/T 20782—2006）

3.《中华人民共和国国家标准——复混肥料》（GB 15063—2001）

### 1.2.4 评估依据资料

1.《固定资产投资项目节能评估工作指南》（国家节能中心 2011 年本）

2.《××××××有限公司 10 万吨/年蜜胺联产 60 万吨/年硝基复合肥资源综合利用项目》可行性研究报告

3.《××××××有限公司 10 万吨/年蜜胺联产 60 万吨/年硝基复合肥资源综合利用项目节能评估》技术合同

本次节能评估中主要数据来源于企业提供的相关资料，并得到企业的确认。

## 第二章 项目概况介绍

### 2.1 项目建设单位概况

××××××有限公司成立于××年××月，位于×××××××××，占地×××亩。公司注册资金××亿元，其中××××有限公司（××××××）（甲方）出资75%，×××××××有限公司（乙方）出资25%。公司是从事蜜胺（蜜胺）、纯碱、氯化铵、硝基复合肥等产品的生产、销售及其相关新工艺、新技术、新用途的研究和开发的民营股份制企业。公司产品总体规划：30万吨/年蜜胺联产60万吨/年纯碱、60万吨/年氯化铵、60万吨/年硝基复合肥项目以及系列配套深加工产品，计划总投资××亿元，建成后可实现年销售收入×××亿元，年利税××亿元。一期工程投资××亿元，年销售收入××亿元，利税×亿元，目前正在试车中。

进入21世纪之后，由于对绿色、环保、节能等的重视程度提高，传统的化工产品面对着巨大的考验，×××××××有限公司顺应时代潮流，以技术创新为主导，以节能降耗、清洁生产为目标，以循环经济和资源综合利用为途径，致力于创新改造传统基础化工产业，实现传统产业的可持续发展。

### 2.2 项目基本情况

#### 2.2.1 项目基本情况

×××××××有限公司10万吨/年蜜胺联产60万吨/年硝基复合肥资源综合利用项目基本情况见表2-1。

表2-1　　　　　　　×××××××有限公司项目建设基本情况表

| 项目名称 | 10万吨/年蜜胺联产60万吨/年硝基复合肥资源综合利用项目 | 项目地点 | ×××××××有限公司厂区内 |
|---|---|---|---|
| 法人代表 | ××× | 建设单位 | ×××××有限公司 |
| 项目联系人 | ××× | 企业性质 | 有限公司 |
| 联系方式 | 136········ | 邮编 | 10········ |
| 项目报批总投资 | ×××万元 | 铺底流动资金 | ×××万元 |
| 建设投资 | ×××万元 | 建设期利息 | ×××万元 |

#### 2.2.2 项目建设内容

建设一套10万吨/年蜜胺装置、一套以蜜胺尾气为原料生产60万吨/年硝基复合肥的联产装置及相应公用工程配套设施。

#### 2.2.3 项目建设规模

项目类型：技改扩建。

鉴于目前国内蜜胺的生产现状和市场行情，10000吨/年以下的蜜胺生产装置市场竞争能力较差，大型生产装置单线生产能力已达到3万~5万吨/年，装置的大型化是一种必然的趋势，为了进一步降低能耗和生产成本，扩大资源综合利用，提高综合竞争力，本项目在该公司原有的两套年产5万吨蜜胺生产装置的基础上，拟采用×××第三代技术建设一套年产10万吨蜜胺生产装置，利用蜜胺装置副产的氨气，建设一套年产60万吨的硝基复合肥装置。

### 2.2.4 产品方案

1. 主要产品

本项目以年产10万吨蜜胺装置为龙头，生产10万吨蜜胺，同时副产20.14万吨蜜胺尾气，包含9.7万吨氨气和10.44万吨二氧化碳，蜜胺尾气可作为生产硝基复合肥的原料，20.14万吨蜜胺尾气恰好生产60万吨硝基复合肥，余下的二氧化碳返回纯碱装置，作为补充气。因此本项目的外销产品仅为蜜胺、硝基复合肥，氨气及二氧化碳均作为公司的中间产品，不外销。这样不仅节省了处理蜜胺尾气的成本，还为复合肥及纯碱的生产提供了原料，是一种绿色环保的资源充分利用的循环经济项目。

2. 质量标准

（1）蜜胺：蜜胺产品质量符合 GB/T 9567—1997 标准，见表 2 - 2。

**表 2 - 2　　　　　　　蜜胺产品质量指标**

| 指标名称 | 优等品 | 一等品 |
|---|---|---|
| 外　　观 | 白色粉末，无杂质混入 | |
| 纯度（%）≤ | 99.8 | 99.0 |
| 水分（%）≤ | 0.1 | 0.2 |
| pH 值 | 7.5～9.5 | 7.5～9.5 |
| 灰分（%）< | 0.03 | 0.05 |
| 甲醛水溶解试验浊度（高岭土浊度）≤ | 20 | 30 |
| 色度（Hazen）单位：铂-钴色号≤ | 20 | 30 |

（2）硝基复合肥：硝基复合肥产品质量符合 GB 15063—2001、GB/T 20782—2006 标准，见表 2 - 3。

**表 2 - 3　　　　　　　硝基复合肥产品质量指标**

| 指标名称 | 优等品 | 备注 |
|---|---|---|
| 外　　观 | 白色颗粒 | / |
| 总养分（%） | 30～40 | / |
| 强度 | 高 | / |
| 是否结块 | 不结块 | / |
| 爆炸性 | 不爆炸 | / |
| 粒度（mm） | 1.0～4.0 | / |

### 2.2.5 项目建设的必要性

1. 蜜胺

目前全球蜜胺生产企业主要集中在中国、中东地区和黑海地区；中国的主产地主要集中在××、××和××地区。目前，虽然蜜胺总体产能过剩，但是，产能占国内1/3的蜜胺生产企业采用两步法，此方法由于原料消耗高，尾气回收的附加值低，产品质量差，无法与氨碳分离装置配套和污染环境等缺点，即将被市场淘汰；产能占国内1/3的蜜胺生产技术工艺流程长，占地大，投资大。在国家"十一五"规划下以及未来日趋激烈的市场竞争中，落后的产能将逐渐淘汰。该项目采用的第三代节能节资型烊晶气相淬冷工艺技术与其他工艺技术相比，产品投资最低，综合能耗最低，单线可达10万吨/年的超大型规模。因此，该工艺技术符合未来市场大型化、节能化、集约化的发展趋势，将在未来的国际市场竞争中占据不败之地。

××××××有限公司位于××，邻近××、×××、××××，2011年这几省尿素产量达×××万吨，占全国总产量（××××万吨）的37.4%，2012年该地区尿素产量还会增加，尿素产量供大于求，急需转化为下游产品，所以，蜜胺的生产原料尿素，可以就近采购，降低了生产成本。

由于科学发展观和可持续发展战略要求，使得国内蜜胺市场需求量不断增加。虽然从国内整体情况来看蜜胺产能过剩，但是根据资料统计：×××地区作为经济最发达的地区，其蜜胺消费占全国总消费量的35%~40%，但现有产能仅是其消费量12%左右。原一期项目10万吨/年蜜胺仍不能满足目标市场的的需求，因此，在目标市场区域扩建大型的蜜胺生产装置势在必行。

2. 硝基复合肥

本项目硝基复合肥配套的工艺技术方案拟选择用×××公司自主开发的配蜜胺尾气的常压中和生产硝铵和防爆新型高塔造粒的硝基复合肥生产工艺，该技术成熟可靠，成本最低，处于世界领先地位。因此，在工艺技术水平方面，本项目具有较强的竞争力。

邻近的×××化工集团主要产品之一硝酸年产量××万吨，20××年扩建××万吨，扩建后产量将达到××万吨。硝酸作为制备硝基复合肥的原料之一，原料充足，可以就近购买，既解决了硝酸作为危险品不便长途运输的困难，又降低了运输成本。本项目蜜胺装置副产尾气，尾气主要成分为氨气和二氧化碳，尾气可作为生产硝基复合肥的原料，市场上液氨价格持续高位，作为危险品又不利于长途运输，利用本项目副产的氨气来生产硝基复合肥有以下几个优势：大大降低了生产成本；解决了运输的困难；充分利用了蜜胺副产的尾气，减少环境污染，使资源综合利用。

目前国内化肥品种单一，市场需求已趋于饱和，随着农业产业结构的不断调整，经济作物在农业种植中所占的比例日趋增加，对各种复合肥的需求量也越来越大。硝基复合肥同时含有氮磷钾等作物生长所需的营养元素，养分均衡，有效成分含量高，可用于各种经济作物、油料作物、旱地作物的基肥和追肥，广泛适用于各种类型的土壤，还可以节省大量的肥料包装、运输、存储及施肥的费用，是一种增产效果显著，具有良好经济效益和社会效益的优质复合肥。×××地区无硝基复合肥厂家，但需求量达××万吨以上，本项目硝基复合肥装置的建设可以满足××地区硝基复合肥市场需求。

××××是××地区×××平原中心城市，地处××××经济区和××××经济区的中间区域，工业基础好、区位交通便利，是××乃至××地区重要的交通枢纽，形成了以高等级公路为主骨架，公路、铁路、水路并举的交通网络。本项目原料产品运输以水运为主，费用省，经济效益好，提高了竞争力。

××××××有限公司一期工程年产蜜胺 10 万吨、纯碱 30 万吨、氯化铵 30 万吨、硫酸钠 7 万吨将于 2012 年底投产。××××××有限公司现已形成了相当规模的公用工程、辅助工程和生活福利设施，充分发挥原有的技术及人员优势，充分利用原有公用工程的有利条件，可以加快建设进度，节省建设投资。

以上充分说明，××××××有限公司无论在人力、财力、技术上等对本扩建项目的建设提供了有力保障，对本项目节约建设投资、缩短建设工期是非常有利的。

### 2.2.6 项目工艺方案选择

1. 蜜胺生产工艺方案

（1）国际上常用蜜胺生产工艺方案。

目前世界上蜜胺生产工艺中，技术先进，消耗较低、竞争力较强的主要有荷兰的 DSM 法、德国的 BASF 法、奥地利的 OSW 法、日本的新日产法、意大利的蒙特爱迪生法和美国的 ACC 法。

前三者为低压法，操作压力较低（0.05~1MPa），反应中使用催化剂；后三者为高压法，操作压力较高（5~30MPa），不使用催化剂。各种技术先进程度不相上下，各有其技术特点，消耗定额相差不大。荷兰 DSM 法，采用催化剂，腐蚀不严重，对设备材质无特殊要求，装置占地少，产物捕集完全，可与尿素装置联产，但该法流程亦较长，分离较复杂，用水捕集产物会形成水解副产物，故产品需经提纯工序来保证质量。德国 BASF 法，常压催化反应，流程简单，不需精制，以反应尾气返回作流化载体，补充氨较少，系统全为干法，排出尾气不含水，腐蚀情况较轻，对设备材质要求不高，但其缺点是与尿素装置联产困难，需配备能承受较高温度较高压力的尾气压缩机，同时设备体积庞大，且存在结壁问题。日本新日产法不需催化剂，生产设备占地少，可与尿素装置联产，尾气直接送往尿素装置，由尿素系统甲胺液吸收回收，无水分带入，但由于是高温高压操作，液相出料，腐蚀严重，对材质要求高，装置造价高，产品需经多次减压冷却，流程较长。

（2）我国现有蜜胺生产工艺方案。

1969—1975 年，中国自主开发成功了干捕再精制尿素法生产技术，相继在××、××、××等地建厂。1986—1994 年，中国开发成功第一代气相淬冷法技术，试验装置先后在××、××等地投产。1992—2002 年，××××开发成功了改良气相淬冷法技术，并建成投产了多套万吨级装置。1995 年，××××申请了尿素固相淬冷法制造蜜胺的国家专利。1998 年至今，中国自行开发并建成投产了多套碳酸氢铵联产蜜胺装置。2003—2006年，中国开发并实施了联合制碱与蜜胺的联合生产技术。2005 年，××××开发出节能省投资型气相淬冷生产技术，也称第三代气相淬冷技术。

（3）本项目最终采用的生产工艺方案。

蜜胺生产工艺技术比较见表2-4。

表2-4 蜜胺生产工艺技术比较表

| 项 目 | LINZ 高压法（奥地利林茨公司） | Alied 高压法（中原大化公司） | DSM 低压法（DSM 公司） | BASF 常压法（BASF 公司） | ×××气相淬冷法（第二代技术） | 节能节资型气相淬冷法（第三代技术） |
|---|---|---|---|---|---|---|
| 合成反应特点 | 高温高压液相反应，无催化剂 | 高温高压液相反应，无催化剂 | 高温低压气相催化反应 | 高温常压气相催化反应 | 高温低压气相催化反应 | 高温低压气相催化反应 |
| 氨（t/t） | 0.62 | 0.52 | 0.3 | 0.2 | -0.87 | -0.87 |
| 蒸汽（t/t） | 4.7 | 12.7 | 5.0 | 2.2 | 0.3 | -0.5 |
| 电（kW ht/t） | 550 | 680 | 500 | 1350 | 1550 | 600 |
| 50t/d 装置投资 | 1.8 亿~ 2.1 亿元 | 2.3 亿~ 2.5 亿元 | 1.5 亿~ 1.7 亿元 | 0.7 亿~ 0.9 亿元 | 0.7 亿~ 0.85 亿元 | 0.45 亿~ 0.50 亿元 |
| 尿素（t/t） | 3.08 | 3.3 | 3.06 | 3.0 | 3.05 | 3.0 |

根据表2-4分析，××炫晶科技气相淬冷法（第三代气相淬冷技术）是在消化国内外先进工艺技术的基础上研制出的蜜胺新工艺技术，具有合成反应效率高、原料和综合能源消耗低、投资少等特点。

因此，本项目推荐工艺技术路线为：以尿素为原料，采用节能节资型（第三代）气相淬冷技术工艺生产蜜胺。

2. 硝基复合肥工艺技术方法的选择

我国现在的硝酸铵生产基本上都采用常压中和，即中和压力低于0.15MPa（A），中和蒸发蒸汽压力大约在0.12MPa（A），中和反应温度一般控制在120℃。

近年来，×××××××有限公司通过研究试验，已完成加压中和、循环气提硝铵生产技术的工业化装置，中和压力约0.46MPa（A），中和反应温度一般都在170~180℃，该温度很接近硝铵的分解爆炸温度，故加压中和须严格控制中和反应温度，但加压中和能耗较低，更有利于生产规模的大型化。

尽管加压中和具有明显优势，但利用"联产"新概念来完成蜜胺尾气的有效回收利用，是近年来蜜胺行业发展的新趋势。以蜜胺尾气为原料与硝酸中和生产硝铵，可实现资源的综合利用。为确保装置能安全、稳定运行，推荐采用常压中和生产硝铵。

综上所述，本项目产品生产工艺技术方案确定采用×××××化工有限责任公司开发的以蜜胺尾气与硝酸为原料，常压中和生产硝铵，再利用防爆新型高塔进行造粒的硝基复合肥生产工艺生产硝基复合肥。

### 2.2.7 项目工程方案总平面布置

项目工程包括生产设施、辅助生产设施、管理设施及生活设施，大部份属工业建筑。规划设计以符合国家节能、环保、安全标准为原则，同时满足工艺要求和使用功能的需要，根据现行建筑规范进行设计。执行现行国家和行业的有关规范和标准，主要有：《建筑设计防火规范》（GBJ 16—87）、《工业企业总平面设计规范》（GB 50187—87）、《厂矿道路设计规范》（GBJ 122—87）。

总平面布置在全厂总体规划的基础上，在保证生产和运输路线顺畅的前提下，合理布局，节约用地。

遵守国家有关总图运输规范、规定，满足防火防爆和安全卫生等要求。储运设施的布置根据物料性质、数量、包装及运输方式等条件，按不同类别相对集中布置。

总图布局分区明确。根据装置原料供应的关系和产品的关联性，结合生产流程、物料流向，做到物流顺畅和管理方便。

总平面布置图依托原一期工程，并在原厂区北面征地×××亩，作为硝基复合肥项目装置区。具体布置图见附图。

表 2 -5　　　　　　　　　　　　　主要建设参数表

| 序号 | 项　目 | 单位 | 数据 |
|---|---|---|---|
| 1 | 装置区总占地面积 | 米² | |
| 2 | 总建构筑物建筑面积 | 米² | |
| 3 | 总建构筑物占地面积 | 米² | |
| 4 | 露天堆场占地面积 | 米² | |
| 5 | 道路面积 | 米² | |
| 6 | 围墙长 | 米 | |
| 7 | 绿化面积 | 米² | |
| 8 | 北厂区建筑密度 | % | |
| 9 | 容积率 | | |

### 2.2.8　项目主要经济技术指标

该项目的综合技术经济指标见表 2 -6。

表 2 -6　　　　　　　　　　　项目主要经济技术指标表

| 序号 | 指标名称 | 单位 | 数量 | 备　注 |
|---|---|---|---|---|
| 1 | 生产规模 | | | |
| 1.1 | 蜜胺 | 万吨/年 | | |
| 1.2 | 硝基复合肥 | 万吨/年 | | |
| 2 | 产品方案 | | | |
| 2.1 | 蜜胺 | 万吨/年 | | GB/T 9567—1997 |
| 2.2 | 硝基复合肥 | 万吨/年 | | GB 15063—2001，GB/T 20782—2006 |
| 3 | 项目报批总投资 | 万元 | | |
| 3.1 | 建设投资 | 万元 | | |
| 3.2 | 建设期利息 | 万元 | | |
| 3.3 | 铺底流动资金 | 万元 | | |
| 4 | 投资指标 | | | |

| 序号 | 指标名称 | 单位 | 数量 | 备注 |
|---|---|---|---|---|
| 4.1 | 单位产品占用建设投资 | 元/吨 | | 按吨产品计算 |
| 4.2 | 百元销售收入占用流动资金 | 元 | | |
| 5 | 定员总计 | 人 | | |
| 6 | 全年生产时数 | 小时/年 | | |
| 7 | 主要原料、物料、燃料需用量 | | | |
| 7.1 | 尿素 | 万吨/年 | | |
| 7.2 | 煤粉 | 万吨/年 | | |
| 7.3 | 蒸汽 | 万吨/年 | | |
| 7.4 | 电 | 万千瓦时/年 | | 全厂用外电 |
| 7.5 | 新水 | 万吨/年 | | |
| 7.6 | 硝酸 | 万吨/年 | | |
| 7.7 | 磷酸一铵 | 万吨/年 | | |
| 7.8 | 硫酸钾 | 万吨/年 | | |
| 8 | 主要原料、物料、燃料消耗定额 | | 每吨产品计 | |
| 8.1 | 尿素 | t/t | | 每吨蜜胺计 |
| 8.2 | 蒸汽 | t/t | | 每吨产品计 |
| 8.3 | 电 | kWh/t | | 每吨产品计 |
| 8.4 | 冷却水 | t/t | | 每吨产品计 |
| 9 | 运输量 | 万吨/年 | | |
| 9.1 | 运入量 | 万吨/年 | | |
| 9.2 | 运出量 | 万吨/年 | | |
| 10 | 本项目占地面积 | m² | | |
| 11 | 年均总成本费用 | 万元 | | |
| 12 | 产品工厂成本 | 元/吨 | | 每吨产品计 |
| 13 | 年销售收入 | 万元 | | |
| 14 | 年利税 | 万元 | | |
| 15 | 年利润 | 万元 | | |
| 16 | 全员劳动生产率 | 万元/人·年 | | |
| 17 | 工人实物劳动生产率 | 吨/人·年 | | |
| 18 | 投资回收期 | | | |
| 18.1 | 投资回收期 | 年 | | 税后（含建设期） |
| 18.2 | 投资回收期 | 年 | | 税前（含建设期） |
| 19 | 投资利润率 | % | | |
| 20 | 投资利税率 | % | | |
| 21 | 财务内部收益率 | | | |
| 21.1 | 财务内部收益率 | % | | 税后 |

| 序号 | 指标名称 | 单位 | 数量 | 备注 |
|------|----------|------|------|------|
| 21.2 | 财务内部收益率 | % | | 税前 |
| 22 | 财务净现值 | | | |
| 22.1 | 财务净现值（Ic=12%） | 万元 | | 税后 |
| 22.2 | 财务净现值（Ic=12%） | 万元 | | 税前 |
| 23 | 借款偿还期 | 年 | | （含建设期2年） |

### 2.2.9 项目进度计划

本项目为企业自筹资金建设，企业资本金为××%，其余贷款。严格做到项目建设策划，合理组织建设工期，控制投资，缩短建设期。

本项目在原有公用设施的基础上扩建，具备一些有利条件，项目建设周期安排为18个月。

整个项目建设的总体安排为：20××年上半年完成项目的前期阶工作，20××年××月开工建设，到20××年××月初建成投产。

建设周期拟分三个阶段。

1. 前期阶段

项目项目建议书、环境影响评价报告及其审批。

工程承包商的选择，包括招标文件的编制、评标、商务谈判和签约等工作。

2. 设计和采购阶段

设计工作将包括基础设计（初步设计）和详细工程设计两个阶段。本项目设备材料主要为国内采购。仅有个别的设备材料可考虑引进。一般制造周期长的设备应该在初步设计审核通过后立即开始，以保证进度。

3. 施工安装及试车阶段

施工应先从地下工程开始，然后是土建施工，设备、管道、仪表安装，吹扫、试压、置换、试运和仪表调试，开车，试车考核到正式运行。详见表2-7。

## 2.3 项目用能情况

### 2.3.1 项目用能概述

本项目使用的能源主要为电力、煤粉、蒸汽和新水。煤粉是项目运行消耗的主要能源，主要供蜜胺装置系统的熔盐炉使用。电力由原蜜胺一期110kV变电站接入，经过厂区内部变电站降为6kV或380V后主要供载气压缩机、冷气风机、循环泵、熔盐泵、冷凝水泵、空气鼓风机、及辅助动力设备、风机、泵类、空压机等用电设备使用。蒸汽购自洪泽热电厂，主要供硝铵及硝基复合肥系统。另外，由蜜胺装置副产的0.15MPa闪蒸汽外供给联碱系统。

本项目生产系统使用的新水主要水源采用砚临河河水，生活用水取自园区供水管网；循环水为项目电力转换抽取的，用于生产工序冷却、生活及厂区绿化。详见图2-1，《项目用能系统图》。

表 2-7

**项目实施进度计划表**

| 时间 / 项目规划 | 2012 | | | | | | | | | 2013 | | | | | | | | | | | | |
|---|---|---|---|---|---|---|---|---|---|---|---|---|---|---|---|---|---|---|---|---|---|---|
| | 4 | 5 | 6 | 7 | 8 | 9 | 10 | 11 | 12 | 1 | 2 | 3 | 4 | 5 | 6 | 7 | 8 | 9 | 10 | 11 | 12 |
| 项目可研及审批 | ─ | ─ | ─ | | | | | | | | | | | | | | | | | | |
| 初步设计 | | | | ─ | ─ | ─ | | | | | | | | | | | | | | | |
| 施工图设计 | | | | | ─ | ─ | ─ | ─ | | | | | | | | | | | | | |
| 设备订货制造 | | | | | | ─ | ─ | ─ | ─ | ─ | ─ | | | | | | | | | | |
| 土建施工 | | | | | | | ─ | ─ | ─ | ─ | ─ | ─ | ─ | ─ | ─ | | | | | | |
| 工程安装 | | | | | | | | | | | | ─ | ─ | ─ | ─ | ─ | | | | | |
| 化工试车 | | | | | | | | | | | | | | | | ─ | ─ | | | | |
| 试生产 | | | | | | | | | | | | | | | | | | ─ | ─ | ─ | ─ |

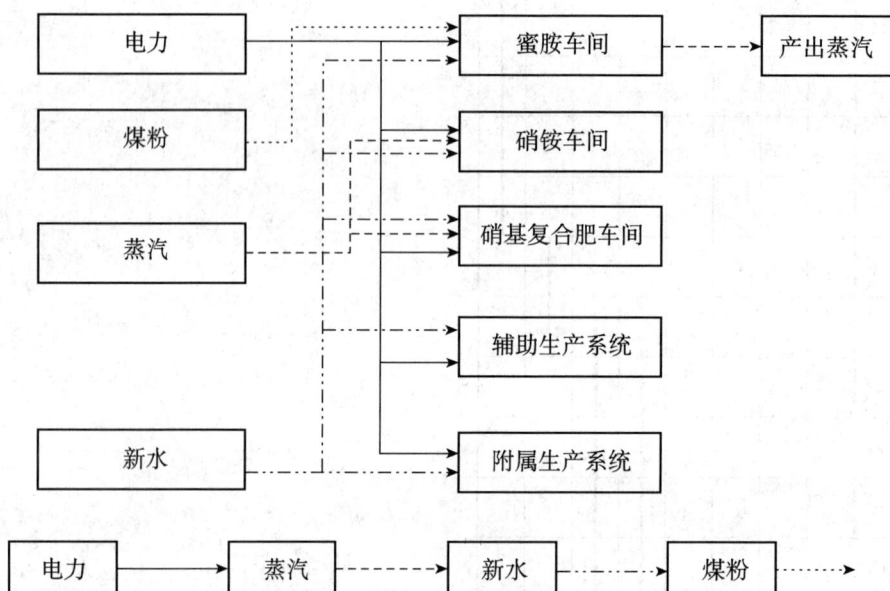

**图 2 - 1　项目用能系统图**

### 2.3.2　主要供能系统

1. 供配电系统

（1）电源。

本项目的负荷级别较高，因此要求有可靠的供电电源，每个装置都要求两回路供电。正常时分段运行，当某一电源回路发生故障时（依据国家标准 GB 50052—95 关于"负荷分级及供电要求"的规定,）母联自投，另一电源回路的电源进线及变压器容量均能承受装置 100% 的二级用电负荷。两电源可考虑并列使用。

现有蜜胺一期 110kV 变电站，内设 2 台 20000kVA/110kV/6kV 的变压器。本项目新增总装机容量为 17400kVA，因此完全可以满足项目供电要求。

根据本项目的各装置用电负荷的估算及总平面布置，设置变配电所 6kV 系统及 380V 系统均采用单母线分段，正常时两段母线分列运行，当其中一段故障母联自投。

配电电压等级的选定及变配电所的设置：

1）全厂配电电压拟定为 6kV，各工艺生产装置和公用工程的中压电机电压等级选定为 6kV。

2）变配电所设置原则：

①6kV 电压等级深入负荷中心，6kV 变配电所设在爆炸危险区域外。

②采用放射式供电方式，所有 6kV 配电室进线都是由原蜜胺一期 110kV 总变直配。

③尽可能将三级负荷集中供电。

3）基于上述原则及总图布置。

①在合蜜胺装置设一座变配电所，内设 2000kVA/6/0.4kV 变压器室及 380V 低压配

电室；

②在硝铵装置、复合肥装置设一座 1600kVA/6/0.4kV 变电所，内设 6/0.4kV 变压器室及 380V 低压配电室；

③在循环水装置设一座 6/0.4kV 变电所，内设 6/0.4kV 变压器室及 380V 低压配电室，6kV 电源引自新建 110kV 总变电站 6kV 配电室的二个不同母线段，每回均可带 100% 一、二级负荷。

（2）供电负荷。

本项目生产用电主要 300MTPD 蜜胺、695×2MTPD 硝铵、900×2MTPD 复肥及配套的辅助装置、机修、化验、仓库、办公等用电。项目用电负荷经电力电容器补偿后初步估算如下：

本项目用电计算负荷为 11504kW，考虑网损系数后，终端电力负荷约为 9590.1kW，按年 8000 小时、85% 的负荷率计算，年用电量为约为 6528 万 kWh。详见表 2-8。

表 2-8 电力负荷估算表

| 序号 | 用户名称 | 需要容量（kW） | | | 年用电量（万 kWh） |
| --- | --- | --- | --- | --- | --- |
| | | 6kV | 380V | 小计 | |
| 1 | 蜜胺 | | | | |
| 2 | 硝基复合肥 | | | | |
| 3 | （其中：硝铵） | | | | |
| 4 | 合　计 | | | | |

（3）电气设备选型。

本项目电气设备选型原则：安全可靠、技术性能先进和节能。

爆炸危险区域电气设备的选择应满足防爆电气设备的级别和组别，不应低于该爆炸性气体环境内爆炸性气体混合物的级别和组别的要求。爆炸危险区域内的电缆全部选用阻燃电缆。腐蚀环境选用防腐电气设备。

（4）高低压电缆敷设方式。

除道路照明外，所有室外电缆敷设原则上采用沿电缆桥架敷设，在配电室内部电缆采用沿电缆沟和电缆桥架的方式，工艺装置内部敷设方式采用电缆沿桥架敷设自桥架引下后穿钢管或沿电缆桥架直接至用电设备的敷设方式。

2. 蒸汽系统

本项目所用蒸汽由位于该项目×××有限公司供给。该公司现有四台 35t/h 链条锅炉和一台 75t/h 循环硫化床锅炉产汽能力可达 215t/h，产汽压力为 3.9MPa，配用 3 台共 27MW 热电机组（2×6.5MW+1×15MW 抽凝机），另有 2 台 75t/h 锅炉与 2 台 6MW 抽汽背压式供热机组正在建设之中，在本项目建成之前可投入使用。据调查目前，该公司闲置一半以上的能力，用汽户只有 40~50t/h 的消费市场，因此完全可以满足该项目的需求。此外本项目的蜜胺车间还副产 2.2MPa 蒸汽自用，副产的 0.15MPa 蒸汽对外供出（供纯碱车间）。

（1）热负荷。

本项目实施后，工艺装置热负荷见表2-9。

表2-9 全厂热平衡一览表

| 内容 | 蒸汽压力（MPa） | 蒸汽温度（℃） | 回水温度（℃） | 最大小时流量（t/h） | 平均小时流量（t/h） |
|---|---|---|---|---|---|
| （一）硝基复合肥车间 | | | | | |
| 1.1 硝铵装置 | 0.40 | 151.3 | 90 | 18 | 15 |
| 1.2 硝基复肥 | 1.6 | 214 | 90 | 15.6 | 13 |
| 小 计 | | | | | 28 |
| （二）蜜胺车间 | | | | | |
| 2.1 蜜胺车间闪蒸 | 2.2 | 218 | | 18 | -10.4 |
| 2.2 蜜胺车间闪蒸 | 0.15 | 154 | | 1.2 | -26（供出） |
| 小 计 | | | | | -36.4 |
| 全厂合计 | | | | | -8.4 |

（2）供热方案。

供热来源：

为了减少蒸汽冷凝水损失，系统要求热源为过热蒸汽，其过热度为20~30℃。

为便于管理，热力管网拟全部架空敷设。管网优先考虑自然补偿，局部采用补偿器。管网疏水拟统一回收至疏水箱。

1.6MPa蒸汽来至洪泽热电厂，其他品质的蒸汽由1.6MPa的蒸汽减压而得。蜜胺车间自产部分蒸汽，副产2.2MPa中压蒸汽供自身使用以及副产的0.15MPa低压蒸汽供出系统。

3. 供水系统

（1）新水量。

本项目日用水量为7693.96m³/d，见表2-10。

表2-10 本项目用水量

| 序号 | 用水部门 | 最大（m³/h） | 平均（m³/d） | 水压（MPa） | 备注 |
|---|---|---|---|---|---|
| 1 | 蜜铵车间 | 4 | 33.6 | 0.3 | |
| 2 | 硝基复肥车间 | 15 | 7653 | 0.3 | |
| 3 | 生活及淋浴用新鲜水 | | 7.36 | 0.3 | |
| 4 | 合 计 | | 7693.96 | | |

本项目依托原有工程增加一次水处理装置，增加循环水装置一套，以满足新建工程需要。

（2）循环冷却水。

1）设计循环水流量4000m³/h（硝基复合肥吨消耗38m³、三聚氢胺吨消耗20m³）Δt=7℃进出水温32~39℃。

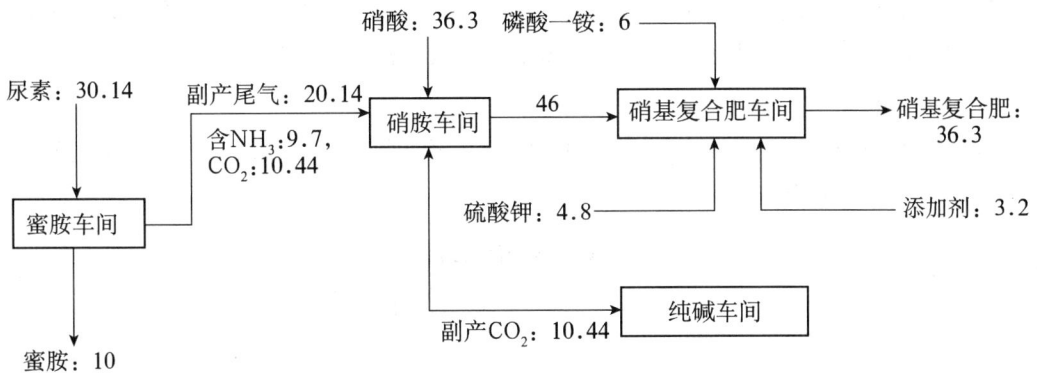

图 2-2 项目新水平衡图

2）建热水池一座容积 400m³，建冷水池一坐容积 2500m³，冷水池兼作冷却塔基础；建水泵房一座，内设冷、热水循环泵及加药间、配电间。

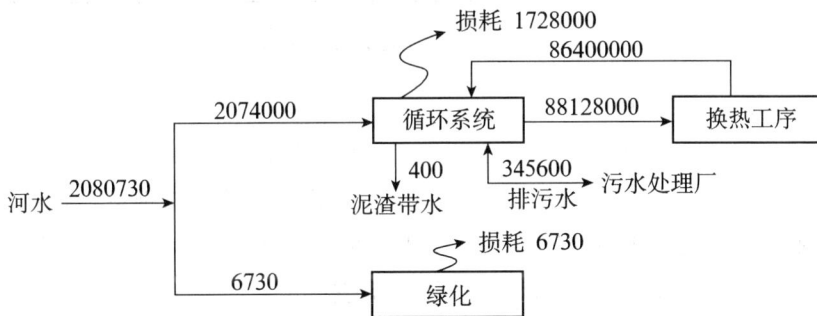

图 2-3 项目循环水系统图

（3）排水工程。

本项目日排水量详见表 2-11，其中只有生活及淋浴用水经处理达标后外排。

表 2-11　　　　　　　　　　　　本项目排水量

| 序号 | 排水部门 | 排放量（m³/h） | 日排水（m³/d） | 备注 |
|---|---|---|---|---|
| 1 | 蜜胺车间 | 6.04 | 70 | 排污水处理 |
| 2 | 硝基复合肥车间 | 3.5 | 60 | 排污水处理 |
| 3 | 淋浴及其他 | 0.7 | 10 | 排污水处理 |
| 合　计 | | 38.64 | 874.6 | |

厂区排水体制采用雨水分污、清污分流。雨水排入雨水管网，项目所产生的污水主要是生活废水和生产废水。

为避免事故排水对环境造成污染，本项目产生的事故排水、消防后排水和初期污染雨水排入原厂区设置的事故池，在事故池内暂存，然后用泵打入到湿式脱硫工序的循环水池中，作为脱硫循环补水。原厂区事故收集池其有效容积 3000m³，有很好的接纳本项目的事故排水能力。

本项目废水排放量为 $140m^3/d$，废水处理依托前期建设的处理能力为 $500m^3/d$ 的污水处理站，处理达到清涧污水处理厂接管标准后，排入清涧污水管网。

**4. 项目年能源耗量估算**

在年产 10 万吨/年蜜胺装置和 60 万吨/年硝基复合肥装置的规模下，能源消耗种类及消耗量如表 2 - 12 所示。

表 2 - 12 　　　　　　　　　　能源耗量估算表

| 序号 | 项　　目 | 实物（单位） | 年消耗量 | 年自产量 |
|------|----------|--------------|----------|----------|
| 1 | 电力 | | | |
| 2 | 新鲜水 | | | |
| 3 | 煤粉 | | | |
| 4 | 蒸汽 2.2MPa | | | |
| 5 | 蒸汽 0.15MPa（供出） | | | |
| 6 | 蒸汽 1.6MPa | | | |
| 7 | 蒸汽 0.4MPa | | | |

## 2.4 项目所在地能源供应及消费情况

### 2.4.1 项目所在地概况

××是××××地区重要的交通枢纽，形成了以高等级公路为主骨架，公路、铁路、水路并举的交通网络。×××为境内主要水运航道，为二级航道。本项目厂址区域内×××灌溉总渠形成东西南北四通发达的水运网络。其中×××级航道，南接××、北通×××，是连接矿区和城区的主要水运航道。

×××高速及×××高速公路南北纵贯全境；××高速公路、×××高速呈东西贯穿全境。本项目厂址区域内有××高速公路和××高速公路等。

×××铁路贯穿全境，北通××、南达×××。本项目厂址区域内铁路有×××货运站。

### 2.4.2 项目所在地能源供应条件

**1. 基本情况**

"十一五"期间，××电网取得跨越式发展，相继实施了"超前规划布点预留第二、第三座 500 千伏变电站"、"220 千伏县域环网建设"、"220 千伏电源深入城市负荷中心"、"××至×××战略通道——北电南送西纵通道的构建"等一系列系统工程，电网结构不断加强、电网运行方式持续优化、设备装备能力大幅提升。

电网规模实现翻番，累计投入建设资金约 47.2 亿元，新建 220 千伏变电站××座，110 千伏变电站×××座，全市电网 220 千伏、110 千伏电网供电能力均在"十五"末基础上实现翻番；用电水平达到新高，全社会用电负荷在 2010 年夏季突破××万千瓦，达到×××万千瓦的历史最高峰，电网最高负荷达×××万千瓦，全天全社会供电量突破×××万千瓦时，全面实现"十一五"规划的高水平预测方案，年均增长××%；网架结构持续优化，电网裕度保持较高，至 2010 年××220 千伏电网变电容载比为 2.07，110 千伏电网容载比为 2.61。

"十二五"期间，××电网建设规划投资约110亿元，比"十一五"期间增加近63亿元，将建设1000千伏特高压工程1项，新增容量300万千伏安；建设500千伏输变电工程2项，新增容量200万千伏安，电网的信息化、自动化、互动化程度极大提升。至2015年××电网供电能力可达200亿千瓦时，电力供应充足可靠。

2011年××电网最高负荷为××万千瓦，同比增长15.6%；最高日供电量为×××万千瓦时，同比增长5.06%。负荷、电量均创历史新高。本项目新增功率1.15万千瓦，项目用电负荷仅占2011年××全网运行最高负荷214.9万千瓦的0.54%。因此，该项目的电力供应能够得到有效保障。

**2. 原煤供应条件**

该项目所用煤粉主要来自本省×××矿区，便利的交水路、陆路运输条件为原煤供应提供了便捷条件。

**3. 蒸汽供应条件**

××××公司为×××工业园专门配套工业园区内入住企业所需蒸汽和部分电力的配套企业，蒸汽供应稳定。

**4. 水资源供应条件**

××西依全国××××，东挽×××，南临××××，北濒×××灌溉总渠和入海水道，四面环水。其中××是我国××××，正常蓄水位时面积2152平方公里，容积42亿立方米，县城有××、×××、××灌溉总渠，引水十分方便。×××地下水埋深一般在1.2米，储量十分丰富。

### 2.4.3 项目所在地能源消费情况

项目所在地×××消费的能源品种主要以煤碳、电力、石油、天然气等。

2010年度×××全社会总能耗为1000.27万吨标准煤。其中：全社会用电量111.76亿千瓦时，单位GDP能耗为0.895吨标准煤/万元，工业增加值能耗是1.345吨标准煤/万元。按照产业结构划分，第一产业能耗折合标准煤30.18万吨，占3.02%；第二产业能耗折合标准煤721.03万吨，占72.08%；第三产业能耗折合标准煤150.64万吨，占15.06%；生活消费能耗折合标准煤98.42万吨，占9.84%。

2015年，×××地区生产总值达到2650亿元，年均增长15.0%，"十二五"的节能目标是单位GDP能耗降低18%。

## 第三章 项目建设方案节能评估

### 3.1 项目选址、总平面布置节能评估

#### 3.1.1 项目选址节能评估

1. 项目选址对施工的影响

首先，该项目的建设场地，选在×××县城区北面×××河畔的××工业园化工区

内，属于规划用地，各种手续均已办好，场地已经平整，厂区的"四通一平"工作已完成。

其次，项目建设地水陆交通极为方便，可满足设备及施工材料运输要求。

最后，厂址区域内无名胜古迹、文物和自然保护区，不影响施工进度。

2. 项目选址对项目所需能源供给、运输和消费的影响

该项目消耗的能源主要为原煤、电力、蒸汽及各类水资源。首先，该项目建在×××工业园化工区内，厂址所在的×××西面为××××化工集团、×××有限公司等企业。东面为××河、北面为×××、南面为×××河。厂址紧邻的××河可常年经过××灌溉总渠通航与×××河相接，其中×××河为二级航道，南至××，北通×××，是连接矿区和城区的主要水运航道。本项目厂址区域内×××河、×××河、××河、×××灌溉总渠形成东西南北四通发达的水运网络。

在公路运输方面，××高速及××高速公路南北纵贯全境；×××高速公路、×××高速呈东西贯穿全境。本项目厂址区域内有××高速公路和××高速公路等。

在铁路运输方面，××铁路贯穿全境，北通××、南达××××。本项目厂址区域内铁路有×××货运站。

得天独厚水陆交通运输条件使得项目所需燃煤的运输供应及消费十分便利。

在用电方面，采用6kV/380V电压等级，其用电接自现有蜜胺一期110kV变电站，内设2台20000kVA/110Kv/6kV的变压器。本项目的负荷级别较高，要求有可靠的供电电源，因此，引入本工程为两回6kV电源线路，每路能够承担全部负荷。电力全部来自社会电网。2011年××电网最高负荷为214.9万千瓦，本项目新增负荷1.15万千瓦，仅占2011年×××全网运行最高负荷214.9万千瓦的0.54%。基本上对××市的电力供应无影响。

在蒸汽供应方面，项目所需的1.6MPa蒸汽来自×××电厂，其他品质的蒸汽由1.6MPa的蒸汽减压而得。此外，蜜胺车间还自产部分蒸汽，其中副产2.2MPa中压蒸汽以及0.45MPa低压蒸汽供自身使用，副产的0.15MPa蒸汽对外供出（供纯碱车间）。因此，项目所需蒸汽来源可靠，不但充分利用了×××热电厂的余压（背压蒸汽），而且也使得自身的余热（副产的0.15MPa蒸汽）得到了梯级利用（外供纯碱车间）。

供用水方面，本项目依托原有工程增加一次水处理装置及一套循环水装置，完全可以满足新建工程需要。

### 3.1.2 项目总平面布置对厂区内能源输送、储存、分配、消费等环节的影响

该工程总平面布置本着满足生产工艺流程合理，节约占地，能源输送、储存、分配、消费合理，方便管理、因地制宜的原则进行方案设计。

该工程的建（构）筑物及设施主要有蜜胺车间厂房及蜜胺工艺装置、复肥合成厂房、复肥产品库房、磷酸一铵库房、硫酸钾库房、硝基复合肥工艺装置、一次水处理装置、循环水装置、厂内供热管网等。

1. 项目总平面布置的特点

（1）从总平面布置来看，其功能分区明确、布局紧凑合理；厂区管线短捷，在满足安全生产和方便检修的条件下，为了厂区的整体美观，新建道路采用城市型道路，主、次要道路宽度分别为9米和6米，装置区贮罐区四周均设置环行道路系统，可同时满足运输、检修和消防要求。为改善生产环境，提高绿化覆盖面积，拟在界区和新装置之间的空地上中植花草植被，完善道路两侧的行道树。厂区绿化以道路两侧为主，点，线，面相结合，乔木、灌木、草皮相结合。点式绿化以常绿乔木为主，大面积绿化以灌木和草坪为主，隔离带采用集中绿化或绿篱，使绿化率达到30%以上。

（2）在符合国家有关规定及要求、满足工业生产、运输联系、管线敷设、安全消防、通风采光、环境保护及施工管理等方面用地需要的条件下，力求总图布局合理紧凑。做到一次规划、分期实施、滚动发展、节约用地。

（3）结合场地的自然条件，对企业近期建设项目和远期发展作统筹规划，全面安排，保证生产工艺流程顺畅，生产及公用辅助生产系统的完整配套。

（4）贯彻节约用地的原则，技术可行、经济合理的前提下，充分利用场地地形，避免大填大挖，减少土方输运工程量。

2. 项目总平面布置对能源消耗的影响

总平面布置实现了各工艺最优化衔接，减少了物料返向运输，降低了物料输送的电力消耗；另外，辅助用房包括储料仓库和配电房，均靠近其服务对象和负荷中心布置，尽可能减少工艺管道的输送距离，减少了使用中的电力损耗。

## 3.2 工艺流程、技术方案节能评估

### 3.2.1 项目工艺流程和技术方案

该项目为蜜胺联产改扩建工程，包含两种产品。即：蜜胺和硝基复合肥。其中：

1. 蜜胺项目生产技术方案和工艺流程

（1）蜜胺项目技术方案。

采用节能节资型（第三代）气相淬冷工艺，该方法是以尿素为原料，在一定条件下，在专用催化剂作用下合成蜜胺，反应生成气经过除尘、结晶、气固分离，得到蜜胺成品。尾气（氨和二氧化碳混合气体）作为副产品直接送往硝基复合肥车间作为生产硝基复合肥的原料。

（2）蜜胺工艺流程说明。

1）熔融：固体状的尿素经斗式提升机送入尿素熔融槽进行熔融。

2）液尿洗涤：从蜜胺捕集器分离出的混合气体通过冷气风机升压打入液尿洗涤塔，被里面循环喷淋的熔融尿素进行洗涤降温，洗涤后的气体分为结晶冷却气、反应器载气、反应副产物—尾气三部分。其中，反应器载气先通过载气压缩机加压，再通过载气预热器加热，然后进入流化反应器，与熔融尿素一起进行聚合反应；结晶冷凝气进入结晶器；多余的尾气（$NH_3$和$CO_2$质量含量大致各半）直接送入硝基复合肥装置作为生产原料。

3）反应：将熔融状态下的尿素由熔融尿素泵送入流化床反应器，反应后的混合气从反应器顶部排出（其中混合气中夹带的少量催化剂）。反应所需热量由煤粉熔盐炉提供。

4）冷却：从反应器出来的混合气被送入热气冷却器管内进行冷却，壳侧移热介质为道生液，使温度降低到388～392℃，换热后热气中的三氨废渣由于温度降低而结晶下来。

循环道生液为间接冷却，且道生液通过与混合气换热后，再与冷凝水管道间接接触，进行换热，产生蒸汽。换热后的道生液进入道生冷凝器继续冷却到反应所需温度后循环使用。

5）过滤：混合气从热气冷却器排出，在340℃下，经热气过滤器除去三氨废渣（主要成分为脱氨产物和催化剂）等杂质。

催化剂：主要成分为硅酸铝，颗粒状，直径约为60微米，在生产过程中不断的被磨损，待直径为10微米时，不能使用，作为废料排出。

6）降温结晶：经热气过滤器过滤后的混合气从结晶器顶部进入，在结晶器内与来自尿液洗涤塔的部分冷气（～140℃）混合，温度下降至220℃，蜜胺在此条件下结晶析出。

7）分离：蜜胺结晶随气流进入蜜胺捕集器，进行气固分离后，分离出的蜜胺送往包装系统。

分离废气处理：分离出蜜胺后的气体由冷气风机升压送至液尿洗涤塔进行洗涤冷却，循环使用。尾气直接作为生产硝基复合肥的原料。

8）包装：蜜胺进入包装系统进行包装。包装过程中会产生粉尘，由风机抽入二级除尘系统（旋风除尘＋袋式除尘），净化后的烟气高空排放。其中收集的集尘灰，大部分为蜜胺，作为次产品出售。

从洗涤塔出来的气体，一部分作为结晶器的冷却介质，一部分加压预热后循环进入反应器，还有一部分尾气直接进入硝基复合肥装置生产硝基复合肥，从硝基复合肥装置出来 $CO_2$ 可以进入纯碱装置生产纯碱。

2. 硝基复合肥生产技术方案和工艺流程

（1）硝基复合肥项目技术方案。

蜜胺装置来的尾气进入中和器，与硝酸发生中和反应，$CO_2$ 气体经处理后进入纯碱装置，中和后的硝铵溶液进入蒸发器，得到99.5%的硝铵溶液流入熔融槽，然后在重力作用下进入混料机。在此硝铵与定量的磷铵、硫酸钾、防爆剂等搅拌混合，形成复合肥肥液，再用泵送至造粒塔造粒，得到复合肥成品。

（2）硝基复合肥工艺流程说明。

蜜胺装置来的尾气与预热后的氨气混合，进入中和器下部的中央循环管，经预热后的53%硝酸也同时进入循环管内，并与氨发生中和反应，大量的反应热将溶液中的水蒸发，带有 $CO_2$ 的蒸发蒸汽经除沫冷却冷凝及分离后，$CO_2$ 等气体经处理后进入纯碱装置，而工艺冷凝液经处理后送化水装置循环利用。中和后硝铵溶液含硝铵约83%，经泵升压后依次进入一段蒸发器、二段蒸发器，出二蒸废汽经分离其中所夹带的液滴后放空，出二蒸的硝

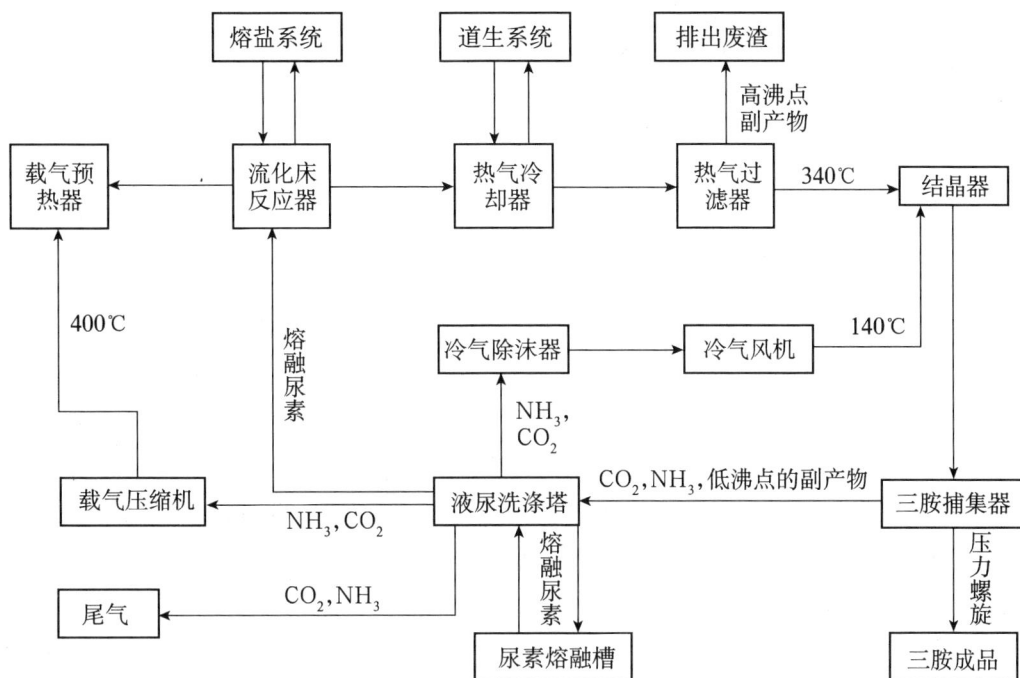

**图 3-1 蜜胺车间工艺流程图**

铵溶液浓度达 99.5% 温度 180℃ 流入熔融槽。由熔融槽来的浓硝铵液（99.5%、180℃）在重力作用下进入混料机。在此硝铵与定量的磷铵、硫酸钾、防爆剂等搅拌混合，形成含磷铵 10%～20% 的硝铵磷肥液（根据需要而定）。然后用泵送至造粒塔喷头 P5219 高速喷出。液滴在重力作用下向下降落，与上升的空气逆流接触，冷却结晶形成直径 1～3mm 的颗粒，落在塔底的皮带输送带上，去包装房称量包装后入库；或将磷铵、钾肥等添加剂在二级车间库房开包后送入密闭式皮带输送系统，经高密闭式提升机送入塔顶料仓，缓冲后经皮带称定量加入混料机。

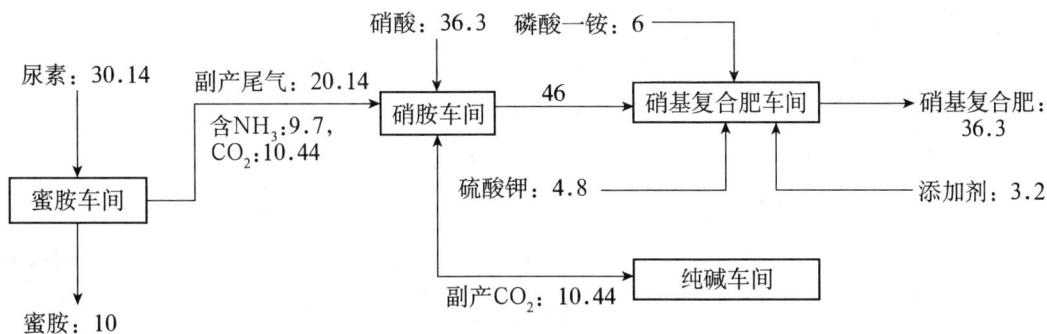

**图 3-2 蜜胺联产硝基复合肥工艺流程图**

本项目采用的生产工艺在装置投资、产品能耗等方面指标具有国内较好水平。所用技术国内有现生产实用或相近工艺生产装置，技术可靠性高；工艺适应性强；产品生产成本较低，具有较好的经济效益、积极的社会效益。

### 3.2.2 项目技术方案合法合规性评估

1. 生产规模大、符合产业结构调整要求

该项目分为两种产品。其中：

（1）蜜胺产品。

蜜胺的化学名称为三聚氰胺。是一种重要的有机中间体，主要用于生产蜜胺—甲醛树脂（MF 树脂），再进一步加工成各种最终产品。由于其具有良好的耐热、耐老化、高光泽、易配色、不易燃、耐酸碱、无毒等特性，及具有良好的绝缘性能、光泽度和机械强度，被广泛应用于层压板、粘合剂、表面涂料、模塑料、纸张处理、纺织处理、皮革鞣剂、荧光颜料、水泥增强剂等领域，潜在的应用领域是蜜胺纤维和泡沫塑料。

作为一种重要的精细化工基础有机原料，三聚氰胺近年来在国内外市场的需求快速增长。基本上以每年 10% 以上的速度在增长，产量增长速度在 5% 左右。2010 年以前，美国和日本是世界上最主要的三聚氰胺生产国和出口国，占全球总生产能力的 1/3 以上，其单套蜜胺装置的生产能力大多在 3 万~6 万吨/年。

由于蜜胺行业投资规模较大，且以尿素为主要原料，受原油及天然气价格上涨以及环保治理费用增加等因素的影响，成本逐年上升。因此，世界蜜胺生产行业的一些巨头逐步退出或减少了蜜胺生产。从趋势上看，蜜胺生产逐渐向经济资源地区转移，亚洲已成为世界蜜胺生产基地，产能主要集中在中国。

但是，目前我国的蜜胺生产，虽然企业众多，但生产分散、规模普遍偏小、技术水平参差不齐。随着国内买方市场的成熟，蜜胺行业进入了一个优胜劣汰的行业整合时期。装置必然向大型化、节能化、集约化方向发展，资金密集和技术密集型的蜜胺企业将在国内外蜜胺市场显示越来越强的竞争力，国内大量不具竞争力的装置将被淘汰。通过与尿素副产，尾气副产硝基复合肥，降低蜜胺原料成本；通过与其他产业形成循环经济产业链，提高尾气的利用价值是提升我国蜜胺产业国际竞争力的重要措施。先进的大型化生产装置配以低价位的能源或原料是拥有未来国际蜜胺市场份额的必要条件。

近期国内蜜胺新建和扩建项目有：×××化工与×××合资在×××建设的 11 万吨/年装置目前顺利投产；×××新建 8 万吨/年生产装置；××××化工公司新建一套 10 万吨/年装置，××××新建 5 万吨/年生产装置；××××建设 6 万吨/年蜜胺装置。

该项目的设计生产规模为 10 万吨/年蜜胺，基本上属于目前国内乃至世界上规模最大的蜜胺生产装置。该项目的实施，由于其能效高、成本低，必将加速一些规模小、能耗高的蜜胺产能淘汰，进一步促进产业结构的优化，符合国家 2005 年以来颁布的《产业结构调整指导目录》将"采用先进工艺技术的大型基本有机化工原料的生产"列为鼓励类的产业结构调整政策。

（2）硝基复合肥产品。

该产品是近年新发展起来的一种含氮、磷、钾的高效复合肥，具有肥效持久、后劲足、不板结土壤，可增强农作物抗逆能力，提高蔬菜、果实品质等特点。由于硝铵肥效高于和共优良性能，国外发展十分重视，在氮肥施用中，硝铵肥所占的比例，俄罗斯为39.7%，德国为27.5，巴西为16.1%，美国为12.6%，均远远高于中国。而我国仅有3.2%。近两年我国化肥（氮、磷、钾）的产量总产量增加14.2%，其中氮和钾增加2.75%和3.40%。

随着人们物质生活水平的提高，对农作物产品品质的要求也越来越高，肥料除氮、磷、钾外，要求其他微量元素齐备。而目前国内占70%的化肥：尿素、碳铵不具备此项功能，一般的尿素型复合肥、氯铵型复合肥也不具备此种功能。因此，硝铵磷复肥作为一种硝基高浓度复合肥，仅××、××、××三个省对硝铵磷复肥的需求量就在×××万吨以上。由于硝铵复肥特别适于北方和西部的干旱地区使用，而且能使小麦、玉米等作物增产，因此市场对此产品的需求量越来越大。

目前国内硝基复合肥生产企业仅有少数几家，其单个装置能力基本在20万~40万吨/年，总产量在250万吨左右，为满足国内市场需求，每年从国外进口硝基复合肥达100多万吨，市场潜力巨大。

目前国内已建或正建的单套装置能力在60万t/a硝基复合肥装置的有：×××公司分别在××××建设的2套共120t/a硝基复合肥装置、×××有限公司在××省应城市建设的一套60万t/a硝基复合肥装置。该项目亦为60万t/a。符合国家2011年颁布的《产业结构调整指导目录》将发展"优质钾肥及各种专用肥、缓控释肥的生产，氮肥企业节能减排和原料结构调整"的产业结构调整政策和"高浓度化肥比重提高到80%；在原料产地生产的化肥比重提高到60%，生产成本大幅下降，化肥储备基本满足市场调控需要"的石化行业发展规划。

2. 生产模式有利于提高能效、实现清洁生产目标

该项目为蜜胺联产硝基复合肥。首先，利用邻近的××、××、××所生产的尿素为原料生产蜜胺，2011年，此三省尿素产量达×××万吨，约占全国总产量（5381万吨）的××%，2012年该地区尿素产量还会增加，尿素产量供大于求，急需转化为下游产品，所以，蜜胺的生产原料尿素，可以就近采购，降低了生产成本；其次，蜜胺装置副产尾气，尾气主要成分为氨气和二氧化碳，尾气可作为生产硝基复合肥的原料，市场上液氨价格持续高位，作为危险品又不利于长途运输，利用本项目副产的氨气来生产硝基复合肥既解决了硝酸作为危险品不便长途运输的困难，又降低了运输成本。更为重要的是充分利用了蜜胺副产的尾气，减少环境污染，使资源综合利用，提高了能效，实现了清洁生产。

3. 主要设备选型符合节能设计标准

该项目的主要生产设备共有72台套。其中：工业窑炉（熔盐炉）2台，换热设备19台，其他设备52台。在设备的选型上均采用属于国家鼓励的节能设备，符合节能设计标准。

### 3.2.3 项目技术方案先进性评估

1. 蜜胺技术方案先进性评估

目前世界上蜜胺生产工艺中，技术先进，消耗较低、竞争力较强的主要有荷兰的 DSM 法、德国的 BASF 法、奥地利的 OSW 法、日本的新日产法、意大利的蒙特爱迪生法和美国的 ACC 法。前三者为低压法，操作压力较低（0.05～1MPa），反应中使用催化剂；后三者为高压法，操作压力较高（5～30MPa），不使用催化剂。各种技术先进程度不相上下，各有其技术特点，消耗定额相差不大。

1998 年至今，我国自行开发并建成投产了多套碳酸氢铵联产蜜胺装置。2003—2006年，中国开发并实施了联合制碱与蜜胺的联合生产技术。2005 年，××大学开发出节能省投资型气相淬冷生产技术，也称第三代气相淬冷技术。

利用"联产"新概念来完成蜜胺尾气的有效回收利用，是近年来蜜胺行业发展的新趋势。该项目采用了×××××法（第三代气相淬冷技术）。与目前同类型、同规模企业普遍采用的技术方案相比，具有合成反应效率高、原料和综合能源消耗低、投资少等特点。

2. 硝基复合肥技术方案先进性评估

我国现在的硝酸铵生产基本上都采用常压中和，即中和压力低于 0.15MPa（A），中和蒸发蒸汽压力大约在 0.12MPa（A），中和反应温度一般控制在 120℃。

近年来，×××有限公司研究完成的加压中和、循环气提硝铵生产技术的工业化装置，与常压中和生产工艺相比，能耗较低，更有利于生产规模的大型化。尽管加压中和具有明显优势，但本装置是以蜜胺尾气为原料与硝酸中和生产硝铵，而尾气中约含 30% 的 $CO_2$ 气，为确保装置能安全、稳定运行，推荐采用常压中和生产硝铵。复肥是采用掺混方法制成，即向熔融的硝铵中加入磷酸铵和添加剂，经搅拌均匀后用泵升压送至高塔造粒。

综上所述，该项目的设计生产规模为 10 万吨/年蜜胺联产 60 万吨/年硝基复合肥。与其他工艺技术相比，产品投资最低，综合能耗最低，单线可达 10 万吨/年的超大型规模。因此，该工艺技术符合未来市场大型化、节能化、集约化的发展趋势，将在未来的国际市场竞争中占据不败之地。

## 3.3 主要用能工艺和工序节能评估

### 3.3.1 主要工序产品能源单耗估算

本项目主要用能工序包括密胺车间、硝铵车间、硝基复合肥车间及辅助系统，按产品主要分为密胺和硝基复合肥，主要耗能种类有电力、煤、新水和蒸汽。在预期规模下，项目产品能源消耗和工序能源单耗详见表 3 - 1、表 3 - 2 所示。

表 3 - 1　　　　　　　　　　密胺产品能源消耗表

| 序号 | 项　目 | 实物单位 | 标煤单位 | 当量值折标煤系数（t-ce） | 单位产品用量 | 年耗量 |
|---|---|---|---|---|---|---|
| 1 | 电力 | $10^4$ kWh | tce | 1.229 | 600（kWh/t） | |
| 2 | 煤 | t | tce | 0.8286 | | |

续表

| 序号 | 项　目 | 实物单位 | 标煤单位 | 当量值折标煤系数（t-ce） | 单位产品用量 | 年耗量 |
|---|---|---|---|---|---|---|
| 3 | 自产自用蒸汽（2.2MPa） | t | tce | 0.0956 | －0.7488（t/t） | |
| 4 | 供出蒸汽（0.15MPa） | t | tce | 0.0936 | －1.872（t/t） | |

表3-2　　　　　　　　　　　硝基复合肥产品能源消耗表

| 序号 | 项目 | 实物单位 | 标煤单位 | 当量值折标煤系数（t-ce） | 单位产品用量 | 年耗量 |
|---|---|---|---|---|---|---|
| 1 | 电力 | $10^4$kWh | tce | 1.229 | 8.8（kWh/t） | |
| 2 | 蒸汽（1.6MPa） | t | tce | 0.0953 | 0.156（t/t） | |
| 3 | 蒸汽（0.4MPa） | t | tce | 0.0934 | 0.18（t/t） | |

### 3.3.2　主要用能工艺能耗指标

该项目密胺产品按10万吨产能计算，年消耗电力6000万kWh，煤粉75600吨，单位产品电耗600kWh/t，单位产品煤粉耗0.756t/t，扣除工序过程副产蒸汽折标煤1.752万吨后，单位产品密胺综合能耗为524.94kgce/t；硝基复合肥产品按60万吨产能计算，单位产品复合肥电耗为8.8kWh/t，单位产品复合肥蒸汽耗为0.336t/t，单位产品复合肥综合能耗为32.76kgce/t。

由上可知，该项目实施后，单位产品综合能耗在行业中处于先进水平。

## 3.4　主要耗能设备节能评估

### 3.4.1　主要耗能设备

该项目拟选设备的台数和工作制度是根据负荷估算的结果确定的。车间主要设备及其技术参数见表3-3。设备能耗指标见表3-3、表3-4所示。

表3-3　　　　　　　　　　　主要耗能设备的电耗指标

| 序号 | 名称 | 数量（台/套） | 额定功率（kW） | 每天使用时间（h） | 年均使用天数（d） | 使用系数 | 年耗（$10^4$kWh） | 标煤量（tce） |
|---|---|---|---|---|---|---|---|---|
| 1 | 蜜胺生产线 | | 7463.5 | 24 | 333 | 0.729 | 4345.98 | 5341.21 |
| 1.1 | 熔盐炉 | 1 | 450 | 24 | 333 | 0.912 | 229.5 | 282.06 |
| 1.2 | 载气压缩机 | 1 | 1800 | 24 | 333 | 0.85 | 1222.78 | 1502.79 |
| 1.3 | 冷气风机 | 1 | 1800 | 24 | 333 | 0.85 | 1222.78 | 1502.79 |
| 1.4 | 上段空气冷却器 | 2 | 74 | 24 | 333 | 0.5 | 29.57 | 36.34 |
| 1.5 | 下段空气冷却器 | 2 | 74 | 24 | 333 | 0.65 | 38.44 | 47.24 |
| 1.6 | 载气预热器 | 1 | 0 | 24 | 365 | 1 | 0 | 0 |
| 1.7 | 热气冷却器 | 2 | 0 | 24 | 364 | 1 | 0 | 0 |
| 1.8 | 道生冷凝器 | 1 | 0 | 24 | 365 | 1 | 0 | 0 |
| 1.9 | 液氨蒸发器 | 1 | 0 | 24 | 365 | 1 | 0 | 0 |
| 1.10 | 反应器 | 1 | 0 | 24 | 365 | 1 | 0 | 0 |

续表

| 序号 | 名称 | 数量（台/套） | 额定功率（kW） | 每天使用时间（h） | 年均使用天数（d） | 使用系数 | 年耗（10⁴kWh） | 标煤量（tce） |
|------|------|------|------|------|------|------|------|------|
| 1.11 | 尿素洗涤塔 | 1 | 7.5 | 24 | 333 | 0.85 | 5.09 | 6.26 |
| 1.12 | 道生液贮罐 | 1 | 0 | 24 | 365 | 0 | 0 | 0 |
| 1.13 | 汽水分离器 | 1 | 0 | 24 | 365 | 1 | 0 | 0 |
| 1.14 | 反吹气贮罐 | 1 | 0 | 24 | 365 | 1 | 0 | 0 |
| 1.15 | 成品贮仓 | 2 | 30 | 24 | 333 | 0.85 | 20.38 | 25.05 |
| 1.16 | 熔盐贮槽 | 1 | 400 | 24 | 333 | 0.7 | 223.78 | 275.03 |
| 1.17 | 氨气贮罐 | 1 | 0 | 24 | 365 | 1 | 0 | 0 |
| 1.18 | 冷凝水贮罐 | 1 | 0 | 24 | 356 | 1 | 0 | 0 |
| 1.20 | 冷气除沫器 | 1 | 0 | 24 | 356 | 1 | 0 | 0 |
| 1.21 | 结晶器 | 1 | 450 | 24 | 333 | 0.75 | 269.73 | 331.39 |
| 1.22 | 蜜胺捕集器 | 1 | 300 | 24 | 333 | 0.75 | 179.82 | 220.92 |
| 1.23 | 热气过滤器 | 4 | 480 | 24 | 333 | 0.9 | 172.63 | 212.09 |
| 1.24 | 大包装机 | 2 | 9.09 | 24 | 333 | 0.8 | 6.72 | 8.258.25 |
| 1.25 | 小包装机 | 4 | 2121 | 24 | 333 | 0.8 | 40.32 | 49.5549.55 |
| 1.26 | 液尿给料泵 | 2 | 30 | 24 | 333 | 0.8 | 17.28 | 21.221.233 |
| 1.27 | 液尿循环泵 | 2 | 74 | 24 | 333 | 0.85 | 25.13 | 30.87 |
| 1.28 | 罗茨风机 | 2 | 90 | 24 | 333 | 0.85 | 61.4 | 75.16 |
| 1.29 | 熔盐泵 | 2 | 680 | 24 | 333 | 0.85 | 213.99 | 262.91 |
| 1.30 | 冷凝水泵 | 2 | 74 | 24 | 333 | 0.85 | 25.13 | 30.87 |
| 1.31 | 出料系统 | 1 | 110 | 24 | 333 | 0.8 | 70.4 | 86.52 |
| 1.32 | 液尿泵 | 2 | 560 | 24 | 333 | 0.85 | 190.2 | 233.68 |
| 2 | 硝基复合肥生产线 | | 1327 | 24 | 356 | 0.81 | 859.18 | 1055.93 |
| 2.1 | 造粒塔 | 1 | 100 | 24 | 333 | 0.85 | 68 | 83.57 |
| 2.2 | 中和器 | 1 | 0 | 24 | 356 | 1 | 0 | 0 |
| 2.3 | 一段蒸发器 | 1 | 0 | 24 | 356 | 1 | 0 | 0 |
| 2.4 | 二段蒸发器 | 1 | 0 | 24 | 356 | 1 | 0 | 0 |
| 2.5 | 一蒸冷凝器 | 1 | 0 | 24 | 356 | 1 | 0 | 0 |
| 2.6 | 一蒸闪蒸槽 | 1 | 0 | 24 | 356 | 1 | 0 | 0 |
| 2.7 | 一蒸分离器 | 1 | 0 | 24 | 356 | 1 | 0 | 0 |
| 2.8 | 空气预热器 | 1 | 0 | 24 | 356 | 1 | 0 | 0 |
| 2.9 | 一蒸喷射器 | 1 | 0 | 24 | 356 | 1 | 0 | 0 |
| 2.10 | 喷射冷凝器 | 1 | 0 | 24 | 356 | 1 | 0 | 0 |
| 2.11 | 中和汽水冷器 | 1 | 0 | 24 | 356 | 1 | 0 | 0 |
| 2.12 | 空气鼓风机 | 2 | 60 | 24 | 333 | 0.85 | 20.4 | 25.07 |
| 2.13 | 稀硝铵泵 | 2 | 30 | 24 | 333 | 0.85 | 10.2 | 12.54 |
| 2.14 | 熔融硝铵泵 | 2 | 15 | 24 | 333 | 0.85 | 5.1 | 6.27 |
| 2.15 | 中和液泵 | 2 | 22 | 24 | 333 | 0.85 | 7.48 | 9.19 |
| 2.16 | 硝铵槽 | 1 | 0 | 24 | 356 | 1 | 0 | 0 |
| 2.17 | 中和液槽 | 1 | 0 | 24 | 356 | 1 | 0 | 0 |
| 2.18 | 氨蒸发器 | 1 | 0 | 24 | 356 | 1 | 0 | 0 |

| 序号 | 名称 | 数量（台/套） | 额定功率（kW） | 每天使用时间（h） | 年均使用天数（d） | 使用系数 | 年耗（10⁴kWh） | 标煤量（tce） |
|---|---|---|---|---|---|---|---|---|
| 2.19 | 气氨过热器 | 1 | 0 | 24 | 356 | 1 | 0 | 0 |
| 2.20 | 冷凝液贮槽 | 1 | 0 | 24 | 356 | 1 | 0 | 0 |
| 2.21 | 尾气洗涤塔 | 1 | 0 | 24 | 356 | 1 | 0 | 0 |
| 2.22 | 液氨贮槽 | 1 | 0 | 24 | 356 | 1 | 0 | 0 |
| 2.23 | 产品结晶冷却输送包装 | 1 | 110 | 24 | 333 | 0.85 | 74.8 | 91.93 |
| 2.24 | 硝酸、硝铵 | 1 | 990 | 24 | 333 | 0.85 | 673.2 | 827.36 |
| 3 | 辅助系统小计 | | | | | | 1322.84 | 1625.77 |
| 4 | 设备电耗量总合计 | | | | | | 6528 | 8022.9 |

表 3-4  配电变压器配置表

| 变压器名称及安装位置 | 设备型号 | 额定容量（kVA） | 额定电压 $u_1/u_2$（kV） | 空载损耗（kW） | 额定负载损耗（kW） | 变压器效率（%） |
|---|---|---|---|---|---|---|
| 蜜胺一期 110kV 变电站 | 主变 | 20000 | 110KV/6kV | 15.96 | 82.78 | 99.3 |
| 蜜胺装置 | $S_{11}$-M 全密闭变压器 | 2000 | 6/0.4kV | 3.8 | 20.5 | 99.1 |
| 硝铵装置、复合肥装置 | $S_{11}$-M 全密闭变压器 | 1600 | 6/0.4kV | 3.35 | 17.5 | 99.1 |
| 循环水装置 | $S_{11}$-M 全密闭变压器 | 1600 | 6/0.4kV | 3.35 | 17.5 | 99.1 |

该项目主要设计采用 $S_{11}$-M 全密闭变压器，建议施工设时采用国家目前重点推广的的新型 $S_{11}$ 型变压器，$S_{11}$-M 型变压器具有超低铁损、超高效率、环保节省能源、投资回收效益快、运行温度低的特点。$S_{11}$-M 型变压器，比传统叠片式配电变压器在性能上有较大提高，与传通旧型同容量配电变压器相比，空载损耗下降44%，负载损耗下降7%，空载电流下降90%，噪声级下降13dB，节能效果显著。

### 3.4.2 主要耗能设备节能评估

对照《产业结构调整指导目录》（2011 年本），我们对该项目主要耗能设备进行了核查，项目未采用国家明令禁止和淘汰的用能设备，设备选型均以先进、高效、实用、节能、可靠为原则，采用国内外先进的技术，其中关键设备均采用国内的先进设备。

### 3.5 辅助生产和附属生产设施节能评估

#### 3.5.1 主要辅助生产和附属生产设施

车间主要辅助设备为配电系统、照明及厂房行车设备，年耗电量 52560kWh。

#### 3.5.2 主要辅助生产和附属生产设施评估

1. 供配电系统节能评估

该项目供配电系统选用新型 $S_{11}$ 节能型变压器和 Y 型节能电动机，减小了变压器损耗；采用动态谐波抑制及无功功率补偿综合节能技术，使得电源侧电流谐波含量降低，调节三相不平衡，提高电能质量，降低线路损耗；合理设置车间变电所、低压配电室和配电点，使之靠近负荷中心，避免电流倒送，减小了线路损耗。

### 2. 给排水系统

该项目装置内设有循环水装置，为全装置提供循环冷却水，以减少补充水耗量；减少新鲜水用量，能够一水多用的设备和工艺则尽量做到一水多用，减少排污，清污分流。

工艺冷凝液经处理后送往化水装置，在装置运行过程中不外排。

厂区内排水采用雨污合流制，生活污水、生产废水经化粪池处理后与雨水汇流排至厂区前路边排水管内。

### 3. 照明系统

该项目照明设计按《建筑照明设计标准》（GB 50034—2004）进行。使用高效率节能光源，尽可能减少低效灯具的使用。适当增设灯开关，使每个开关控制灯的数量不要过多，对大型厂房照明设计分区控制增加控制灵活性，便于管理和节能。室外照明用时控开关代替灯开关，以利节电。通过使用高功率因数镇流器及气体放电灯，采用补偿电容等方法减少供电线路损失。

### 4. 通风除尘系统

该项目在生产过程中，有关工序散发出的废气高温燃烧热回收再利用，厂房内设置通风设施。

### 5. 厂房建筑设施节能评估

该项目生产设施采用节能型建筑结构、材料、器具和产品，按照《建筑节能设计标准》设计和建设，提高建筑物保温隔热性能，减少采暖、通风、制冷和照明的消耗。

## 3.6　本章评估小结

综上所述，项目选址适合工艺流程的要求，由公司原一期110kV变电站富余供电能力提供，从而节约了建设成本；总平面布置充分利用场地地形，分区明确，生产工艺流程合理，厂区主要道路与每个建构筑物之间道路相连形成环路，实现了物料自流和减少物料返向运输，减少了物料运输的电力及能源消耗；所选工艺能源利用与产出比较高，适合当地地域气候特点，经济效益好；选择先进、可靠、优质、高效、节能、低耗的生产设备，保证工艺指标的实现；照明设计按《建筑照明设计标准》（GB 50034—2004）进行，采用发光效率高、使用寿命长的金属卤化物灯、高效节能荧光灯等节能光源，节约了电能；生产设施采用节能型建筑结构、材料、器具和产品，提高了建筑物保温隔热性能，减少采暖、通风、制冷和照明的消耗。

# 第四章　节能措施评估

## 4.1　节能技术措施概述

本项目严格执行节能技术规范，努力做到合理利用能源和节约能源。主要措施及预期效果如下：

1. 常压中和法的硝铵生产工艺

在硝酸铵的生产工艺技术中，常压中和法比加压中和法的能耗高，但配蜜胺尾气的常压中和硝铵生产工艺，回收了蜜胺的尾气，降低了蜜胺的投资和操作费用，节省了处理尾气的能耗。总体来说，用蜜胺尾气联产硝铵的工艺技术，虽选常压中和生产硝铵，但综合评估还是节能的。

2. 国内外先进的气相淬冷法"蜜胺生产工艺

"节能节资型气相淬冷法"蜜胺生产装置热能消耗的主要设备是在375～380℃下工作的蜜胺流化床反应器。由于流化床反应器不能直接利用燃料的化学能量，只能通过在熔盐炉燃烧燃料来产生热量，然后通过熔盐管把热量送入流化床反应器。蜜胺生产装置的热能消耗都是由熔盐炉燃煤粉产生。

蜜胺生产装置每吨蜜胺耗电600kWh，10万吨/年蜜胺装置全年总电耗6000万kWh；每吨蜜胺副产2.6吨饱和蒸汽。

3. 掺混法生产复肥

复肥生产采用高塔造粒法，不用双混法，向熔融的硝酸铵液中加入磷酸一铵和添加剂，搅拌均匀后用泵送至新型高塔造粒，熔体造粒是处于高温熔融态，含水量低，熔体直接喷入冷媒中，物料在冷却时固化成球形颗粒。熔体造粒工艺无需另置干燥机，因此比干燥颗粒产品工艺节省了投资和能耗。

4. 采取汽轮机驱动，将蒸汽的能量转换为机械功

5. 优化工艺设计参数，减少电耗

气相淬冷法工艺蜜胺生产装置运行中的电力消耗80%以上主要用于载气压缩机和冷气风机。从传统的气相淬冷法工艺每吨蜜胺的电耗1400～1600kWh降到节能节资型气相淬冷法工艺每吨蜜胺的电耗600kWh，主要在于载气压缩机和冷气风机电力消耗的降低。

载气压缩机和冷气风机的电力消耗占整个气相淬冷法蜜胺装置的44%。节能节资型气相淬冷法工艺通过优化工艺参数，减少载气压缩机对载气做功。由于以上的因素，节能节资型气相淬冷法载气压缩机电力消耗比其他气相淬冷法下降了30%左右。

冷气风机的电力消耗占整个气相淬冷法蜜胺装置的36%。节能节资型气相淬冷法工艺降低冷气风机电力消耗的两个途径分别是：在保证液尿洗涤塔正常稳定运行的条件下降低液尿洗涤塔的工作温度，从而降低冷气的温度，减少进入结晶器的冷气流量以减少冷气风机的负荷；提高工艺系统压力后，降低了冷气风机工作的压缩比，减少冷气风机对冷气的做功。由于以上的因素，节能节资型气相淬冷法冷气风机电力消耗比原有气相淬冷法下降了50%。

6. 改善流化床反应器的反应条件，减少能耗

新工艺采用×××科技公司开发的高活性蜜胺催化剂，可以把流化床反应器的工作温度由原老工艺390～395℃降低至375～380℃，由此熔盐炉可减少8%～11%的供热量。

7. 使用熔融尿素为原料

以尿素装置来的熔融尿素替代颗粒尿素为原料生产蜜胺，既省去了尿素造粒的消耗，又省去了蜜胺生产尿素融化造成的蒸汽消耗。

8. 余热余能回收利用

（1）设置烟气回收器，回收熔盐炉烟气热量产生用于产生 2.2MPa 的蒸汽供装置使用。

（2）充分利用从流化床反应器出来的工艺气体的热量。从流化床反应器出来的工艺气体的温度为 375℃左右，在进入热气过滤器前先经过热气冷却器与道生油换热，道生油再经过道生冷凝器与水换热产生 2.2MPa 的蒸汽，将热量回收。

（3）采用先进的工艺技术，优化换热流程，能够使工艺物流之间充分换热，提高热能的回收和利用率。

（4）采用长期有效的设备及管道隔热和保温措施，对所有高温设备及管道选用优质保温材料，减少散热，提高装置及系统的热回收率。

（5）回收尿素洗涤塔热量。从冷气风机出来的工艺气体大约 200℃，进入洗涤塔，通过尿素洗涤塔内的换热器回收热量生产蒸汽。

9. 供电节能措施

（1）对负荷变动大的空冷器采用变频控制，对载气压缩机使用液力耦合器控制，以便根据装置需要调节负荷，节约用电。

（2）在总平面布置的设计中，按照动力系统尽可能地靠近主要负荷中心的原则进行布置，以减少动力消耗与输送损失，供电电力系统设计充分考虑优化方案，如电压等级的选用、变压器的选择、无功补偿的功率因素等。

（3）设计时选用低损耗节能型变压器、电动机，主厂房照明采用高效长寿命气体放电灯，二次回路控制设备采用节能型元件，以降低电耗。

（4）选择 $S_{11}$ 型低损耗变压器。各装置变电所的配电变压器负荷率均在 60% 左右。既保证供电可靠性，亦使变压器本身运行损耗处于最低状态。

（5）使用高效率节能光源，尽可能减少白炽灯的使用。适当增设灯开关，使每个开关控制灯的数量不要过多，对大型厂房照明设计分区控制增加控制灵活性，便于管理和节能。室外照明用时控开关代替灯开关，以利节电。通过使用高功率因数镇流器及气体放电灯，采用补偿电容等方法减少供电线路损失。

10. 采取节水技术，提高水利用率

（1）蜜胺装置。

1）利用蜜胺工段尿素洗涤塔上段内冷器产生低压蒸汽，下段内冷器产生的蒸汽用空冷器冷却，避免了高温介质直接水冷的情况出现，降低循环水消耗。

2）对装置及系统产生的冷凝液回收处理，处理后回用于尿素洗涤塔内冷器、熔盐炉废热锅炉、道生系统汽水分离器补水及公用工程，减少脱盐水消耗。

3）二氧化碳回收工段采用×××科技有限公司工艺技术方案，吸收液闭路循环，无废水排出。

4）减少新鲜水用量，能够一水多用的设备和工艺则尽量做到一水多用，减少排污，清污分流。

（2）硝基复合肥装置。

1）装置内设有循环水装置，为全装置提供循环冷却水，以减少补充水耗量。

2）工艺装置中部分水冷器采用空冷的新技术，减少冷却水消耗。

3）回收装置内的加热蒸汽冷凝液及透平蒸汽冷凝液，送至化水装置再使用。

4）工艺冷凝液经处理后送往化水装置，在装置运行过程中不外排。

5）硝铵废水采用催化离子交换处理后的废水达到脱盐水指标回收利用。

6）设计及施工时把好质量关，防止水管泄露。

11. 建筑节能措施

严格执行有关建筑节能技术标准，使用技术成熟、效果显著的新型建筑节能材料。

主要采用节能墙体和屋面的保温、隔热技术与材料，应用节能门窗的保温隔热节能技术。

外墙为240厚烧结多孔砖，内填充墙均采用240厚加气混凝土砌块。屋面除仓储车间采用压型钢板屋面，其他采用压型钢板（单层板）屋面、硝基复合车间局部采用现浇钢筋混凝土刚性防水屋面外，其余的均采用现浇钢筋混凝土屋面，带保温、卷材防水。

## 4.2 节能管理措施评估

### 4.2.1 项目能源管理机构

本项目按照"公司—车间—班组"设置三级管理机构。详见图4-1。

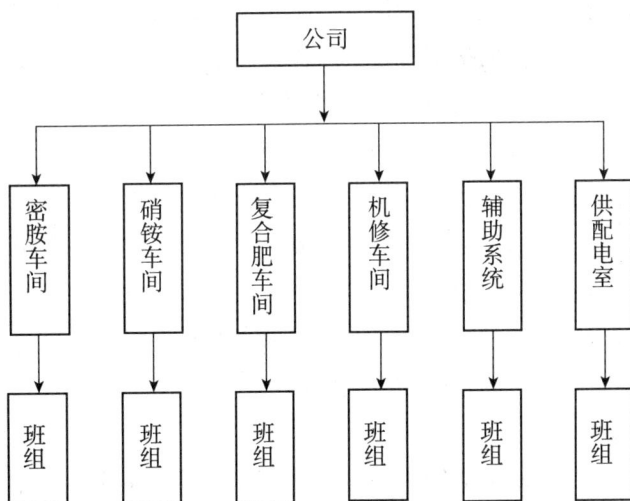

图4-1 项目组织机构图

### 4.2.2 项目能源措施评价

该项目的可研中关于节能管理措施的描述涉及了两点，即建立能源管理机构和加强能源计量，但"加强能源计量"这一条仅是叙述了能源计量的重要性和意义，而缺少具体的方法性论述。建议企业加强节能管理措施的描述，诸如节能管理制度、能源统计、监测及计量仪器仪表的配置等。

该项目应完善以下节能管理措施：

1. 节能管理制度

建立一整套以节电、节煤、节水、节蒸汽，能源计量、成本考核与财务管理紧密结合、联系薪酬的能源管理制度，制定《节能管理规定》、《计量管理工作规定》、《能源成本标准考核办法》等相关制度，细化能源管理；实行能源定额管理制度，按照科学、先进、合理的原则，推行节能标杆管理，对各主要耗能产品、工艺、设备制定能源消耗定额，定期对定额完成情况进行考核，并与奖罚措施相结合；每年安排一定数额的节能奖励资金，对节能工作作出贡献的集体和个人给予奖励。

2. 能源计量

按照《化工企业能源计量器具配备和管理要求》（GBT 21367—2008）的要求，配置计量仪表，加强对计量仪表的巡检、校验，以利于数据统计和能耗定额考核；明确企业能源计量统一管理部门及各部门的分工与职责；在企业自动控制方案设计中，除满足一般生产要求外，还应根据节能的要求，合理配置各种监控、调节、检测及计量等仪表装置及控制系统；建立能源计量数据采集管理系统，以利于数据的分析利用，将采集到的能源消耗数据随时统计、储存、分析、处理后，供生产部门、节能监督管理等公司各部门应用。

3. 能源统计

制定能源统计管理制度，设置能源统计专责单位，并对其充分授权，将所有能源纳入其统计范围，便于统一管理；明确能源统计范围及各部门统计职责，统一各部门统计时间及统计口径，保证能源统计数据的一致性及能源管理工作链条的完整性，保证统计数据准确、可靠；完善、细化各统计报表的统计项目，达到对同一能源能够进行总体统计考核、单一统计考核，同时建立不同层次、不同分类的统计报表，以满足不同的能耗计算、考核需求；对能源统计分析工作给予高度重视，认真对能源统计数据进行纵向、横向的统计分析，对能耗较高、浪费较大的部位进行重点分析，以便有的放矢，做好改进工作；统计管理目标值的制定，应根据企业实际能耗情况，结合生产条件变化和完成情况，及时进行适当的修订，充分发挥目标考核的监督与激励作用。

4. 节能宣传和教育

鼓励、支持节能科学技术的研究和推广，加强节能宣传和教育，普及节能科学知识，增强全员的节能意识，组织有关人员参加节能培训，未经节能教育、培训的人员，不得在耗能设备操作岗位上工作。

## 4.3 单项节能工程

本项目配套的主机设备和辅助系统，为配套工程，同时建设。不存在未纳入建设项目主导工艺流程和拟分期建设的单项节能工程。

## 4.4 能评阶段节能措施评估

本项目属于扩建项目，厂区总体设计尚未最后确定，设备方案也未最后定型，对项目的建设方案存在不确定性，生产耗能设备还未进一步细化到具体型号和生产厂家。

通过节能评估，我们提出以下节能方案，望项目设计方预以考虑：

1. 蒸汽的能量梯级利用

目前可研方采用的是减压减温装置来产生工艺需要的低压蒸汽，建议采用蒸汽抽射式热泵技术利用高温高压蒸汽和回收的工艺冷凝水来生产工艺需要的低压蒸汽，减少高压蒸汽的火用值损失，提高能源利用效率。

2. 管理节能措施

在运营阶段落要建立整体节能管理体系，制定详细的能源管理方针和目标，根据能源利用过程的购入贮存、加工转化、输送分配及最终使用四个环节分别制定完善的能源管理制度。

建议在设计阶段，节能估评提出的节能原则和技术方案，对项目的节能方案优化调整和完善补充。

## 4.5 节能措施效果评估

比较本项目和国内外项目的能耗情况，本项目能耗水平很低，证明本项目通过各种节能减排措施收到好的效果。

本项目认真贯彻国家有关节能的规定，积极采用节能型工艺和大型高效设备，努力做到节约能源，合理综合利用能源，使该项目的综合能耗在国内处于领先水平。

本项目采取节能措施后，密胺单位产品电耗为600kWh/t，蒸汽耗为 −0.5t/t，与第二代技术（电耗为1550kWh/t，蒸汽耗为0.3t/t），相比节约电力950kWh/t，节约蒸汽0.8t/t，以项目年密胺10万吨生产能力计算，年可节约标准煤：

$$(950kWh/t \times 0.1229kgce/kWh + 0.8t/t \times 95.3kgce/t) \times 100000t = 19299tce$$

## 4.6 节能措施经济性评估

1. 经济效益

本项目总投资预算为：××亿元。

项目通过实施各项节能措施，年可节约标准煤××××tce，价值人民币××××万元。

2. 环保效益

按照节约××××吨标准煤计算，一年可实现减排 $CO_2$ 约××××吨，$SO_2$ ×××吨。

### 4.7　本章评估小结

综上所述，本项目主要节能措施为：选用第三代气相淬冷技术、配蜜胺尾气的常压中和生产硝铵和防爆新型高塔造粒的硝基复肥生产工艺、优化工艺设计参数，减少电耗、余热余能回收利用、供电节能措施、工艺节水等措施，使密胺产品与国内传通第二代工艺生产密胺技术相比，节约电力×××kWh/t，节约蒸汽××t/t。年可节约标准煤××××tce，价值人民币×××万元。一年可实现减排 $CO_2$ 约×××××吨，$SO_2$×××吨。

## 第五章　项目能源利用状况核算

### 5.1　节能评估前项目能源利用情况

#### 5.1.1　综合能源消费量

该项目设计消费的外购能源主要是电力、煤粉、蒸汽及新鲜水。电力来源于化工园区×××kV 变电站，年消耗量×××万 kWh；蒸汽来源于×××热电厂，年消耗量×××××吨；煤粉消耗量为×××吨。

项目年综合能源消费情况计算如下：

表 5－1　　　　　　　　　项目综合能源消费量计算表

| 能源种类 | 单位 | 年耗量 | 折标系数 | | 综合能耗 | |
|---|---|---|---|---|---|---|
| | | | 等价 | 当量 | 等价 | 当量 |
| 煤粉 | t | 75600 | 0.8286 | 0.8286 | 62642.2 | 62642.2 |
| 电 | 万 kWh/a | 6528 | 3.3 | 1.229 | 21542.4 | 8022.9 |
| 外购蒸汽（1.6MPa） | t/a | 93600 | 0.1083 | 0.0953 | 10136.9 | 8920.1 |
| 外购蒸汽（0.4MPa） | t/a | 108000 | 0.1061 | 0.0934 | 11458.8 | 10087.2 |
| 新水 | 万 m³/a | 230.598 | 0.857 | —— | 197.6 | |
| 购入合计 | | | | | 105977.86 | 89672.352 |
| 供出蒸汽（0.15MPa） | t/a | 187200 | 0.1064 | 0.0936 | 19918.1 | 17521.9 |
| 项目综合能耗合计 | | | | | 86059.8 | 72150.4 |

注：电力折标系数当量值取 1.229kgce/kWh，等价值取 3.3kgce/kWh；蒸汽折标按压力等级查焓值表计算，煤粉发热值按可研报告中 5800 大卡计算。

从上表可以看出，项目综合能源消费扣除项目余热回收蒸汽折标煤后，项目综合能耗当量值为×××××吨标准煤，等价值为×××××吨标准煤。

#### 5.1.2　项目能源消费量评估

该 10 万吨/年蜜胺联产 60 万吨/年硝基复合肥资源综合利用循环经济项目。预计消耗外购电力×××万 kWh，煤粉××××吨、蒸汽××××吨，结合项目节能评估人员对同类行业能耗消耗量的了解和项目设计主要用能设备的负荷情况，及余热锅炉系统回收蒸汽的产能，运行时间，进行推算可以确认，该项目可研中设计的年能源消耗数据合理。

## 5.1.3 项目能源消费实物平衡表

**表5-2 企业能源消费实物平衡表**

| 序号 | 项目 | 企业购入能源 | | | | | 产出能源及耗能工质 | | |
|---|---|---|---|---|---|---|---|---|---|
| | | 电力 | 原煤 | 1.6MPa蒸汽 | 0.4MPa蒸汽 | 新水 | 2.2MPa蒸汽 | 0.15MPa蒸汽 | 循环水 |
| 1 | 能源品种 | 电力 | 原煤 | 1.6MPa蒸汽 | 0.4MPa蒸汽 | 新水 | 2.2MPa蒸汽 | 0.15MPa蒸汽 | 循环水 |
| 2 | 计量单位 | 万kW·h | T | t | t | 万m³ | t | t | 万m³ |
| 3 | 企业期初库存 | | | | | | | | |
| 4 | 企业期内购入 | 6528 | 75600 | 93600 | 108000 | 230.598 | | | |
| 5 | 企业期内输出 | — | | | | | | 187200 | |
| 6 | 企业期末库存 | — | | | | | | | |
| 7 | 期内企业净消费量（Obj） | 6528 | 75600 | 93600 | 108000 | 230.598 | | −187200 | |
| 8 | 折算标准煤系数（当量） | 1.229 | 0.8286 | 0.0953 | 0.0934 | | | 0.0936 | |
| 9 | 净消费标准煤量（Orj） | 8022.9 | 62642.2 | 8920.1 | 10087.2 | | | −17521.9 | |
| 10 | 折算标准煤系数（等价） | 3.3 | 0.8286 | 0.1083 | 0.1061 | 0.857 | | 0.1064 | |
| 11 | 净消费标准煤量（Orj） | 21542.4 | 62642.2 | 10136.9 | 11458.8 | 197.6 | | −19918.1 | |
| 12 | 二次能源转换生产： | | | | | | | | |
| 13 | 深井泵房 | | | | | | | | |
| 14 | 循环泵房 | −337.55 | | | | | | | 2482 |
| 15 | 转换实物产生总计 | −337.55 | | | | | | | 2482 |
| 16 | 终端消费总计实物量 | −6190.45 | −75600 | −93600 | −108000 | −230.598 | | | −2482 |
| 17 | 生产系统能源消费 | | | | | | | | |
| 18 | 密胺车间 | −5972.58 | | | | −1.008 | (74880) | (187200) | −202 |
| 19 | 硝基复合肥车间 | −217.87 | | | | −229.59 | | | −2280 |
| 21 | 合　计 | −6190.45 | −75600 | −93600 | −108000 | −230.598 | 74880 | 187200 | −2482 |

企业综合能耗：72150.4 吨标准煤（EZZ）当量值，第 9 行全部数据之代数和；86059.8 吨标准煤（EZZ）等价值，第 11 行全部数据之代数和。

注：可研报告中未提供深井泵和循环水泵型号，此处参照常用型号循环水吨水电耗统计计算值 0.136kWh/m³ 近似计算。

### 5.1.4 能源加工、转换、利用情况分析评估

1. 项目能源加工转换系统简述

项目用新水由园区供水站集中供应自来水，从供水站新建一条主干管供给厂区生产、生活及消防用水、脱硫系统用新水，厂区内消防给水与生产、生活给水系统分开敷设，消防给水为独立系统。厂区给水管网呈环状布置，沿道路埋地敷设，在建筑物前设接口，然后按建筑物的用水量接支管进入室内。

2. 项目能源加工转换系统能源消耗量和转换产出量

参照其他企业同型号循环水泵吨水电耗统计计算值 0.136kWh/m³，循环水量 2482 万 m³，耗电 337.55 万 kWh。其中蜜胺系统耗循环水量 202 万 m³，硝基复合肥系统耗循环水量为 2280 万 m³。

3. 项目能源转换产出耗能工质利用情况分析评估

该项目年耗新水量为 230.598 万 m³，循环水为 2482 万 m³，单位产品新水耗和循环水单耗处于行业较低水平。

## 5.2 能评后项目能源利用情况

项目能评后，项目能源消费总量不变，主要是把可研报告中，各种能源的折标系数和耗能工质的等价当量折标系数进行了重新查表计算，循环水系统耗电已计入系统综合能耗，因此不能把循环水折标后计入综合能耗，可研报告中产品综合能耗部分重复计算，本次评估按《综合能耗计算通则》国家标准的要求重新进行计算。本次能评对产品产量和工序能耗进行了物料和能源平衡计算，从而核定计算工序能耗的分母产品工序能耗的合理性。

### 5.2.1 项目产品产量的核定

蜜胺联产硝基复合肥总物料衡算见表 5-3，蜜胺联产硝基复合肥物料平衡框图详见图 5-1。

表 5-3 蜜胺联产硝基复合肥物总的物料衡算

| 项目名称 | 入方 | | | 出方 | | |
|---|---|---|---|---|---|---|
| | 物料名称 | 单耗（kg/t） | 年耗（wt/a） | 物料名称 | 出料（kg/t） | 年出料（wt/a） |
| 蜜胺 | 尿素 | 3014 | 30.140 | 蜜胺产品 | | 10 |
| | 氨 | 159 | 1.590 | 蜜胺尾气 | 2014 | 20.14 |
| | 催化剂 | 5 | 0.050 | 粉尘 | 16.4 | 1.64 |
| | 合计 | | 31.78 | 合计 | | 31.78 |
| 硝基复合肥 | 氨气 | 161.7 | 9.7 | 硝基复合肥产品 | 1000 | 60 |
| | 硝酸 | 605 | 36.3 | | | |
| | 磷酸一铵 | 100 | 6 | | | |
| | 硫酸钾 | 80 | 4.8 | | | |
| | 防爆剂、添加剂 | 53.3 | 3.2 | | | |
| | 二氧化碳 | | 10.44 | 二氧化碳 | | 10.44 |
| | 合计 | 1000 | 70.44 | 合计 | 1000 | 70.44 |

注：蜜胺以 kg/t 指每吨蜜胺产品，硝基复合肥以 kg/t 指每吨硝基复合肥产品。

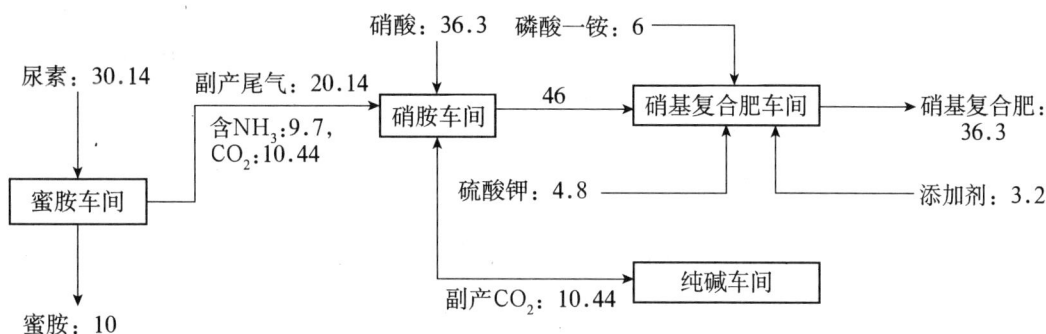

**图5-1 蜜胺联产硝基复合肥物料平衡框图**（单位：万吨/率）

### 5.2.1 项目工序单位产品综合能耗计算

1. 产品能耗指标计算

由以上工序能耗的分析计算，项目主要工序单位产品能耗如表5-4、表5-5。

项目密胺能耗单位产品综合能耗×××千克标煤/吨；硝基复合肥单位产品综合能耗×××千克标煤/吨。

表5-4　　　　　　　　　　密胺产品能源消耗表

| 序号 | 项　　目 | 实物单位 | 标煤单位 | 当量值折标煤系数（t-ce） | 单位产品用量 | 年耗量 | 折标煤（t-ce） |
|---|---|---|---|---|---|---|---|
| 1 | 电力 | $10^4$kWh | tce | 1.229 | 600（kWh/t） | 6000 | 7374 |
| 2 | 煤 | t | tce | 0.8286 | | 75600 | 62642.16 |
| 3 | 蒸汽（0.15MPa） | t | tce | 0.036 | -1.872（t/t） | -187200 | -17521.92 |
| 4 | 年总需要折标煤 | tce | tce | | | | 52494.24 |
| 5 | 单位产品综合能耗 | | | 524.94kgce/t | | | |

表5-5　　　　　　　　　　硝基复合肥产品能源消耗表

| 序号 | 项　　目 | 实物单位 | 标煤单位 | 当量值折标煤系数（t-ce） | 单位产品用量 | 年耗量 | 折标煤（t-ce） |
|---|---|---|---|---|---|---|---|
| 1 | 电力 | $10^4$kWh | tce | 1.229 | 8.8（kWh/t） | 528 | 648.912 |
| 2 | 蒸汽（1.6MPa） | t | tce | 0.0953 | 0.156（t/t） | 93600 | 8920.08 |
| 3 | 蒸汽（0.4MPa） | t | tce | 0.0934 | 0.18（t/t） | 108000 | 10087.2 |
| 4 | 年总需要折标煤 | tce | tce | | | | 19656.192 |
| 5 | 单位产品综合能耗 | | | 32.76kgce/t | | | |

由上计算分析，该项目主要工序能耗如表5-6所示。

表 5 – 6                                       工序产品能源单耗汇总表

| 序号 | 产品 | 名称 | 数值 | 备注 |
|------|------|------|------|------|
| 1 | 密胺产品 | 单位产品综合能耗（kgce/t） | 524.94 | 产量为 100000t |
| 2 | 硝基复合肥产品 | 单位产品综合能耗（kgce/t） | 32.76 | 产量为 600000t |

**2. 单位工业增加值能耗计算**

根据项目相关资料的生产数据和能耗统计资料测算，项目综合能耗折合标煤量等价值为 86059.8 吨，当量值为 72150.4 吨，项目综合能耗和单位产品能耗参见表 5 – 7。

表 5 – 7                                       项目工业增加值能耗表

| 序号 | 主要项目 | 单位 | 主要数据 | 备注 |
|------|---------|------|---------|------|
| 1 | 年综合能耗 | tce/a | 86059.8 | |
| 2 | 总产值 | 万元/a | 252000 | |
| 3 | 工业增加值 | 万元/a | 70588 | |
| 4 | 单位工业产值能耗 | tce/万元 | 0.342 | |
| 5 | 单位工业增加值能耗 | tce/万元 | 1.219 | |

注：1. 国家节能中心节能评估指南规定用等价值；
　　2. 根据项目可研数据并结合项目实际情况计算。

## 5.3　本章评估小结

通过测算项目综合能源消费量，项目年综合能耗当量折标为×××××吨标准煤，等价值折标为 86059.8 吨标准煤，单位工业增加值能耗 1.219tce/万元。核算了综合能源消耗量和加工转换系统能源消费量，对企业能源流向建立了能源平衡表，分析项目能源购入存储、加工、转换、输送分配、终端使用的情况。并进行了原料平衡计算，蜜胺尾气 20.14 万吨全部回收利用，生产硝铵溶液，综合利用水平较高。

# 第六章　项目能源消费及能效水平评估

## 6.1　项目对所在地能源消费增量的影响评估

本项目建成后，年消耗电力×××万 kWh、煤××××t、外购蒸汽××万 t，园区供新水×××万 m³。项目在用能和原材料选择上集中了当地化工园区能源供应充足的优势，一定程度上支持当地电网的发展。

本项目属重点耗能产业项目，本项目新增用电占用了 2010 年全×××市全社会用电量×××亿千瓦时 0.58%，整体影响较小。但项目符合国家产业政策，符合地区产业发展方向和定位，可为本地区带来的就业、税收、市场消费拉动、产业延伸带动等效应，对当地有一定的社会贡献，应纳入当地的能耗总体控量。但电力供应及用电负荷平衡问题，需由供电部门提前作规划研究安排。

根据统计年鉴，2010 年××市综合能源消耗总量为××××万吨标准煤，全市地区生产总值（GDP）为×××亿元，GDP 能耗为×××tce/万元；依据××市"十二五"规划万元 GDP 能耗降低 18% 的节能目标，据此推导出××市"十二五"末 GDP 能耗目标为 0.7339tce/万元，根据××市发展改革委制定的《××市"十二五"国民经济和社会发展规划》，2015 年全市生产总值将达到×××亿元，年均增长 15.0%。"十二五"期间的能源消费增量应控制在×××万吨标准煤左右。

目前××市"十二五"期间已审批项目的能源增量约为×××万吨标准煤，"十二五"期间居民生活的刚性需求量约为×××万吨标准煤，能评后项目的新增综合能耗等价值为 86059.81 吨标准煤。因此，该项目新增能源消费量占所在地"十二五"能源消费增量控制数的百分比为：

$$m = \frac{项目新增能源消费量}{地区增量 - 已审批增量 - 居民刚性需求量} \times 100\% = \frac{8.606}{944.565 - 300 - 100} \times 100\% = 1.58\%$$

项目新增能源消费量占所在地"十二五"能源消费增量控制数比例 m 为 1.58%，根据国家节能中心制定的指标评价体系，$1 < m \leqslant 3$ 时为有一定影响。因此，从项目新增能源消费量的角度分析，该项目对××市能源消费增量控制数有一定影响。

### 6.2 项目对所在地完成节能目标的影响评估

该项目能评后的年综合能耗等价值为××××吨标准煤，年工业增加值为×××××万元。则该项目实施后对××"十二五"影响程度可按下式计算，进行定量分析：

$$n = [(a+d)/(b+e) - c]/c$$

式中：

n：项目增加值能耗影响所在地单位 GDP 能耗的比例；

a：2010 年项目所在地能源消费总量（吨标准煤）；

b：2010 年项目所在地 GDP（万元）；

c：2010 年项目所在地单位 GDP 能耗；

d：项目年综合能源消费量（等价值）（吨标准煤）；

e：项目年增加值（万元）。

$$n = [(1000.27 + 8.5606)/(1117.62 + 7.0588) - 0.895]/0.895$$
$$= 0.227\%$$

根据国家节能中心制定的指标评价体系，$0.1 < n \leqslant 0.3$ 时为有一定影响。因此，可判定该项目对××市完成节能目标的有一定影响。见表 6-1。

以工业企业项目来比较，本项目工业增加值能耗为××吨标准煤/万元，优于××市 2010 年工业增加值能耗××吨标准煤/万元水平。对××市完成"十二五"节能目标的有没有太大影响。

表 6 - 1 　　　　　　　　　　节能目标影响评价指标表

| 项目新增能源消费量占所在地"十二五"能源消费增量控制数比例（m%） | 项目增加值能耗影响所在地单位 GDP 能耗的比例（n%） | 影响程度 |
| --- | --- | --- |
| m≤1 | n≤0.1 | 影响较小 |
| 1＜m≤3 | 0.1＜n≤0.3 | 一定影响 |
| 3＜m≤10 | 0.3＜n≤1 | 较大影响 |
| 10＜m≤20 | 1＜n≤3.5 | 重大影响 |
| m＞20 | n＞3.5 | 决定性影响 |

## 6.3　项目能源供应条件及落实情况

×××是××乃至××地区重要的交通枢纽，形成了以高等级公路为主骨架，公路、铁路、水路并举的交通网络。

×××河为境内主要水运航道，为二级航道，南至×××。本项目厂址区域内×××河、××河、××河、××河、××灌溉总渠形成东西南北四通发达的水运网络。其中××河为六级航道，南接×××、北通×××河，是连接矿区和城区的主要水运航道。

××高速及××高速公路南北纵贯全境；××高速公路、××高速呈东西贯穿全境。本项目厂址区域内有××高速公路和××高速公路等。

××铁路贯穿全境，北通××、南达×××。本项目厂址区域内铁路有×××货运站。

（1）本项目用尿素由市场供给。

（2）本项目用硝酸由×××公司供给或外购。

（3）××××××有限公司热电站可以满足本项目用汽要求。

（4）××××××有限公司自建的变电站现有供电负荷设施，满足本项目设备新增容量电气负荷要求。

（5）本项目生活用水取自园区供水管网；本项目生产水源采用×××河河水。××地区地下水丰富、水源充足，可满足本项目用水的需要。

（6）燃料供应：本项目熔盐炉年需要×××大卡煤粉××××吨。本项目暂选用×××地区煤粉，由×××船运，供应条件充足。

## 6.4　项目能效水平评估

该项目的产品属化工产品，目前除了合成氨系统外，没有相关的产品能耗限额指标和行业能耗限额指标。因此我们取同行业不同工艺系统的能耗进行类比分析，以确定该项目的能效水平。

通过下表分析，本项目密胺单位产品电耗、蒸汽耗、冷却水耗、尿素耗指标处于行业先进水平，单位产品蜜胺综合能耗 525kgce/t，行业最低。

| 表6-2 | | 蜜胺产品能耗指标比较表 | | | |
|---|---|---|---|---|---|
| 能耗指标 | 单位 | 本项目指标 | ××联合 | ××大化 | ×××化 |
| 单位产品电耗 | kWh/t | 600 | 1200 | 680.0 | 1550 |
| 单位产品蒸汽耗 | t/t | -2.62 | 8 | 12.70 | 0.0 |
| 单位产品冷却水耗 | t/t | 20.16 | 400 | 900 | 30 |
| 单位产品尿素耗 | t/t | 3.01 | 3.35 | 3.25 | 3.05 |
| 单位产品氨耗 | t/t | 0.16 | 0.3 | 0.52 | 0.15 |
| 单位产品蜜胺综合能耗 | tce/t | 0.525 | 1.36 | 1.7 | 0.64 |

蜜胺单位产品综合能耗对比图。（略）

由于国内硝基复合肥的生产企业较少，总部×××为主要生产厂家，并且厂家之间硝基复合肥的养分不同，因此数据没有可比性，因此没有类比分析。

## 6.5 本章评估小结

综上所述，该项目消费的外购能源主要是煤粉、蒸汽和电力。项目新增综合能耗等价值为×××吨标准煤。占所在地"十二五"能源消费增量的比例为0.8%（其中新增用电占2010年全×××市全社会用电量×××亿千瓦时的0.58%），所占例较低，影响很小。其中电力方面充分利用了企业现有高压配电系统的富余容量，不需新增高压供电线路和配电系统，提高了电网系统的效率，新增用电负荷占淮安电网用电负荷0.54%，对×××电网无太大影响。本项目工业增加值能耗为××tce/万元，优于×××市工业增加值能耗约束性指标。在能效水平方面，通过分析比较，该项目的单位产品综合能耗均达到国内先进水平。

# 第七章 存在问题及建议

通过对可研报告的审查，可以看出，该报告在方案设计中对能源品种选择的合理性、能源供应保障情况、能耗指标的先进性、主要工艺流程采取的节能新工艺、新技术，主要工艺设备的能效指标、主要耗能设备的热效率、余热余能的回收利用、供、变电系统的能效指标和节能措施，泵类、风机等通用机械设备的能效指标、节能建筑设备与产品的采用、资源综合利用及其他能耗和节能措施等进行了较为详细的分析并进行了合理选用。使得项目实施后，企业的各项能耗指标均可达到目前国内先进水平，但还有一定的不足。

一、存在问题

（1）能源消耗，特别是电力消耗的负荷计算与能耗指标的关系不够细化。

（2）部分数据前后缺乏关联性。

（3）对新增的一次水处理装置及循环水装置设计方案不够细化。

（4）煤粉的性质表述不清，折标系数与实际发热量不符，未按国标《综合能耗计算通则》规定计算。

**二、改进建议**

（1）进一步细化能源消耗负荷计算过程。

（2）对新增的一次水处理装置及循环水装置设计方案进一步细化，包括设备配置、管线、土建等。

（3）可研报告编制单位对报告中全部数据进行准确的核算。

# 第八章　结　论

**一、评估结论**

通过对×××××有限公司10万吨/年蜜胺联产60万吨/年硝基复合肥资源综合利用项目的工艺技术、用能状况系统分析的基础上，现作出如下评估意见：

（1）项目能源消耗主要为电力、煤粉、蒸汽及新水。项目建成后，在预期规模下，电力年消耗量×××万kWh；蒸汽年消耗量××××吨；煤粉消耗量为×××吨，新水消耗量为××万立方米。项目综合能源消费扣除项目余热回收蒸汽折标煤后，全年综合能耗为××××吨标煤（当量）、等价值为××××吨标准煤。单位产品新水耗为××m³/t，水循环利用率为95%。

（2）该项目的耗能结构能够结合本地能源供应状况合理选择，定额计算符合用能设计规范，体现了以合理用能、保护环境为重点，以降低能耗为目标的清洁生产的原则。

（3）该建设项目的蜜胺产品符合国家2005年以来颁布的《产业结构调整指导目录》将"采用先进工艺技术的大型基本有机化工原料的生产"列为鼓励类的产业结构调整政策；硝基复合肥产品符合国家2011年颁布的《产业结构调整指导目录》将发展"优质钾肥及各种专用肥、缓控释肥的生产，氮肥企业节能减排和原料结构调整"的产业结构调整政策和"高浓度化肥比重提高到80%；在原料产地生产的化肥比重提高到60%，生产成本大幅下降，化肥储备基本满足市场调控需要"的石化行业发展规划。

（4）本项目在消化国内外先进工艺技术的基础上，推荐工艺技术路线为：以尿素为原料，采用节能节资型（第三代）气相淬冷技术工艺生产蜜胺；用×××有限责任公司开发的硝酸与蜜胺尾气常压中和生产硝铵，防爆新型高塔造粒的硝基复合肥生产工艺生产硝基复合肥。生产工艺在装置投资、产品能耗等方面指标具有国内较好水平。所用技术国内有现生产实用或相近工艺生产装置，技术可靠性高；工艺适应性强；产品生产成本较低，具有较好的经济效益、积极的社会效益。

（5）通过主要设备和生产工艺的评估计算，该项目单位产品蜜胺综合能耗预计为××××kgce/t，单位产品硝基复合肥综合能耗预计为××kgce/t，在同行业中处于领先水平，该工艺方案达到国内先进水平。

（6）项目建成后预计产值能耗为××tce/万元，工业增加值能耗为××tce/万元，略低于××市2010年工业增加值能耗××tce/万元水平，但高于2010年GDP能耗×

×tce/万元水平，项目增加值能耗影响所在地单位 GDP 能耗的比例 n 为 0.158%，对××市完成"十二五"节能目标的有一定影响。

（7）该项目设计符合国家《产业结构调整指导目录》（2011 年本）、《中国节能技术政策大纲》和行业节能设计规范等要求，没有选用国家和省已公布淘汰的用能设备以及国家和省产业政策限制内的产业序列和规模容量或行业已公布限制（或禁止）的工艺。

（8）本项目位于×××工业园化工区内，水陆交通运输方便，供电、供水、供热等外部条件较好。项目布置合理，企业现有供电负荷设施，满足本项目设备新增容量电气负荷要求。

（9）本项目通过采用经济合理的工艺技术方案、高效节能的生产设备、工艺过程计算机控制技术，主要节能措施为：生产工艺采用常压中和法的硝铵生产节能工艺、"节能节资型气相淬冷法"蜜胺生产装置、改善流化床反应器的反应条件，减少能耗；余热余能回收利用副产蒸汽，优化换热流程提高热能的回收和利用率；供配电系统选用新型节能型变压器和高效电动机、采用动态谐波抑制及无功功率补偿综合节能技术；采取节水技术，提高水循环利用率；采用绿色照明1、以熔融尿素为原料综合利用等，使蜜胺单位产品电耗为 600kWh/t，蒸汽耗为 -0.5t/t，与第二代技术（电耗为 1550kWh/t，蒸汽耗为 0.3t/t），相比节约电力×××kWh/t，节约蒸汽××t/t，以项目年蜜胺 10 万吨生产能力计算。年可节约标准煤××××tce，价值人民币×××万元。

（10）项目建设采用的节能措施符合国家的节能政策，并且节能措施切实可行，项目将取得预期节能效果。项目实施可为本地区带来就业、税收、市场消费拉动、产业延伸带动等多项效益等，应纳入当地能消费增量范围。

（11）该项目在建筑设计上严格执行了国家及行业有关建筑节能设计标准，符合《办法》第四章第七条第（五）款即单项节能工程项目和民用建筑能耗指标符合国家和地方有关标准的要求。

综上所述，该项目采用蜜胺联产硝基复合肥生产工艺，技术先进，节约能源，降低成本，从合理用能方面是可行的，符合可持续发展的方针。对改善××市××县的投资环境，推动经济发展是非常必要的，符合国家的产业发展政策和有关技术规定，能耗指标与同行业相比处于较为领先的水平，符合我国化工行业能源利用状况和国家行业政策要求。符合××省内外蜜胺、硝基复合肥现实需要和发展的要求。具有显著的经济效益、节能效益和环保效益。建议通过对该项目的评估。

二、评估建议

（1）蒸汽的能量梯级利用方面，目前可研方采用的是减压减温装置来产生工艺需要的低压蒸汽，建议采用蒸汽抽射式热泵技术利用高温高压蒸汽和回收的工艺冷凝水来生产工艺需要的低压蒸汽，减少高压蒸汽的火用值损失，提高能源利用效率。

（2）管理节能措施。本项目节能篇章中缺少诸如节能管理制度、能源管理机构及人员的配备、能源统计、监测及计量仪器仪表的配置等管理节能措施的描述，建议对此进行补充完善。

（3）对新增的一次水处理装置及循环水装置设计方案进一步细化，包括设备配置、管线、土建等。

（4）可研报告编制单位对报告中全部数据进行准确的核算。

**附录1　项目区域交通位置图（略）**

**附录2　能源计量器具配备表**

表（水、电、煤、蒸汽）能源计量器具配备表

| 管理编号 | 计量表名称 | 型号规格 | 级别 | 能源种类 | 准确度等级 | 测量范围 | 安装地点 |
|---|---|---|---|---|---|---|---|
| 1 | 涡街流量计 | LUG－32/40/50/80/100 | | 水 | 1.0 | 1～200（m³/h） | 需要计量及控制水的流量的管道 |
| 2 | 电度表 | DD862/DD862－2/DD862－4 | | 电 | 0.2 | 220～380（V） | 需要计量用电的位置 |
| 3 | 差压流量计 | GY-VIOF | | 蒸汽 | 0.2 | 0.1～10000（m³/h） | 需要计量用蒸汽的管道 |
| 4 | 皮带秤 | YT-ICS-20B | | 煤 | 0.5 | 1～6000（t/h） | 输送煤的皮带下 |

**附录3　项目总平面布置图（略）**

**附录4　主要设备及附助设备表**

蜜胺主要设备一览表

| 序号 | 设备名称 | 型号/规格 | 主体材质 | 数量 | 备注 |
|---|---|---|---|---|---|
| 1 | 熔盐炉 | Φ5500×20000，热功率40705kW | 碳钢/合金钢 | 1套 | |
| 2 | 载气压缩机 | Q＝120000Nm³/h，Pi＝0.6MPa，Po＝0.8MPa | 合金钢/组合体 | 1套 | |
| 3 | 冷气风机 | Q＝647000Nm³/h，Pi＝0.6MPa，Po＝0.65MPa | 合金钢组合件 | 1套 | |
| 4 | 上段空气冷却器 | Q＝9000kW，F＝2010m²　工况冷凝温度148℃ | 碳钢/组合件 | 2台 | |
| 5 | 下段空气冷却器 | Q＝12000kW，F＝3278m²　工况冷凝温度120℃ | 碳钢/组合件 | 2台 | |
| 6 | 载气预热器 | Φ2000×8200，F＝1000m² | 碳钢/不锈钢 | 1台 | |
| 7 | 热气冷却器 | Φ2000/2800×8000，Lo＝13500，Ho＝4350，F＝1100m² | 碳钢 | 2台 | |
| 8 | 道生冷凝器 | Φ1600×4500，Lo＝5830，F＝360m² | 碳钢 | 1台 | |
| 9 | 液氨蒸发器 | 2×Φ800×4800，Lo＝5166，F＝26×2m² | 碳钢 | 1台 | |
| 10 | 反应器 | Φ8000×19000，Lo＝26100 | 不锈钢/碳钢 | 1台 | |
| 11 | 尿素洗涤塔 | Φ4000/Φ3500/Φ3200 | 不锈钢/碳钢 | 1台 | |

续表

| 序号 | 设备名称 | 型号/规格 | 主体材质 | 数量 | 备注 |
|------|----------|-----------|----------|------|------|
| 12 | 道生液贮罐 | Φ3500×4500 | 碳钢 | 1台 | |
| 13 | 汽水分离器 | Φ1800×3600 | 碳钢 | 1台 | |
| 14 | 反吹气贮罐 | Φ1800×7000 | 碳钢 | 1台 | |
| 15 | 成品贮仓 | Φ5500×8000 | 不锈钢 | 2台 | |
| 16 | 熔盐贮槽 | Φ4000×12000 | 不锈钢 | 1台 | |
| 17 | 氨气贮罐 | Φ3600×4200 | 碳钢 | 1台 | |
| 18 | 冷凝水贮罐 | Φ3000×4600 | 碳钢 | 1台 | |
| 19 | 冷气除沫器 | Φ4600×11000 | 不锈钢 | 1台 | |
| 20 | 结晶器 | Φ6500/Φ7000×15000 | 不锈钢/碳钢 | 1台 | |
| 21 | 蜜胺捕集器 | Φ5400/5600×20000 | 不锈钢/碳钢 | 1台 | |
| 22 | 热气过滤器 | Φ4800/Φ5000×6000，$H_0=12300$，$V=241m^3$，$F=500m^2$ | 不锈钢/碳钢 | 4台 | |
| 23 | 大包装机 | 总耗电量9.0kW | 不锈钢 | 2套 | |
| 24 | 小包装机 | 总耗电量21kW | 不锈钢 | 4套 | |
| 25 | 液尿给料泵 | $Q=60m^3/h$，$H=39m$ | 316L | 2台 | |
| 26 | 液尿循环泵 | $Q=1600m^3/h$，$H=120m$ | 316L | 2台 | |
| 27 | 罗茨风机 | $Q=2000m^3/h$，静压差$=5500Pa$ | 组合件 | 2台 | |
| 28 | 熔盐泵 | $Q=1600m^3/h$，$H=40m$ | 304不锈钢 | 2台 | |
| 29 | 冷凝水泵 | $Q=30m^3/h$，P出$=3.0MPa$（a） | 304不锈钢 | 2台 | |
| 30 | 电动葫芦 | 起吊重量3T，起吊高度30m | 组合件 | 1台 | |

### 硝基复肥装置主要设备一览表

| 序号 | 设备名称 | 数量 | 材质 | 型号/规格 |
|------|----------|------|------|-----------|
| 1 | 造粒塔 | 1套 | 组合件 | $\varphi19200*100m$ |
| 2 | 中和器 | 1台 | 304L | $\varphi900/3000×12×9200$ |
| 3 | 一段蒸发器 | 1台 | 304L | $\varphi1000×12×8615/251-\varphi45×2.5×5000$ |
| 4 | 二段蒸发器 | 1台 | 304L/Q345R | $\varphi1200/1400×12/16×9145$ |
| 5 | 一蒸冷凝器 | 1台 | 304 | |
| 6 | 一蒸闪蒸槽 | 1台 | 304L | $\Phi1600H=3500V=6.9m^3$ |
| 7 | 一蒸分离器 | 1台 | 304 | $\Phi1600×5300V=9.25m^3$ |
| 8 | 空气预热器 | 1台 | 304L | $4350*1580*1200$，翅片管$\Phi25×2.5F=1273m^2$ |
| 9 | 一蒸喷射器 | 1台 | 304 | |
| 10 | 喷射冷凝器 | 1台 | 304 | 蒸发冷 |
| 11 | 中和汽水冷器 | 1台 | 304 | 蒸发冷 |
| 12 | 空气鼓风机 | 2台 | 20 | $Q=7265m^3/h$　$P=4000kPa$　旋向R90，YB160L-4　$P=15kw$ |
| 13 | 稀硝铵泵 | 2台 | 304 | $Q=30m^3/h$　$H=35m$ |
| 14 | 熔融硝铵泵 | 2台 | 304 | $Q=30m^3/h$　$H=28m$　YB132S2-2W-7.5Kw　$G=615kg$ |

| 序号 | 设备名称 | 数量 | 材质 | 型号/规格 |
|------|----------|------|------|-----------|
| 15 | 中和液泵 | 2台 | 304 | $Q = 30m^3/h \quad H = 40m$ |
| 16 | 硝铵槽 | 1台 | 304 | $Q = 20m^3/h \quad H = 27m$ |
| 17 | 中和液槽 | 1台 | 304 | $\Phi 4000 \times 3600 \quad V = 45m^3$ |
| 18 | 氨蒸发器 | 1台 | Q345R | $\varphi 1400 \times 18 \times 6043$ |
| 19 | 气氨过热器 | 1台 | Q345R | $\varphi 400 \times 8 \times 3095/106 - \varphi 25 \times 2 \times 2000$ |
| 20 | 冷凝液贮槽 | 1台 | 304 | $\Phi 4000 \times 3600 V = 45m^3$ |
| 21 | 尾气洗涤塔 | 1台 | Q345R/304 | $\Phi 1200$ |
| 22 | 液氨贮槽 | 1台 | Q345R | $\varphi 2800 \times 26 \times 16732$ |
| 23 | 产品结晶冷却输送包装 | 1套 | 组合件 | 皮带运输机（包装）B400L = 8000 |

# 各种能源折标准煤参考系数

| 能源名称 | 平均低位发热量 | 折标准煤系数 |
| --- | --- | --- |
| 原煤 | 20 908 千焦/（5 000 千卡）/千克 | 0.714 3 千克标准煤/千克 |
| 洗精煤 | 26 344 千焦/（6 300 千卡）/千克 | 0.900 0 千克标准煤/千克 |
| 其他洗煤 | | |
| 　洗中煤 | 8 363 千焦/（2 000 千卡）/千克 | 0.285 7 千克标准煤/千克 |
| 　煤泥 | 8 363～12 545 千焦/（2 000～3 000 千卡）/千克 | 0.285 7～0.428 6 千克标准煤/千克 |
| 焦炭 | 28 435 千焦/（6 800 千卡）/千克 | 0.971 4 千克标准煤/千克 |
| 原油 | 41 816 千焦/（10 000 千卡）/千克 | 1.428 6 千克标准煤/千克 |
| 燃料油 | 41 816 千焦/（10 000 千卡）/千克 | 1.428 6 千克标准煤/千克 |
| 汽油 | 43 070 千焦/（10 300 千卡）/千克 | 1.471 4 千克标准煤/千克 |
| 煤油 | 43 070 千焦/（10 300 千卡）/千克 | 1.471 4 千克标准煤/千克 |
| 柴油 | 42 652 千焦/（10 200 千卡）/千克 | 1.457 1 千克标准煤/千克 |
| 液化石油气 | 50 179 千焦/（12 000 千卡）/千克 | 1.714 3 千克标准煤/千克 |
| 炼厂干气 | 46 055 千焦/（11 000 千卡）/千克 | 1.571 4 千克标准煤/千克 |
| 天然气 | 38 931 千焦/（9 310 千卡）/千克 | 1.330 0 千克标准煤/立方米 |
| 焦炉煤气 | 16 726～17 981 千焦/（4 000～4 300 千卡）/立方米 | 0.571 4～0.614 3 千克标准煤/立方米 |
| 其他煤气 | | |
| 　发生炉煤气 | 5 227 千焦/（1 250 千卡）/立方米 | 0.178 6 千克标准煤/立方米 |
| 　重油催化裂解煤气 | 19 235 千焦/（4 600 千卡）/立方米 | 0.657 1 千克标准煤/立方米 |
| 　重油热裂解煤气 | 35 544 千焦/（8 500 千卡）/立方米 | 1.214 3 千克标准煤/立方米 |
| 　焦炭制气 | 16 308 千焦/（3 900 千卡）/立方米 | 0.557 1 千克标准煤/立方米 |
| 　压力气化煤气 | 15 054 千焦/（3 600 千卡）/立方米 | 0.514 3 千克标准煤/立方米 |
| 　水煤气 | 10 454 千焦/（2 500 千卡）/立方米 | 0.357 1 千克标准煤/立方米 |
| 煤焦油 | 33 453 千焦/（8 000 千卡）/千克 | 1.142 9 千克标准煤/千克 |
| 粗苯 | 41 816 千焦/（10 000 千卡）/千克 | 1.428 6 千克标准煤/千克 |
| 热力（当量） | | 0.034 12 千克标准煤/百万焦耳（0.142 86 千克标准煤/1 000 千卡） |
| 电力（当量） | 3 600 千焦/（860 千卡）/千瓦小时 | 0.122 9 千克标准煤/千瓦小时 |

续表

| 能源名称 | 平均低位发热量 | 折标准煤系数 |
|---|---|---|
| （等价）<br>生物质能 | 按当年火电发电标准煤耗计算 | |
| 人粪 | 18 817 千焦/（4 500 千卡）/千克 | 0.643 千克标准煤/千克 |
| 牛粪 | 13 799 千焦/（3 300 千卡）/千克 | 0.417 千克标准煤/千克 |
| 猪粪 | 12 545 千焦/（3 000 千卡）/千克 | 0.429 千克标准煤/千克 |
| 羊、驴、马、骡粪 | 15 472 千焦/（3 700 千卡）/千克 | 0.529 千克标准煤/千克 |
| 鸡粪 | 18 817 千焦/（4 500 千卡）/千克 | 0.643 千克标准煤/千克 |
| 大豆秆、棉花秆 | 15 890 千焦/（3 800 千卡）/千克 | 0.543 千克标准煤/千克 |
| 稻秆 | 12 545 千焦/（3 000 千卡）/千克 | 0.429 千克标准煤/千克 |
| 麦秆 | 14 635 千焦/（3 500 千卡）/千克 | 0.500 千克标准煤/千克 |
| 玉米秆 | 15 472 千焦/（3 700 千卡）/千克 | 0.529 千克标准煤/千克 |
| 杂草 | 13 799 千焦/（3 300 千卡）/千克 | 0.471 千克标准煤/千克 |
| 树叶 | 14 635 千焦/（3 500 千卡）/千克 | 0.500 千克标准煤/千克 |
| 薪柴 | 16 726 千焦/（4 000 千卡）/千克 | 0.571 千克标准煤/千克 |
| 沼气 | 20 908 千焦/（5 000 千卡）/千克 | 0.714 千克标准煤/立方米 |

# 常用单位换算表

长度

| | | |
|---|---|---|
| 1 千米 (km) =0.621 英里 (mile) | 1 米 (m) =3.281 英尺 (ft)<br>=1.094 码 (yd) | 1 厘米 (cm) =0.394 英寸 (in) |
| 1 英里 (mile) =1.609 千米 (km) | 1 英尺 (ft) =0.3048 米 (m) | 1 英寸 (in) =2.54 厘米 (cm) |
| 1 海里 (n mile) =1.852 千米 (km) | 1 码 (yd) =0.9144 米 (m) | 1 英尺 (ft) =12 英寸 (in) |
| 1 码 (yd) =3 英尺 (ft) | 1 英里 (mile) =5280 英尺 (ft) | 1 海里 (n mile)<br>=1.1516 英里 (mile) |

质量

| | | |
|---|---|---|
| 1 吨 (t) =1000 千克 (kg) =2205 磅 (lb) =1.102 短吨 (sh. ton) =0.934 长吨 (long. ton) | 1 千克 (kg)<br>=2.205 磅 (lb) | 1 短吨 (sh. ton) =0.907 吨 (t)<br>=2000 磅 (1b) |
| 1 长吨 (long. ton) =1.016 吨 (t) | 1 磅 (lb)<br>=0.454 千克 (kg) | 1 盎司 (oz) =28.350 克 (g) |

密度

| | | |
|---|---|---|
| 1 千克/米$^3$ (kg/m$^3$)<br>=0.001 克/厘米$^3$ (g/cm$^3$)<br>=0.0624 磅/英尺$^3$ (lb/ft$^3$) | 1 磅/英尺$^3$ (lb/ft$^3$)<br>=16.02 千克/米$^3$ (kg/m$^3$) | 1 磅/英寸$^3$ (lb/in$^3$)<br>=27679.9 千克/米$^3$ (kg/m$^3$) |
| 1 磅/美加仑 (lb/gal)<br>=119.826 千克/米$^3$ (kg/m$^3$) | 1 磅/英加仑 (lb/gal)<br>=99.776 千克/米$^3$ (kg/m$^3$) | 1 磅/（石油）桶 (lb/bbl)<br>=2.853 千克/米$^3$ (kg/m$^3$) |
| 1 波美密度<br>=140/15.5℃时的比重 −130 | API 141.5/15.5℃时的比重<br>−131.5 | |

压力

| | | |
|---|---|---|
| 1 兆帕 (MPa) =145 磅/英寸$^2$ (psi)<br>=10.2 千克/厘米$^2$ (kg/cm$^2$)<br>=10 巴 (bar)<br>=9.8 大气压 (at m) | 1 磅/英寸$^2$ (psi)<br>=0.006895 兆帕 (MPa)<br>=0.0703 千克/厘米$^2$ (kg/cm$^2$)<br>=0.0689 巴 (bar)<br>=0.068 大气压 (at m) | 1 巴 (bar)<br>=0.1 兆帕 (MPa)<br>=14.503 磅/英寸$^2$ (psi)<br>=1.0197 千克/厘米$^2$<br>(kg/cm$^2$)<br>=0.987 大气压 (at m) |
| 1 大气压 (at m)<br>=0.101325 兆帕 (MPa)<br>=14.696 磅/英寸$^2$ (psi)<br>=1.0333 千克/厘米$^2$ (kg/cm$^2$)<br>=1.0133 巴 (bar) | | |

面积

| | | |
|---|---|---|
| 1 平方公里 (km$^2$)<br>=100 公顷 (ha)<br>=247.1 英亩 (acre)<br>=0.386 平方英里 (mile$^2$) | 1 平方米 (m$^2$)<br>=10.764 平方英尺 (ft$^2$) | 1 公亩 (acre)<br>=100 平方米 (m$^2$) |

续表

| 1 公顷（ha）<br>　=10000 平方米（$m^2$）<br>　=2.471 英亩（acre） | 1 平方英里（$mile^2$）<br>　=2.590 平方公里（$km^2$） | 1 英亩（acre）<br>　=0.4047 公顷（ha）<br>　=40.47 *$10^{-3}$平方公里（$km^2$）<br>　=4047 平方米（$m^2$） |
|---|---|---|
| 1 平方英尺（$ft^2$）<br>　=0.093 平方米（$m^2$） | 1 平方英寸（$in^2$）<br>　=6.452 平方厘米（$cm^2$） | 1 平方码（$yd^2$）<br>　=0.8361 平方米（$m^2$） |

体积

| 1 立方米（$m^3$）=1000 升（liter）<br>　=35.315 立方英尺（$ft^3$）<br>　=6.290 桶（bbl） | 1 立方英尺（$ft^3$）<br>　=0.0283 立方米（$m^3$）<br>　=28.317 升（1） | 1 千立方英尺（mcf）<br>　=28.317 立方米（$m^3$） |
|---|---|---|
| 1 百万立方英尺（MMcf）<br>　=2.8317 万立方米（$m^3$） | 10 亿立方英尺（bcf）<br>　=2831.7 万立方米（$m^3$） | 1 万亿立方英尺（tcf）<br>　=283.17 亿立方米（$m^3$） |
| 1 立方英寸（$in^3$）<br>　=16.3871 立方厘米（$cm^3$） | 1 英亩·英尺=1234 立方米（$m^3$） | 1 桶（bbl）<br>　=0.159 立方米（$m^3$）<br>　=42 美加仑（gal） |
| 1 美加仑（gal）<br>　=3.785 升（1） | 1 美夸脱（qt）=0.946 升（1） | 1 美品脱（pt）<br>　=0.473 升（1） |
| 1 美吉耳（gi）=0.118 升（1） | 1 英加仑（gal）=4.546 升（1） | |

运动粘度

| 1 英尺$^2$/秒（$ft^2/s$）<br>　=9.29030 * $10^{-2}$米$^2$/秒（$m^2/s$） | 1 斯（St）<br>　=$10^{-4}$米$^2$/秒（$m^2/s$） | 1 厘斯（eSt）<br>　=$10^{-6}$米$^2$/秒（$m^2/s$）<br>　=1 毫米$^2$/秒（$mm^2/s$） |
|---|---|---|

动力粘度

| 1 泊（P）=0.1 帕·秒（Pa·s） | 1 厘泊（cP）<br>　=$10^{-3}$帕·秒（Pa·s） | 1 千克力秒/米$^2$<br>　=9.80505 帕·秒（Pa·s） |
|---|---|---|
| 1 磅力秒/英尺$^2$（1bf·s/$ft^2$）<br>　=47.8803 帕·秒（Pa·s） | | |

力

| 1 牛顿（N）=0.225 磅力（1bf）<br>　=0.102 千克力（kgf） | 1 千克力（kgf）=9.81 牛顿（N） | 1 磅力（1bf）<br>　=4.45 牛顿（N） |
|---|---|---|
| 1 达因（dyn）=$10^{-5}$牛顿（N） | | |

温度

| K（开尔文度）=5/9（℉ +459.67） | K=℃ +273.15 | n℉ =[（n-32）*5/9]℃ |
|---|---|---|
| n℃（摄氏度）=（5/9·n+32）℉ | 1 ℉（华氏度）=5/9℃（温度差） | |

传热系数

| 1 千卡（米²·时·℃）[kcal/(m²·h·℃)] =1.6279 瓦/（米²·开尔文）[W（m²·K)] | 1 英热单位/（英尺²·时·℉）[Btu/（ft²·h·℉)] =5.67826 瓦/（米²·开尔文）[W（m²·K)] | 1 米²·时·℃/千卡（m²·h·℃/kcal) =0.86000 米²·开尔文/瓦（m²·K/W) |
|---|---|---|
| 1 千卡（米²·时）（kcal/m²·h) =1.16279 瓦/米²（W/m²) | | |

热导率

| 1 千卡（米²·时·℃）[kcal/（m²·h·℃)] =1.16279 瓦/（米·开尔文）[W（m·K)] | 1 英热单位/（英尺²·时·℉）[Btu/（ft²·h·℉)] =1.7303 瓦/（米·开尔文）[W（m·K)] |
|---|---|

比容热

| 1 千卡/（千克·℃）[kcal/（kg·℃)] =1 英热单位/（磅·℉）[Btu/（lb·℉)] =4186.8 焦耳/（千克·开尔文）[J/（kg·K)] |
|---|

热功

| 1 焦耳 =0.10204 千克·米 =2.778 * 10⁻⁷千瓦·小时 =3.777 * 10⁻⁷公制马力小时 =3.723 * 10⁻⁷英制马力小时 =2.389 * 10⁻⁴千卡 =9.48 * 10⁻⁴英热单位 | 1 卡（cal）=4.1868 焦耳（J) | 1 英热单位（Btu）=1055.06 焦耳（J) |
|---|---|---|
| 1 千克力米（kgf·m）=9.80665 焦耳（J) | 1 英尺磅力（ft·1bt）=1.35582 焦耳（J) | 1 米制马力小时（hp·h）=2.64779 ₌10⁶焦耳（J) |
| 1 英制马力小时（UKHp·h）=2.68452 * 10⁶焦耳（J) | 1 千瓦小时（kw·h）=3.6 * 10⁶焦耳（J) | 1 大卡 =4186.75 焦耳（J) |

功率

| 1 千克力·米/秒（kgf·m/s）=9.80665 瓦（W) | 1 米制马力（hp）=735.499 瓦（W) | 1 卡/秒（cal/s）=4.1868 瓦（W) |
|---|---|---|
| 1 英热单位/时（Btu/h）=0.293071 瓦（W) | | |

速度

| 1 英尺/秒（ft/s）=0.3048 米/秒（m/s) | 1 英里/时（mile/h）=0.44704 米/秒（m/s) |
|---|---|

渗透率

| 1 达西 =1000 毫达西 | 1 平方厘米（cm²）=9.81 * 10⁷达西 |
|---|---|

# 耗能工质能源等价值

| 序号 | 名 称 | | 单 位 | 能源等价值 | | 备注 |
|---|---|---|---|---|---|---|
| | | | | 热值 MJ（兆焦） | 折标煤 Kg（千克） | |
| 1 | 液体 | 新鲜水 | t（吨） | 7.5350 | 0.2571 | 指尚未使用的自来水，按平均耗电计算 |
| 2 | | 软化水 | t（吨） | 14.2347 | 0.4857 | |
| 3 | 气体 | 压缩空气 | m³（立方米） | 1.1723 | 0.0400 | |
| 4 | | 二氧化碳 | m³（立方米） | 6.2806 | 0.2143 | |
| 5 | | 氧气 | m³（立方米） | 11.7230 | 0.4000 | |
| 6 | | 氮气 | m³（立方米） | 11.7230 19.6771 | 0.4000 0.6714 | 当副产品时 当主产品时 |
| 7 | | 乙炔 | m³（立方米） | 243.6722 | 8.3143 | 按耗电石计算 |
| 8 | 固体 | 电石 | Kg（千克） | 60.9188 | 2.0786 | 按平均耗焦炭、电等计算 |

# 附录二

## 高等教育自学考试能源管理专业
## 能源管理师职业能力水平证书考试

# 《节能评估方法》
# 考试大纲

高等教育自学考试能源管理专业
能源管理师职业能力水平证书考试 系列教材编委会　制定

# 目 录

Ⅰ. 能力考核要求 ································································· 247

Ⅱ. 能力目标与实施要求 ······················································ 248

Ⅲ. 考试内容与考核标准 ······················································ 250

    第 1 章　节能评估概述 ···················································· 250

    第 2 章　节能评估基础知识 ·············································· 250

    第 3 章　项目合理用能分析评估方法 ·································· 251

    第 4 章　节能评估文件编写 ·············································· 251

    第 5 章　节能评估文件评审 ·············································· 251

Ⅳ. 题型示例 ···································································· 252

# I. 能力考核要求

## 一、课程性质

　　《节能评估方法》课程是高等教育自学考试能源管理专业（专科、独立本科段）和能源管理师职业能力水平证书考试的专业核心课程之一，该课程与其他课程密切相关，在整个课程体系中处于重要地位。

　　本课程介绍了节能评估的基本概念、节能评估的基础知识、节能评估方法、节能评估文件的编写、节能评估文件评审。全书分为四部分：第一部分为第 1 章，主要系统介绍了节能评估发展的背景、依据、标准、特点、效果和未来发展趋势等内容；第二部分为第 2 章，主要介绍能源计量、能源统计管理制度、节能评估相关的节能技术和节能评估所必备的基础知识和基本技能，进行节能评估应熟练掌握和应用的常用节能技术及节能量、减排量简便的计算方法；第三部分包括第 3～5 章，主要介绍开展节能评估的基本方法、节能评估报告编写及评审要求；第四部分为附录，主要介绍了重点行业节能评估的案例分析等内容。本课程的重点和难点在考核要求中有具体规定。

　　本课程目的在于培养学生掌握节能评估报告编写的基本知识，使学生能够正确理解节能评估的基本原理、基本技能和方法，并能综合运用于对企业合理用能问题的分析，提出节能改造技术方案，并为政府节能主管部门的节能宏观管理和政策制定提供科学的依据。

## 二、课程目标

　　通过本课程的学习，可以帮助考生初步掌握节能评估的基本知识，使学生能够正确理解节能评估的基本原理、基本技能和方法，并能综合运用于对企业合理用能问题的分析，提出节能改造技术方案。学习该课程之后，考生应能熟练掌握节能评估报告编写的基本技能，掌握节能评估方法和与节能评估相关的节能技术。将上述内容与能源管理领域的最新实践有机地结合起来，为进一步学习其他课程和从事能源管理工作打下坚实的基础。

# Ⅱ. 能力目标与实施要求

## 一、课程能力目标

本课程的三项考核目标为：

（1）识记。指对具体知识和抽象知识的辨认，表现为回忆、识别、列表、定义、陈述、概括等能力。

（2）领会。指对知识的初步理解，表现为具有将所学的知识能够转换、解释、区分、推断等能力。

（3）应用（综合）。指分析问题、案例、数据或情景以作出价值判断的能力，包括对比、比较、判断的能力，对能源管理的重要手段如节能评估报告、能源审计报告编写及其他相关工作内容所涉及的法律法规等，能够做出正确的理解、判断和运用。

下表为三个考核目标的权重：

| 考核目标 | | |
|---|---|---|
| 识记 | 领会 | 应用 |
| 30% | 40% | 30% |

## 二、课程考核形式

考试要求：本课程考试采用闭卷考试方式，考试时间为 150 分钟，试卷总分为 100 分，60 分为及格。考试时可以携带无存储功能的计算器。

考试范围：本大纲考试内容所规定的知识点及知识点下的知识细目。

考试题型：课程考试命题的主要题型一般有：单项选择题（四选一）、多项选择题（五选多）、简答题、论述题、计算题、讨论分析题等。在命题工作中必须按照本课程大纲中规定的题型命题，考试试卷使用的题型不能超出大纲规定的范围。

## 三、课程学习安排

本课程按照 5 个章节安排课程学习内容。专科为 5 学分，建议总自学时间为 75 学时；独立本科段为 6 学分，建议总自学时间为 98 学时；具体各章节学时分配见下表：

| 章　节 | 名　　称 | 自学时间（学时） | |
|---|---|---|---|
| | | 专科 | 独立本科段 |
| 第 1 章 | 节能评估概述 | 3 | 5 |
| 第 2 章 | 节能评估基础知识 | 10 | 15 |
| 第 3 章 | 项目合理用能分析评估方法 | 25 | 30 |
| 第 4 章 | 节能评估文件编写 | 22 | 28 |
| 第 5 章 | 节能评估文件评审 | 15 | 20 |
| 合　计 | | 75 | 98 |

# Ⅲ. 考试内容与考核标准

　　课程考核内容中标"★"的部分为独立本科段（二级证书）增加的考核内容，未标"★"的部分为专科段（一级证书）和本科段（二级证书）共同的考核内容。

## 第1章　节能评估概述

| 所在节 | 考核标准 | | 适用范围 |
|---|---|---|---|
| | 要求 | 内　容 | |
| 1.1～1.4 | 识记理解 | 我国节能评估发展概况 | |
| | | 我国节能评估工作的状况 | |
| | | 我国节能评估工作存在的问题 | |
| | | 我国节能评估工作发展趋势 | |
| | 领会应用 | 我国节能评估发展的历史阶段 | |

## 第2章　节能评估基础知识

| 所在节 | 考核标准 | | 适用范围 |
|---|---|---|---|
| | 要求 | 内容 | |
| 2.1～2.5 | 识记理解 | 能源方面基础知识 | |
| | | 能源计量管理的基础知识 | |
| | | 能源统计的基础知识 | |
| | | 与节能评估相关的节能技术 | |
| | 领会应用 | 有关能源方面名词解释 | |
| | | 能源所涉及的的单位换算 | |
| | | 能源计量管理的制度及器具配置要求 | |
| | | 能源统计管理的制度及指标体系 | |
| | | 与节能评估相关的节能技术 | |
| | | 节能量、减排量的计算 | ＊ |

# 第3章 项目合理用能分析评估方法

| 所在节 | 考核标准 | | 适用范围 |
|---|---|---|---|
| | 要求 | 内　容 | |
| 3.1～3.4 | 识记<br>理解 | 节能评估方法 | |
| | | 节能评估原则 | |
| | | 节能评估内容 | |
| | | 节能评估工作的程序 | |
| | 领会<br>应用 | 节能评估方法的运用 | |
| | | 对项目节能评估内容的把握 | |
| | | 节能评估的程序 | |

# 第4章 节能评估文件编写

| 所在节 | 考核标准 | | 适用范围 |
|---|---|---|---|
| | 要求 | 内　容 | |
| 4.1～4.3 | 识记<br>理解 | 编写节能评估报告书的要求 | |
| | | 编制节能评估表的要求 | |
| | 领会<br>应用 | 按照要求编写节能评估报告书 | |
| | | 按照要求编制节能评估表 | |

# 第5章 节能评估文件评审

| 所在节 | 考核标准 | | 适用范围 |
|---|---|---|---|
| | 要求 | 内　容 | |
| 5.1～5.8 | 识记<br>理解 | 节能评估文件评审的内容 | |
| | | 节能评估文件评审依据 | |
| | | 节能评估评审要点 | |
| | | 节能评估文件评审的原则 | |
| | 领会<br>应用 | 节能评估审查的依据 | |
| | | 节能评估评审要点 | |
| | | 节能评估评审的程序 | |
| | | 节能评估评审的内容 | |

# Ⅳ. 题型示例

## 第一部分：题型示例

**一、单项选择题**（在每小题给出的四个选项中，只有一个符合题目要求，把所选项的字母填在括号内。）

1. 《固定资产投资项目节能评估和审查暂行办法》是针对我国境内建设的（　　　）而颁布的。

A. 在建投资项目　　　　　　　　　　B. 重点投资项目

C. 固定资产投资项目　　　　　　　　D. 国家重大投资项目

2. 项目用能情况主要包括供、用能系统与设备的初步选择，（　　　）、数量及能源使用分布情况（改、扩建项目需对项目原用能情况及存在的问题进行说明）。

A. 能源消费种类　　　　　　　　　　B. 能源消耗种类

C. 能源供应总量　　　　　　　　　　D. 能源消费总量

**二、多项选择题**（在备选答案中有 2 ~ 5 个是正确的，将其全部选出并将它们的标号写在括号内，选错、漏选和不选均不得分。）

1. 节能评审是核对项目（　　　），复核项目建成达产后年综合能源消费量。

A. 能量平衡表　　　　　　　　　　　B. 能源消耗量

C. 能源网络图　　　　　　　　　　　D. 能源购进消费

E. 库存表

2. 评审机构主要依据节能评估报告和专家评审意见，复核项目年综合能源消费量，测算项目对所在地（　　　）下降目标等。

A. 能源供应量　　　　　　　　　　　B. 能源消费量

C. 能源消费增量　　　　　　　　　　D. 万元单位 CPI 能耗

E. 万元单位 GDP 能耗

**三、简答题**

什么是单位产品可比能耗？

### 四、论述题

节能评估工作程序包括哪些？

# 第二部分：评分参考

### 一、单项选择题

答案：1. C　　2. B

### 二、多项选择题

答案：1. ACDE　　2. CE

### 三、简答题

答：即产品单位产量可比综合能耗，是指为在同行业中实现相同最终产品能耗可比，对影响产品能耗的各种因素加以修正所计算出来的产品单位产量综合能耗。

### 四、论述题

答：项目建设单位应根据项目建成投产后的年能源消费量，按照《能评办法》节能评估分类标准，确定需要编制节能评估文件还是进行节能登记。如需编制节能评估文件，建设单位应委托有能力的机构进行编制；如需进行节能登记，建设单位可自行填写节能登记表报送备案。节能评估机构接到项目节能评估文件编制任务后，可按照以下工作程序完成相关任务。

节能评估工作程序主要包括前期准备、选择评估方法、项目节能评估、形成评估结论、编制节能评估文件。

# 参 考 文 献

1. 国家发展改革委资源节约和环境保护司．固定资产投资项目节能评估和审查工作指南（2011 年修订本）．

2. 浅析中国固定资产投资项目节能评估发展现状［J］．节约与能源，2011（6）．

3.《中华人民共和国节约能源法》（2007 年 10 月 28 日）．

4. 国家发展和改革委员会法规司．法律法规规章汇编．

5.《固定资产投资项目节能评估和审查暂行办法》（国家发展改革委令 2010 年第 6 号）．

6. 中华人民共和国可再生能源法［M］．北京：人民出版社 2010．

7. 中华人民共和国国民经济和社会发展第十二个五年规划纲要［M］．北京：人民出版社，2011．

# 后 记

　　能源管理师职业能力水平证书（CNEM）系列教材终于和广大考生见面了，它凝结着专家团队每位成员多年的心血，承担着培养成千上万能源管理专业人才的重任。

　　回忆这两年多的历程感慨万千！那是2009年的夏天，我和40年前就相识但又分别多年的故友偶然相遇，谈起这些年各自的境遇，问及我在中国交通运输协会职业教育考试服务中心工作，并与教育部考试中心合作高等教育自学考试物流管理专业和采购与供应管理专业两个双证书（学历证书＋职业资格证书）项目，深受考生青睐，培训规模达到20多万人时，故友兴趣盎然，介绍自己在国家发展和改革委员会做培训工作，现正在全国很多省市开办能源管理方面的培训班，十分火暴，原因是近几年能源管理专业人才需求量越来越大，而这方面的人才十分短缺，培训市场前景很好。基于上述原因，我们达成共识，并比照物流和采购两个项目的模式，申请开考能源管理专业和能源管理师证书项目，把学历教育和职业教育相结合，培养能源管理人才，满足社会需求、企业需求。

　　2009年8月26日，我们在清华大学召开了首次专家论证会，探讨能源管理培训项目的必要性和可行性。大家一致认为：首先，国家高度重视节能减排工作，《中华人民共和国节约能源法》已将资源节约列为基本国策，并作为约束性指标纳入国民经济和社会发展规划，同时作为政府和企业政绩和业绩考核的重要指标，明确要求企业设立能源管理部门和岗位。当前，能源管理专业人才短缺的矛盾十分突出，急需加强这方面的人才培养。其次，现在已经有了一支多年从事能源管理方法研究，又具有实践经验，且长期从事对政府和企业的能源管理负责人及专业人员培训工作的专家团队，在国内有较大影响力。组建由能源管理专家、清华大学教授孟昭利为组长的专家组，建立符合我国国情的高水平能源管理培训体系，是搞好项目的重要保证。最后，中国交通运输协会与国家考试机构强强联合，把高等教育自学考试与职业资格证书有机结合起来的人才培养新模式，已经接受了实践检验，取得了显著的成效，受到广大考生的认可和欢迎，为开考能源管理项目打下了坚实的基础。

　　2009年12月3日，我们召开全体专家会议具体论证能源管理培训体系的科学性和实用性，正式启动能源管理项目培训教材的编写工作。此后又多次召开专题研讨会不断充实、完善培训体系的构架和细节工作。

　　我们在与北京自考办进行多次认真协商的基础上，于2010年9月1日正式递交了申请开考能源管理专业及能源管理师职业能力水平证书的报告。2010年10月15日，市自考办组织召开专家论证会，会议一致同意开考能源管理专业。2011 年 6 月 28 日，北京教育考试院、中国交通运输协会联合发布《关于开考高等教育自学考试能源管理专业（专科、独立本科段）和能源管理师职业能力水平证书考试的通知》（京考自考〔2011〕20 号）。

对于此事有人质疑："你们中国交通运输协会推出能源管理师职业能力水平证书的依据是什么？"我的回答是："依据《中华人民共和国节约能源法》。《节能法》把工业、建筑、交通运输三大重点领域列为节能减排的重中之重。《节能法》规定：'国家鼓励行业协会在行业节能规划、节能标准的制定和实施、节能技术推广、能源消费统计、节能宣传培训和信息咨询等方面发挥作用。'国务院 2011 年 8 月 31 日通过的〈'十二五'节能减排综合性工作方案〉再次明确规定，'动员全社会参与节能减排。把节能减排纳入社会主义核心价值观宣传教育体系以及基础教育、高等教育、职业教育体系'。节能减排作为基本国策是全社会的责任，也是协会的重要任务。"

关于证书的权威性问题。我认为，能源管理师职业能力水平证书的权威性取决于它的实用性和适用性。据调查了解，目前，我国尚未建立统一的能源管理人才专业培训体系和标准，特别是把能源管理职业资格证书与学历证书有机结合在一起纳入高等教育体系，在国内尚属首次。该证书体系的特点：一是专家队伍具有很高的权威性。我们组建了一个由多年从事能源管理方面研究，富有实践经验，且长期从事对政府和企业的能源管理负责人及专业人员的培训工作，并在国内有较大影响力的专家教授组成的专家小组，负责制定能源管理培训体系，负责编写教材、考试大纲及命题工作。二是培训体系的系统性。专家组在总结近几年国内能源管理培训经验的基础上，吸收欧美和日本等能源管理先进国家的能源管理师培训体系的先进经验，结合中国国情和能源管理相关标准设立的一套认证培训体系，该体系设置的七门证书课程涵盖了能源管理的核心要素，是目前我国唯一比较全面、系统的认证培训体系。三是培训体系的实用性。该体系的设计注重从企业的实际出发，认真总结多年来企业在能源管理方法的经验和教训，纠正了一些在能源管理中多年沿用的传统计算方法中存在的问题，提出了适合现代企业能源管理特点、在企业实际应用中被证明是行之有效的新方法。该体系从理论到实践（案例）进行充分论证，突出实践性，既能满足专业人士工作的需要，也适合在校生学习，有效地解决理论脱离实际的问题。四是培训体系的持久性。加强能源管理，推进节能减排是一项长期的战略任务。在能源管理培训上不能急功近利，急于求成，必须注重实际效果。对推动节能减排工作有实质性的帮助，经得起实践的检验，从而保证能源管理培训体系的持久性。目前国内推出的能源管理师的培训多是以短期培训为主，而我们开展的能源管理学习、培训体系其特点是，学历证书＋职业资格证书的双证模式，能够保证学员进行系统学习和实践，且还要经过国家正式考试，从而能够确保学习质量和实践能力，从根本上弥补了短期培训中存在的局限性。

能源管理专业及能源管理师职业能力水平证书学习、培训项目具有良好的发展前景。一是煤炭、石油等不可再生能源消费的持续增长与资源短缺的矛盾越来越尖锐。二是我国经济社会快速发展已经成为世界能源消费大国，因此必须坚定不移地把加强能源管理、推进节能减排作为一项基本国策来抓。三是《节能法》明确规定政府和企业要设立能源管理部门及节能职责岗位。据专家调查分析，目前我国能源管理人才的需求量在数十万人，能源管理专业人才紧缺的矛盾十分突出。同时，由于能源管理涉及各个行业，重点是工业、建筑、交通运输等领域，能源管理方面的人才不仅企业需要，政府管理机构需要，节能减排服务的第三方机构如节能服务公司、节能量审核机构、工程咨询公司等机构急需这方面的人才，这样就为能源管理专业学员提供了施展专业才能的广阔舞台。

能源管理师职业能力水平证书系列教材出版发行得到了国家能源局、国家发展和改革委员会能源研究所、人力资源和社会保障部、中国交通运输协会等有关单位领导的关心与支持。同时，中国市场出版社的领导和编校人员为本系列教材的出版给予了很大的帮助，付出了辛勤的劳动，在此一并表示衷心的感谢！

由于能源管理专业和能源管理师的培训在我国刚刚起步，尚处在探索阶段，需在实践中不断地加以改进和完善。我们热忱欢迎各行各业的专家及业内人士给予指导、帮助和指正。

中国交通运输协会职业教育考试服务中心副主任

高军

2012 年 1 月于北京